Schnelleinstieg ins Finanzwesen (FI) mit SAP S/4HANA®

2., erweiterte Auflage

Karlheinz Weber

Willkommen bei Espresso Tutorials!

Unser Ziel ist es, SAP-Wissen wie einen Espresso zu servieren: Auf das Wesentliche verdichtete Informationen anstelle langatmiger Kompendien – für ein effektives Lernen an konkreten Fallbeispielen. Viele unserer Bücher enthalten zusätzlich Videos, mit denen Sie Schritt für Schritt die vermittelten Inhalte nachvollziehen können. Besuchen Sie unseren YouTube-Kanal mit einer umfangreichen Auswahl frei zugänglicher Videos:

https://www.youtube.com/user/EspressoTutorials.

Kennen Sie schon unser Forum? Hier erhalten Sie stets aktuelle Informationen zu Entwicklungen der SAP-Software, Hilfe zu Ihren Fragen und die Gelegenheit, mit anderen Anwendern zu diskutieren:

https://forum.espresso-tutorials.com/.

Eine Auswahl weiterer Bücher von Espresso Tutorials:

- Karlheinz Weber, Christine Werschitz:
  Praxishandbuch Periodenabschluss in SAP S/4HANA® Finance (FI)
  https://es-tu.de/uXsR
- Ingo Licha:
  Rechnungsprüfung mit SAP® ERP (MM) – 2. Auflage
  https://es-tu.de/KutiUR
- Claus Wild, Kristina Krämer:
  Praxishandbuch Kontoauszug in SAP S/4HANA®
  https://es-tu.de/DsaV
- Robin Schneider:
  Praxishandbuch SAP-Geschäftspartner (Business Partner) –
  2., erweiterte Auflage *http://5468.espresso-tutorials.de*
- Karlheinz Weber, Christine Frühwirth:
  Praxishandbuch Kreditorenbuchhaltung in SAP S/4HANA®
  https://es-tu.de/tDFn
- Karlheinz Weber, Christine Werschitz:
  Praxishandbuch Debitorenbuchhaltung in SAP S/4HANA® (FI-AR)
  https://es-tu.de/nbuf

Bibliografische Information der Deutschen Nationalbibliothek
Die Deutsche Bibliothek verzeichnet diese Publikation in der Deutschen Nationalbibliografie; detaillierte bibliografische Daten sind im Internet über https://portal.dnb.de abrufbar.

Karlheinz Weber
**Schnelleinstieg ins Finanzwesen (FI) mit SAP S/4HANA® –
2., erweiterte Auflage**

ISBN: 978-3-960123-08-8

Lektorat: Anja Achilles

Korrektorat: Die Korrekturstube – Lektorat & Korrektorat

Coverdesign: Philip Esch

Coverfoto: iStockphoto.com | © prapassong No. 477642277

Satz & Layout: Johann-Christian Hanke

2., erweiterte Auflage 2024

URL: *www.espresso-tutorials.de*

Feedback:
Wir freuen uns über Fragen und Anmerkungen jeglicher Art. Bitte senden Sie diese an: *info@espresso-tutorials.com*.

Inhaltsverzeichnis

Vorwort

Mit SAP S/4HANA hat sich sowohl für den SAP-Anwender als auch für den SAP-Berater vieles geändert.

Neue technologische Entwicklungen haben enorme Performanceverbesserungen auf Basis eines stark vereinfachten Tabellenmodells ermöglicht. Die strikte Trennung zwischen externem und internem Rechnungswesen gehört der Vergangenheit an. Finanzbuchhaltung und Controlling wachsen im Universal Journal zum gemeinsamen Rechnungswesen (Universal Accounting) zusammen. Zusätzlich werden dem Anwender mit dem Fiori Launchpad eine komplett neue Benutzeroberfläche sowie mit »Embedded Analytics« zahlreiche weitere Analysemöglichkeiten angeboten.

Ich beschäftige mich jetzt schon einige Jahre mit SAP S/4HANA und möchte mein Wissen und meine Erfahrungen in Form dieses kompakten Buches mit Ihnen teilen.

Sie sind Manager oder Mitarbeiter im Bereich des Rechnungswesens, Neueinsteiger in SAP, oder Sie kennen bereits SAP ERP und sind daran interessiert, wie die Finanzbuchhaltung in SAP S/4HANA funktioniert? Dann ist dieses Buch genau das Richtige für Sie.

Darin werde ich Ihnen in der Sprache des Buchhalters das Konzept von SAP S/4HANA und die Finanzbuchhaltung innerhalb von SAP S/4HANA näherbringen. Sie werden die wichtigsten Prozesse und notwendigen Bildschirmeingaben sowohl in der Hauptbuchhaltung als auch in den Nebenbuchhaltungen inklusive Jahresabschlussarbeiten und der Erstellung der Bilanz Schritt für Schritt kennenlernen. Hierfür nutze ich ein durchgängiges, nachvollziehbares und praxisbezogenes Fallbeispiel der fiktiven deutschen Firma »Fair Trade Coffee GmbH«.

Ein Bild sagt mehr als tausend Worte: Wann immer es mir möglich ist, werde ich Ihnen das Thema anhand von Grafiken und anschaulichen Screenshots aus dem SAP-System auch visuell näherbringen. Am Ende des Buchs (Kapitel 11) finden Sie eine Übersicht aller verwendeten Apps mit App-ID bzw. Transaktionscode.

Viele Tipps und Tricks sowie Hinweise auf vermeidbare Fallstricke ergänzen das Buch.

Das sollten Sie mitbringen

Ich setze voraus, dass Sie allgemein bestens mit der Buchhaltung vertraut sind, da ich in diesem Buch nicht auf die Grundsätze der Buchhaltung eingehen werde.

Da sich seit der Erstauflage dieses Buches im Jahr 2019 in SAP S/4HANA auch für den Finanzbereich zahlreiche wichtige Änderungen und interessante Weiterentwicklungen ergeben haben, wurde eine Überarbeitung erforderlich.

So hat SAP das Aussehen der webbasierten Oberfläche SAP Fiori neu gestaltet (Fiori 3.0), viele Apps neu entwickelt bzw. bestehende optimiert. Doch dazu später.

Weiterführende Literatur und Zusatzmaterial

Natürlich können in diesem Einstiegsbuch nicht alle Details der Buchhaltung dargestellt werden. Zur Vertiefung möchte ich Ihnen die von meiner Kollegin Christine Werschitz und mir bereits erschienenen Praxishandbücher zur Kreditoren- und Debitorenbuchhaltung sowie zum Periodenabschluss empfehlen:

- »Praxishandbuch Kreditorenbuchhaltung in SAP S/4HANA« (Espresso Tutorials, 2021: *https://es-tu.de/tDFn*)
- »Praxishandbuch Debitorenbuchhaltung in SAP S/4HANA (FI-AR)« (Espresso Tutorials, 2022: *https://es-tu.de/nbuf*)
- »Praxishandbuch Periodenabschluss in SAP S/4HANA Finance (FI)« (Espresso Tutorials, 2023: *https://es-tu.de/uXsR*)

Abonnenten unserer Library können sich den Inhalt des Buches in Form von Videosequenzen über unsere Onlineplattform *https://et.training* ansehen.

Danksagung

Dass Sie dieses Buch jetzt lesen können, ist das Ergebnis vieler unterstützender Hände. Neben denjenigen des Schreibers waren es diverse Hände bei Espresso Tutorials, in der Druckerei und – sofern Sie ein gedrucktes Buch erworben haben – in der Buchhandlung. Sie alle haben zum Gelingen dieses Projekts beigetragen.

Herzlichen Dank!

Besonders bedanke ich mich bei Christine Werschitz für die exzellenten Grafiken und ihre ebenso wertvolle Unterstützung bei der Überarbeitung des Kapitels 4 »Zentraler Geschäftspartner« dieser Neuauflage, bei Anja Achilles für das professionelle Lektorat und bei Johann Hanke für den perfekt gelungenen Satz. Sie alle haben mich in meiner Autorentätigkeit von der ersten Seite bis zur Fertigstellung des Buches optimal unterstützt.

In den Text sind Kästen eingefügt, um wichtige Informationen besonders hervorzuheben. Jeder Kasten ist zusätzlich mit einem Piktogramm versehen, das diesen genauer klassifiziert:

Hinweis

Hinweise bieten praktische Tipps zum Umgang mit dem jeweiligen Thema.

Beispiel

Beispiele dienen dazu, ein Thema besser zu illustrieren.

! Achtung

Warnungen weisen auf mögliche Fehlerquellen oder Stolpersteine im Zusammenhang mit einem Thema hin.

Die Form der Anrede

Um den Lesefluss nicht zu beeinträchtigen, verwenden wir im vorliegenden Buch bei personenbezogenen Substantiven und Pronomen zwar nur die gewohnte männliche Sprachform, meinen aber gleichermaßen Personen weiblichen und diversen Geschlechts.

Hinweis zum Urheberrecht

Sämtliche in diesem Buch abgedruckten Screenshots unterliegen dem Copyright der SAP SE. Alle Rechte an den Screenshots hält die SAP SE. Der Einfachheit halber haben wir im Rest des Buches darauf verzichtet, dies unter jedem Screenshot gesondert auszuweisen.

1 Fallbeispiel, das Sie durch das Buch begleiten wird

Zunächst stelle ich Ihnen das leicht nachvollziehbare Beispiel aus dem Alltag eines Unternehmens vor, anhand dessen ich Sie durch die wichtigsten Prozesse in der Finanzbuchhaltung leiten werde.

Die *Fair Trade Coffee GmbH* ist eine neu gegründete deutsche Firma, deren Fokus auf dem fairen Handel von Kaffee liegt. Parallel zu ihrem deutschen Hauptstandort betreibt sie eine Tochterfirma in den USA (siehe Abbildung 1.1).

Abbildung 1.1: Fallbeispiel »Fair Trade Coffee GmbH«

Viele der ganz unterschiedlichen Prozesse, die im Unternehmen stattfinden, sind auch in der Finanzbuchhaltung zu berücksichtigen (siehe Abbildung 1.2): Nach der Gründung wird das Stammkapital eingezahlt, die Handkasse bestückt, Mitarbeiter werden aufgenommen und die ersten Geschäftsvorfälle abgewickelt.

Als Handelsfirma kauft die Firma von ihren Lieferanten den Kaffee ein und verkauft diesen an ihre Kunden. Entsprechend werden Eingangsrechnungen an die Lieferanten und Ausgangsrechnungen von den Kunden bezahlt. Begleicht ein Kunde seine Rechnung nicht, wird er gemahnt. Natürlich benötigt das Unternehmen auch Anlagen, die gekauft und die am Monatsende abgeschrieben werden. Ein defektes Notebook muss verschrottet werden.

Am Perioden- bzw. Jahresende werden in der Hauptbuchhaltung und den Nebenbuchhaltungen die Abschlussarbeiten vorgenommen und die Bilanz sowie die *Gewinn- und Verlustrechnung (GuV)* erstellt.

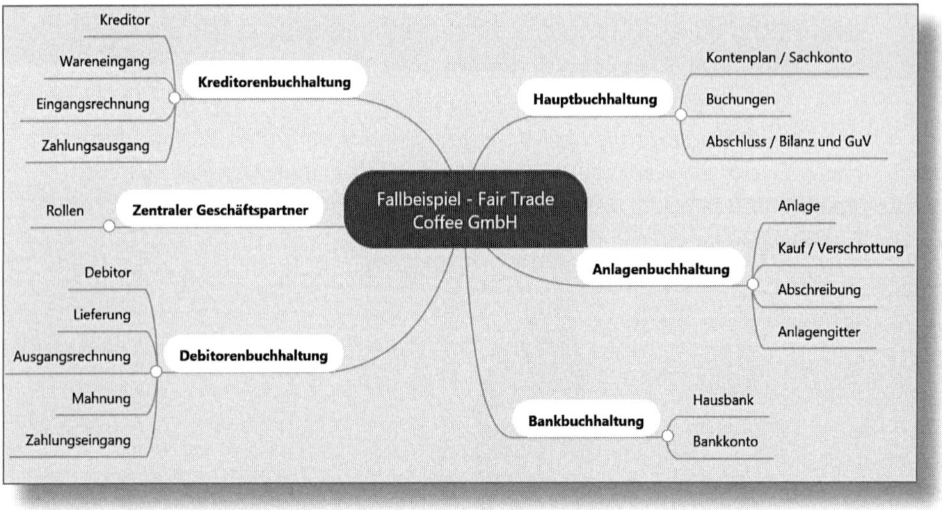

Abbildung 1.2: Fallstudie »Fair Trade Coffee GmbH« – Mindmap

Damit Sie alles wirklich gut nachvollziehen können, habe ich in jedem Kapitel die angelegten Stammdaten und durchgeführten Buchungen in Form von »Szenarien« dargestellt (siehe auch Abschnitt 3.1).

- Szenario 1: Anlage Sachkonten
- Szenario 2: Buchungen in der Hauptbuchhaltung
- Szenario 3: Anlage Geschäftspartner und Rollen
- Szenario 4: Buchungen in der Kreditorenbuchhaltung
- Szenario 5: Anlage Anlagenstämme
- Szenario 6: Buchungen in der Anlagenbuchhaltung
- Szenario 7: Buchungen in der Debitorenbuchhaltung
- Szenario 8: Erstellung Bilanz/GuV

2 SAP S/4HANA

In diesem Kapitel gebe ich Ihnen zunächst einen Überblick über SAP S/4HANA. Anschließend stelle ich Ihnen die Module und Organisationseinheiten vor und gehe näher auf die Benutzeroberflächen SAP GUI und SAP Fiori ein. Mit dem Universal Journal und dessen Auswirkungen auf das Rechnungswesen schließt das Kapitel ab.

2.1 Überblick SAP S/4HANA

Viele Leser und wahrscheinlich auch Sie werden sich fragen, was wohl *SAP S/4*HANA bedeutet. Der Aufbau ist schnell hergeleitet:

»S« steht für Simple, »4« für die Software der vierten Generation und »HANA« für die ihr zugrunde liegende Datenbank.

SAP S/4HANA stellt somit die neueste Business Suite der Softwarefirma SAP dar.

Unter *Business Suite* versteht SAP eine Zusammenfassung all jener Funktionen der Software, die es einem Unternehmen ermöglichen, seine Geschäftsprozesse wie z. B. Einkauf, Produktion, Verkauf und eben auch das Rechnungswesen EDV-unterstützt abzuwickeln.

Vergleicht man SAP S/4HANA mit den Vorgängerversionen SAP ERP bzw. SAP R/3, so sind folgende Unterschiede hervorzuheben (siehe Abbildung 2.1):

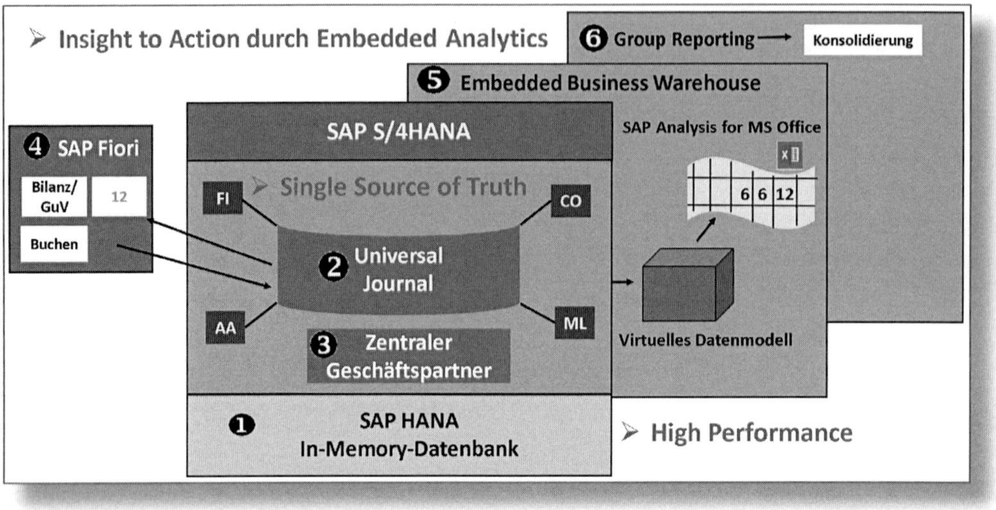

Abbildung 2.1: SAP S/4HANA – Überblick

❶ SAP-HANA-Datenbank

SAP S/4HANA baut nicht mehr auf einer herkömmlichen Non-SAP-Datenbank, sondern auf der SAP-eigenen In-Memory-Datenbank SAP HANA auf. Die enorm verbesserte Leistungsfähigkeit des Systems beruht darauf, dass die Daten des gesamten Unternehmens jetzt in einem riesigen Hauptspeicher statt auf einer Festplatte gespeichert und durch leistungsfähige Prozessoren parallel verarbeitet werden.

Für die Anwender ist dies mit erheblichen Performancesteigerungen verbunden. Eine umfangreiche Offene-Posten-Liste, deren Verarbeitung bisher eine Minute dauerte, ist unter HANA in wenigen Sekunden erstellt.

❷ Universal Journal

Alle Buchungen des internen und externen Rechnungswesens (und hier sowohl des Hauptbuches als auch der Nebenbücher) werden nun in einer gemeinsamen Datenbanktabelle, die sich *Universal Journal* nennt, abgespeichert.

Abstimmungen innerhalb des externen Rechnungswesens (FI) sowie zwischen externem und internem Rechnungswesen (CO) entfallen, da es mit dem Universal Journal nur noch »eine einzige Quelle der Wahrheit« gibt.

❸ Zentraler Geschäftspartner

Jeder Geschäftspartner muss nur einmal im System angelegt werden, gleichgültig, ob er Kunde, Lieferant, Debitor, Kreditor ist oder gleichzeitig mehrere Rollen innehat.

❹ Benutzeroberfläche SAP Fiori

Die mit SAP S/4HANA neu eingeführte, internetbasierte Benutzeroberfläche ist über das Fiori Launchpad aufrufbar. Sie ermöglicht sowohl Managern als auch Sachbearbeitern, ihre Prozesse mithilfe von *SAP-Fiori-Apps* abzuwickeln. SAP-Fiori-Apps sind webbasierte Anwendungen, die über sogenannte Kacheln gestartet werden.

Sie kennen Apps von Ihrem Smartphone: Sie klicken auf ein Icon, und die jeweilige App wird geöffnet. Ähnlich funktioniert dies jetzt in SAP S/4HANA.

SAP bietet dem Anwender inzwischen mehr als tausend vollkommen neu entwickelte *Fiori-Apps* an. Dieser kann sich frei entscheiden, ob er für die Durchführung seiner Aufgaben mittels Fiori-Apps einen Personal Computer, ein Tablet oder ein Smartphone verwenden möchte.

Daneben werden dem Anwender *klassische Apps* angeboten, die die bisherigen SAP-GUI-Transaktionen und SAP-Web-Dynpros über die Weboberfläche ausführen.

❺ Embedded Business Warehouse und Embedded Analytics

In SAP S/4HANA ist das operative Buchungssystem (OLTP) mit dem Analysesystem (OLAP) zu einer Einheit verschmolzen, und es müssen keine Daten mehr in ein externes Business-Warehouse-System geladen werden.

Alle modernen Werkzeuge des Berichtswesens (beispielsweise das Excel-basierte SAP Analysis for MS Office), die SAP für das Business Warehouse entwickelt hat, sowie viele neue analytische Apps und der *Abfrage-Browser* stehen dem Anwender nun direkt in SAP S/4HANA für alle Analyseaufgaben zur Verfügung.

❻ Group Reporting

SAP S/4HANA Finance for Group Reporting stellt die integrierte Konsolidierungslösung für die Erstellung des Konzernabschlusses und die Konzernberichterstattung dar.

Sie ermöglicht schnellere Konzernabschlüsse aus legaler und Managementsicht und schafft durch neue Analysemöglichkeiten auch eine höhere Transparenz.

2.2 SAP-Module und deren Integration in SAP S/4HANA

In SAP S/4HANA gibt es, wie bereits in SAP R/3 oder SAP ERP, die drei Modulgruppen RECHNUNGSWESEN, LOGISTIK und PERSONALWIRTSCHAFT.

Die Modulgruppen werden in *Module* und die Module wiederum in *Komponenten* unterteilt.

Leider ist es so, dass SAP-Insider häufig mit Abkürzungen um sich werfen, die zumeist auch noch aus dem Englischen kommen und nicht jedem bekannt sind. Eventuell werden Ihnen diese Begriffe schon vertraut sein, trotzdem möchte ich mich mit dem Thema kurz auseinandersetzen.

> **☛ Für Insider**
>
> Wenn Ihnen die Begriffe mit den dahinterstehenden Inhalten geläufig sind, überspringen Sie einfach diesen Abschnitt, oder steigen Sie etwas später bei den Integrationsbeispielen wieder ein.

Die Modulgruppe *Rechnungswesen* besteht im Wesentlichen aus den in Tabelle 2.1 aufgeführten Modulen.

Kürzel	Modul	Modul (engl.)
FI	Finanzwesen	Financials
CO	Controlling	Controlling
FSCM	Financial Supply Chain Management	Financial Supply Chain Management
IM	Investitionsmanagement	Investment Management
PS	Projektsystem	Project System
...	weitere	

Tabelle 2.1: Module der Modulgruppe »Rechnungswesen«

Zur Modulgruppe *Logistik* zählen vor allem die in Tabelle 2.2 gezeigten Module.

Kürzel	Modul	Modul (engl.)
MM	Materialwirtschaft	Material Management
PP	Produktion	Production Planning
SD	Vertrieb	Sales and Distribution
QM	Qualitätswesen	Quality Management
PM	Instandhaltung	Plant Maintenance
...	weitere	

Tabelle 2.2: Module der Modulgruppe »Logistik«

Die Modulgruppe *Personalwirtschaft* (HCM bzw. HR) umfasst in erster Linie die Module, die Sie in Tabelle 2.3 sehen.

Kürzel	Modul	Modul (engl.)
PA	Personaladministration	Personnel Management
PY	Personalabrechnung	Payroll
PT	Personalzeitwirtschaft	Personnel Time Management
PD	Personalentwicklung	Personnel Development
CT	Personalkostenplanung	Cost Planning
...	weitere	

Tabelle 2.3: Module der Modulgruppe »Personalwirtschaft«

Vergleicht man SAP ERP oder SAP S/4HANA mit anderen Softwareprogrammen, so liegt der Vorteil der SAP-Software im hohen Integrationsgrad der Module. Es werden Stammdaten von mehreren Modulen gemeinsam genutzt und Buchungen in einem Modul zum Zeitpunkt der Buchung automatisch in ein anderes Modul übertragen.

Abbildung 2.2 zeigt nochmals die wichtigsten Module von SAP S/4HANA und deren Integration.

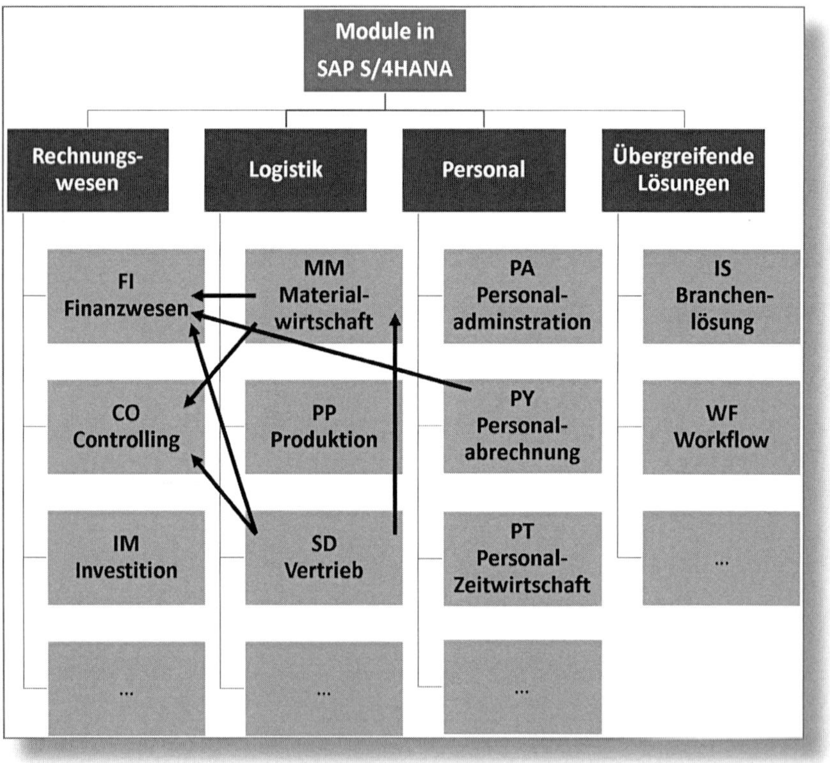

Abbildung 2.2: SAP-Module und deren Integration

Hierzu einige Beispiele:

Verzahnung zwischen MM und FI/CO (Materialwirtschaft und externes/internes Rechnungswesen)

Wird in der Materialwirtschaft (MM) ein Warenausgang von 5 Stück Flipchartstiften mit einem Wert von je 2 EUR gebucht, werden zeitgleich in der Buchhaltung (FI) ein Buchungsbeleg mit einem Aufwand von 10 EUR und eine Bestandsminderung von 10 EUR erstellt sowie in der Kostenrechnung (CO) Kosten in Höhe von 10 EUR gebucht.

Verzahnung zwischen SD und FI/CO (Vertrieb und Rechnungswesen)

Wird im Vertriebsmodul (SD) eine Rechnung erstellt, wird diese automatisch ins Rechnungswesen übertragen, und zeitgleich werden ein Buchhaltungsbeleg (FI) sowie ein Kostenrechnungsbeleg (CO) erzeugt.

Verzahnung zwischen MM und FI-AA sowie zwischen MM, FI-AP und FI-GL

Der Einkauf eines neuen Notebooks (Anlage im Modul FI-AA) kann über die Materialwirtschaft abgewickelt werden, und eine in der Materialwirtschaft gebuchte Eingangsrechnung wird automatisch auch in der Kreditoren- und Hauptbuchhaltung verbucht.

Auch wenn ich auf die Modulgruppe *Personalwirtschaft* (HCM bzw. HR) nicht näher eingehen werde, besteht das gleiche Integrationsprinzip zwischen der Personalwirtschaft und dem Rechnungswesen. So werden die Ergebnisse der monatlichen Lohn- und Gehaltsabrechnung automatisch in das Rechnungswesen übergeleitet und sowohl in die Buchhaltung übernommen als auch auf die Kostenstellen der Mitarbeiter als Personalkosten gebucht.

Module im Rechnungswesen

Die zentralen Module im Rechnungswesen sind die Module FI für Finanzwesen und CO für Controlling.

Das Modul *Finanzwesen (FI)* deckt die Funktionen des externen Rechnungswesens ab. Die Begriffe »Finanzwesen«, »Finanzbuchhaltung« und »Buchhaltung« werden in SAP meist synonym verwendet.

Das Modul *Controlling (CO)* umfasst die Funktionen des internen Rechnungswesens. Auch hier spricht man im Rahmen von SAP häufig von »Controlling« und »Kostenrechnung« und meint dabei das Gleiche, auch wenn in der betriebswirtschaftlichen Literatur zwischen diesen Begriffen unterschieden wird.

Das Modul FI wird in die in Tabelle 2.4 aufgelisteten Komponenten unterteilt.

Kürzel	Komponente	Komponente (engl.)
FI-GL	Hauptbuchhaltung	General Ledger
FI-AP	Kreditorenbuchhaltung	Accounts Payable
FI-AR	Debitorenbuchhaltung	Accounts Receivable
FI-AA	Anlagenbuchhaltung	Asset Accounting
FI-BL	Bankbuchhaltung	Bank Ledger
...	weitere	

Tabelle 2.4: Komponenten des Moduls »Finanzwesen«

Die Kreditoren-, Debitoren- und Anlagenbuchhaltung stellen Nebenbuchhaltungen zur Hauptbuchhaltung dar. Das bedeutet, dass die Nebenbuchhaltungen über Abstimmkonten mit dem Hauptbuch verbunden sind.

Beispielsweise bewirken, wie in Abbildung 2.3 dargestellt, in der Kreditorenbuchhaltung ausgewiesene Schulden von 1.000 EUR beim Kreditor 1 und 2.500 EUR beim Kreditor 2 in der Hauptbuchhaltung dargestellte Verbindlichkeiten aus Lieferungen und Leistungen von 3.500 EUR. Ebenso setzen sich Forderungen von 5.000 EUR aus den Details der Debitorenbuchhaltung und die Anlagenbestände von 1.600 EUR aus den Details der Anlagenbuchhaltung zusammen.

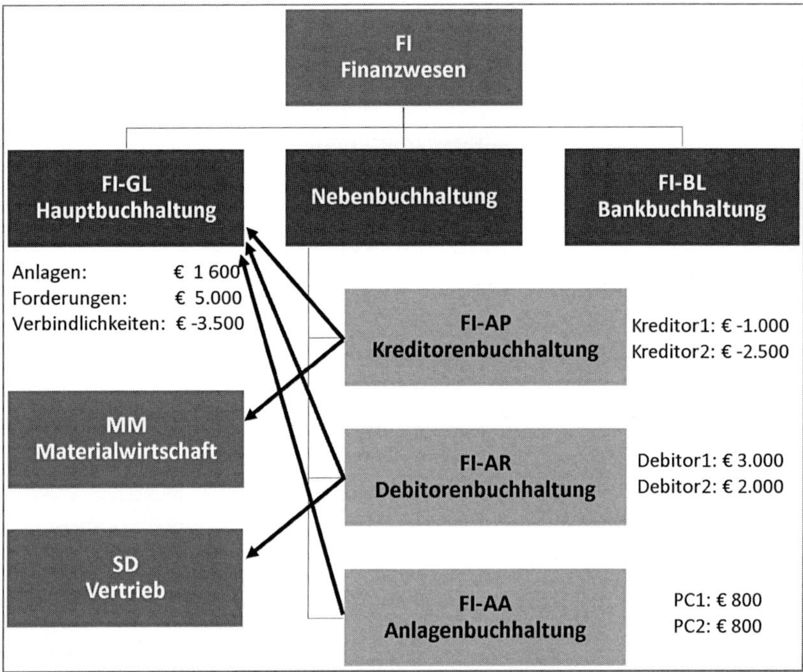

Abbildung 2.3: FI-Komponenten und deren Integration

2.3 SAP-Organisationseinheiten

SAP-Organisationseinheiten werden für die Strukturierung betriebswirtschaftlicher Funktionen und für das Berichtswesen verwendet.

Die Schlüssel für die SAP-Organisationseinheiten sind alphanumerisch mit maximal vier Stellen aufgebaut und frei wählbar.

Vierstellige Nummern für den Buchungskreis

Verwenden Sie idealerweise vierstellige Nummern wie beispielsweise 1011 für den Buchungskreis unserer Beispielfirma »Fair Trade Coffee GmbH«.

In jedem Modul gibt es unterschiedliche Organisationseinheiten. Diese sind miteinander zu verknüpfen und in den meisten Fällen in eine bestimmte Hierarchie zu bringen.

Anhand der (zwecks Übersichtlichkeit etwas vereinfachten) Abbildung 2.4 stelle ich Ihnen die wichtigsten Organisationseinheiten vor.

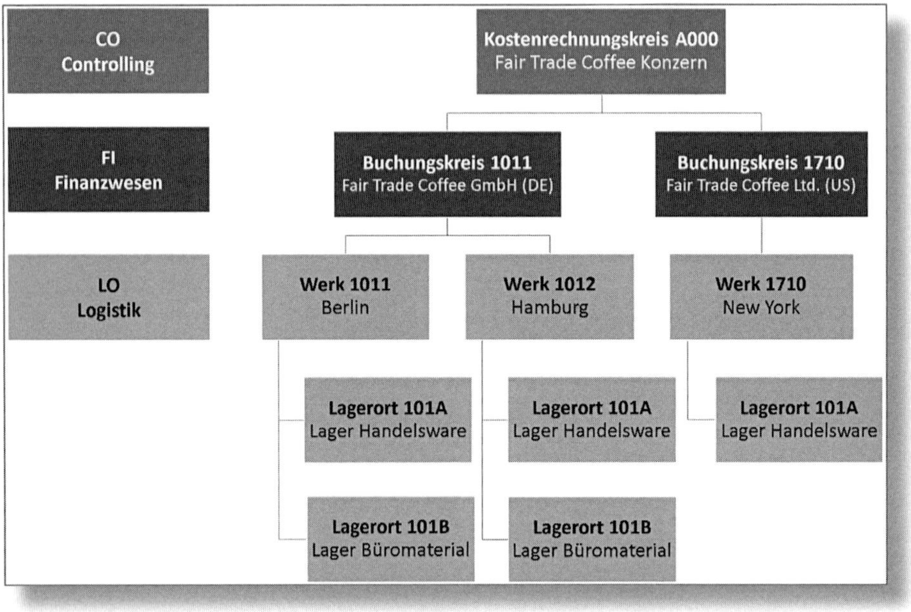

Abbildung 2.4: Organisationseinheiten in SAP

- Der *Kostenrechnungskreis* ist eine Organisationseinheit des Controllings (CO), für die eine einheitliche Kostenrechnung abgebildet wird.
- Der *Buchungskreis* ist die wichtigste Organisationseinheit des Finanzwesens (FI), für die eine in sich geschlossene Buchhaltung erstellt wird. In der Regel wird für jedes Unternehmen bzw. für jede Firma eines Konzerns ein Buchungskreis angelegt.
  Mehrere Buchungskreise können nur dann einem Kostenrechnungskreis zugeordnet werden, wenn sie denselben Kontenplan und dieselbe Geschäftsjahresvariante verwenden.

☛ Möglichst nur ein Kostenrechnungskreis!

Wenn Ihr Konzern aus mehreren Firmen besteht, empfehle ich, dennoch nur einen Kostenrechnungskreis zu verwenden und diesem alle Buchungskreise zuzuordnen.

- Das *Werk* als Organisationseinheit der Logistik stellt einen Standort oder eine Niederlassung dar. Nicht nur Produktionsstandorte eines Industriebetriebs können Werke sein, sondern auch Filialen einer Handelsfirma oder einer Sparkasse.
- Die Lagerbestände innerhalb eines Werkes werden anhand von *Lagerorten* unterschieden.
- Die *Verkaufsorganisation* ist die zentrale Organisationseinheit für den Vertrieb (SD) und
- die *Einkaufsorganisation* die entsprechende Einheit für den Einkauf (MM).

Zwischen den Organisationseinheiten existiert entweder eine 1:n- oder eine 1:1-Beziehung.

Nun möchte ich erstmals eine Brücke zu unserem durchgängigen Fallbeispiel der Beispielfirma »Fair Trade Coffee GmbH« mit dem Hauptstandort in Deutschland und einer Tochterfirma in den USA schlagen:

Für den deutschen Hauptstandort der »Fair Trade Coffee GmbH« wird der *Buchungskreis 1011* und für die amerikanische Tochterfirma der *Buchungskreis 1710* angelegt. Da das Controlling buchungskreisübergreifend erfolgen soll, werden beide Buchungskreise dem *Kostenrechnungskreis A000* zugeordnet.

Die Verknüpfung zwischen den Organisationseinheiten hat auch maßgeblichen Einfluss auf die Integration der Module.

> **Integration zwischen Lagerort, Werk und Buchungskreis**
>
> Wird Büromaterial aus dem Lagerort 101B des Werkes 1011 entnommen, wird die Buchung automatisch in den Buchungskreis 1011 der Firma gebucht, und es kann nur eine Kostenstelle des Kostenrechnungskreises A000 ausgewählt werden.

Im Modul Finanzwesen gibt es außerdem folgende Organisationseinheiten, die ich hervorheben möchte:

- Die *Gesellschaft* ist ein Begriff der Konsolidierung. In den meisten Fällen entspricht die Gesellschaft dem Buchungskreis und sollte daher auch denselben Schlüssel tragen.

Sollen die Bilanz sowie die Gewinn- und Verlustrechnung (GuV) nicht nur auf der Ebene des Buchungskreises für jede Firma, sondern auch auf derjenigen der Unternehmens- bzw. Konzernbereiche erstellt werden, bieten sich für deren Abbildung die Organisationseinheiten »Profitcenter« und »Segment« an.

- Der Begriff *Profitcenter* stammt aus dem Controlling und bedeutet »Unternehmensbereich mit eigener Ergebnisverantwortung«.
- Das *Segment* wurde von der SAP zusätzlich für die Segmentberichterstattung nach IFRS eingeführt.

Mehrere Profitcenter können zu einem Segment zusammengefasst werden. Lassen Sie mich das am nachfolgenden Beispiel erklären:

> **Zusammenhang zwischen Buchungskreis, Profitcenter und Segment**
>
> Der Automobilkonzern Daimler besteht aus mehr als 50 Firmen. Diese werden in SAP als 50 Buchungskreise und als 50 identische Gesellschaften abgebildet. Da der Konzern an der Börse notiert ist und nach IFRS bilanziert, muss er für die Segmente »PKW« und

»LKW« getrennte Bilanzen und GuV-Rechnungen erstellen. Innerhalb des Segments »PKW« werden eigene Profitcenter für die Autos der A-Klasse und B-Klasse gebildet. Alle Kostenstellen für die Produktion innerhalb eines Werkes für die A-Klasse werden diesem Profitcenter zugeordnet. Erfolgt eine Buchung auf die Kostenstelle dieses Werkes, werden das Profitcenter aus der Kostenstelle sowie das Segment aus dem Profitcenter automatisch abgeleitet und im Buchhaltungsbeleg fortgeschrieben.

2.4 Benutzeroberfläche SAP GUI

Mit Einführung der Client-Server-Architektur von SAP R/3 bot SAP vor mehr als 30 Jahren erstmals auch eine grafische Benutzeroberfläche an.

Diese Oberfläche nennt sich *SAP GUI*, was für *Graphical User Interface* steht. Um sie nutzen zu können, müssen zusätzliche Programme, über die der Anwender mit dem SAP-System kommuniziert, lokal auf dem Computer installiert sein.

Sie können sich durch Start der Anwendung »SAP GUI« über das entsprechende Logon-Symbol und die Auswahl des gewünschten Systems in SAP anmelden (siehe Abbildung 2.5).

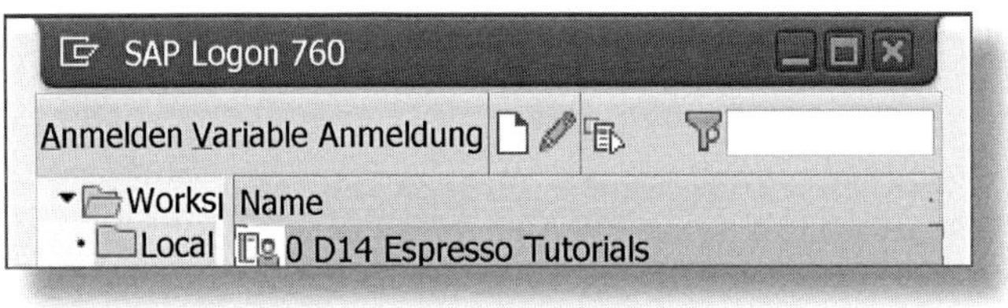

Abbildung 2.5: Auswahl des SAP-Systems

Geben Sie Ihre Anmeldedaten in die Felder MANDANT ❶, BENUTZER ❷, KENNWORT ❸ und ANMELDESPRACHE ❹ ein (siehe Abbildung 2.6).

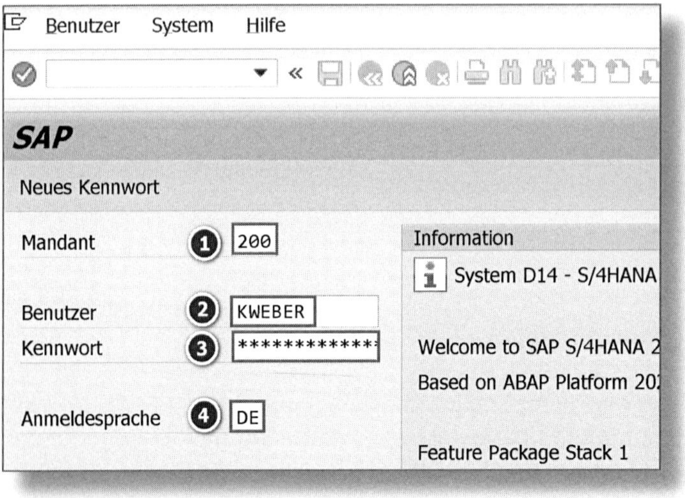

Abbildung 2.6: Anmeldung in SAP GUI

Nach der Anmeldung erscheint das SAP-Einstiegsbild, auch *SAP Easy Access* genannt, mit dem SAP-Menü und eventuell angelegten Favoriten (siehe Abbildung 2.7).

Die über die SAP-GUI-Oberfläche angebotenen Anwendungen werden als *SAP-Transaktionen* bezeichnet.

Allerdings konzentrieren wir uns in diesem Buch auf die mit SAP S/4HANA neu eingeführte und nachfolgend beschriebene Fiori-Benutzeroberfläche.

In Abbildung 2.8 zeige ich Ihnen die SAP-GUI-Transaktion »Sachkonto anzeigen«. Wollen Sie diese Funktion mit der Fiori-Benutzeroberfläche vergleichen, werfen Sie einen Blick in Abbildung 2.12 und Abbildung 2.13.

Sie werden später feststellen, dass hinter der neuen Fiori-Oberfläche häufig noch die über das Web aufgerufenen GUI-Transaktionen stecken.

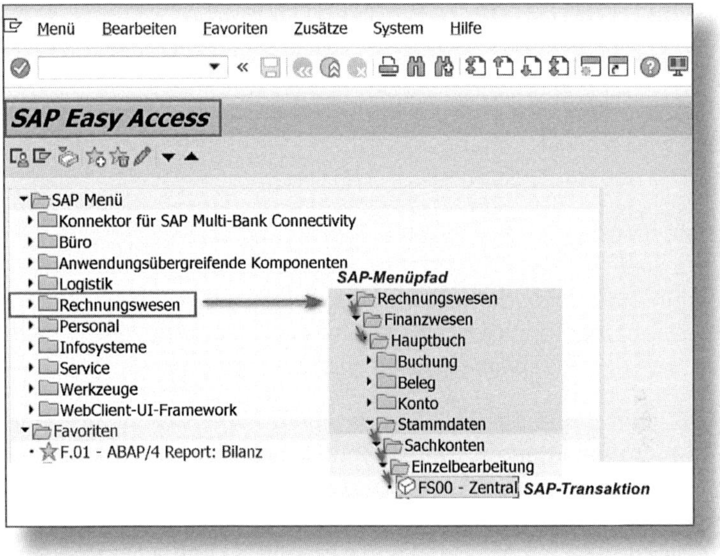

Abbildung 2.7: Zusammenhang zwischen SAP-Menü und SAP-Transaktion

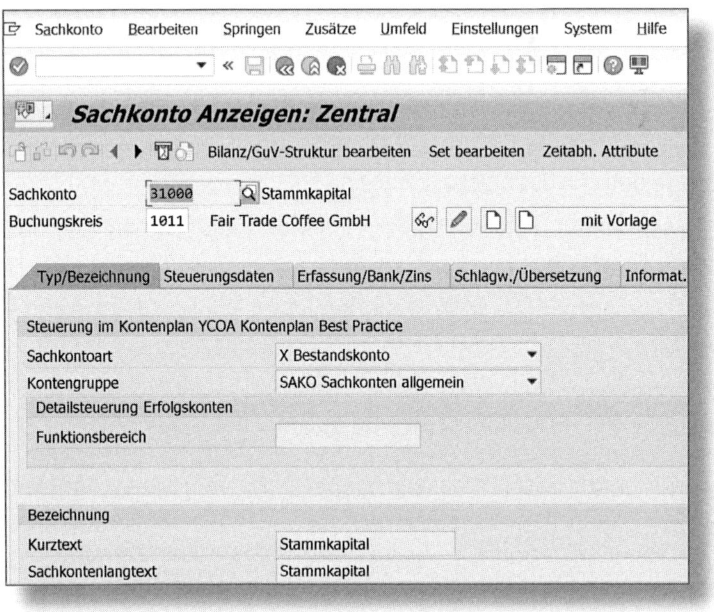

Abbildung 2.8: SAP-GUI-Transaktion »Sachkonto anzeigen«

2.5 Benutzeroberfläche SAP Fiori

Mit Einführung von SAP S/4HANA wurde dem Anwender auch eine neue, benutzerfreundliche und flexible Oberfläche zur Verfügung gestellt. Diese wird als *SAP Fiori* bezeichnet. »Fiori« stammt aus dem Italienischen und bedeutet »Blumen«.

Deren Darstellungsweise wurde stark von modernen Oberflächen beeinflusst, die Sie bereits von Tablets und Smartphones kennen. Entsprechend werden alle Anwendungen als *Apps* bezeichnet. Zur Übersicht über alle verfügbaren Apps empfehle ich Ihnen die Fiori Apps Reference Library von SAP (*https://fioriappslibrary.hana.ondemand.com/*).

Ziel der Benutzeroberfläche SAP Fiori ist, dem Anwender nicht mehr ein Maximum an Funktionen, sondern eine möglichst hohe Benutzerfreundlichkeit zu bieten. Der Benutzer soll bei seiner Arbeit mit SAP Fiori die bestmöglichen Ergebnisse erzielen und dabei über Personal Computer, Tablet oder Smartphone ohne Einschränkung auf alle erforderlichen geschäftlichen Anwendungen zugreifen können.

SAP Fiori baut auf folgenden Säulen auf:

- **Rollenbasiert:** Die Anwender haben Zugriff auf die Anwendungen, die sie zur Erfüllung ihrer Aufgaben benötigen.
- **Geräteunabhängig:** Alle Anwendungen sind über Personal Computer, Tablet und Smartphone verfügbar und passen ihre Größe automatisch dem Gerät an.
- **Einfach:** Reduktion der Eingabefelder und Bildschirmbilder auf das Wesentliche.
- **Gleicher Aufbau:** Jede Anwendung ist im Prinzip gleich aufgebaut.
- **Unmittelbarer Mehrwert:** Jede Anwendung sollte idealerweise ohne großen Schulungsaufwand sofort einsetzbar sein.

Viele Anwender, die die SAP-GUI-Oberfläche schon über eine lange Zeit nutzen, werden nach dem Kennenlernen der SAP-Fiori-Anwendungen sagen: »So benutzerfreundlich, flexibel und selbsterklärend sind die Fiori-Apps nun auch nicht.« Der Mensch ist ein Gewohnheitstier – alles Neue ist zumindest anders und stößt allein dadurch auf Skepsis.

Fest steht, dass SAP Fiori die strategische Benutzeroberfläche von SAP S/4 HANA ist und Neuentwicklungen nur noch unter SAP Fiori erfolgen.

2.5.1 Anmelden am Fiori Launchpad

Um sich am *Fiori Launchpad* anzumelden, rufen Sie die Anwendung über das entsprechende Icon  auf.

Alternativ können Sie die von der IT definierte Internetadresse direkt in den von Ihnen bevorzugten Browser eingeben.

Es erscheint die in Abbildung 2.9 gezeigte Eingabemaske.

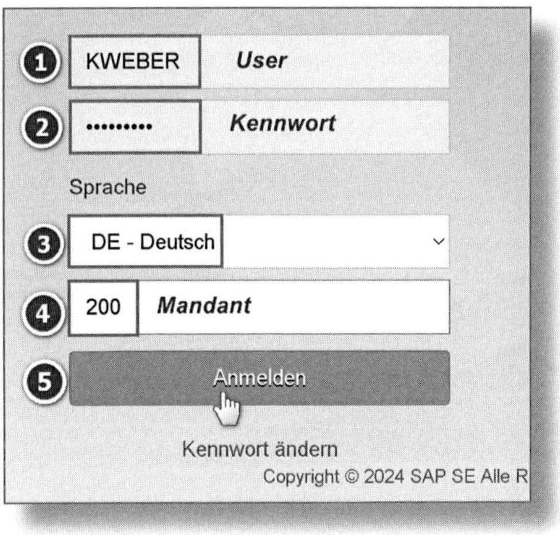

Abbildung 2.9: Anmeldung am Fiori Launchpad

Dort tragen Sie Ihren USER ❶ sowie Ihr KENNWORT ❷ ein, wählen die gewünschte SPRACHE, in unserem Fall *DE – Deutsch* ❸, und klicken nach Eingabe des Mandanten ❹ auf den Button ANMELDEN ❺.

Es erscheint das Fiori-Launchpad-Einstiegsbild. Im Vergleich zur SAP-GUI-Oberfläche gibt es kein SAP-Standardmenü, in dem alle SAP-Anwendungen angezeigt werden, stattdessen werden Ihnen nur die Apps in Form von Kacheln präsentiert, die Ihrer Rolle zugeordnet sind.

Die in Abbildung 2.10 dargestellten Kacheln entsprechen der Beispielrolle eines Buchhalters, der bestimmte Aufgaben in der Hauptbuchhaltung und in den verschiedenen Nebenbuchhaltungen zu erfüllen hat. In der Menüzeile sind die Apps verschiedenen Themengruppen wie HAUPTBUCHHALTUNG, KREDITORENBUCHHALTUNG, DEBITORENBUCHHALTUNG oder ANLAGENBUCHHALTUNG zugeordnet. Wollen Sie beispielsweise einen Beleg buchen, wählen Sie HAUPTBUCHHALTUNG ❶ und klicken dann auf die Kachel HAUPTBUCHBELEGE BUCHEN ❷.

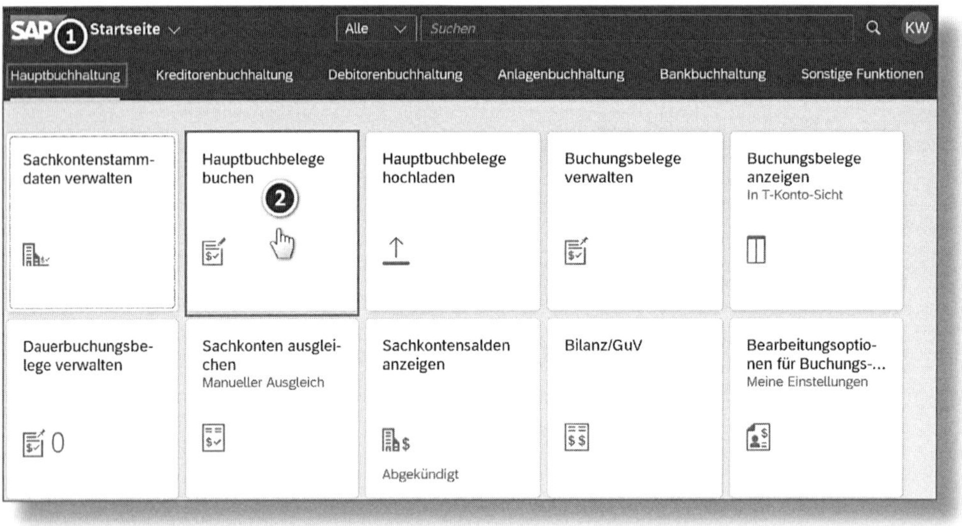

Abbildung 2.10: Fiori-App ausführen

2.5.2 Navigationsmöglichkeiten und Anzeige eines Sachkontos

Idealerweise sind Ihnen die für Ihre Arbeit notwendigen Apps als Kacheln schon im Launchpad zugeordnet, und Sie brauchen nur auf die Kachel der aktuell gewünschten App zu klicken. Als Beispiel wollen wir uns ein Sachkonto näher ansehen.

Sollten Sie keine passende App unter HAUPTBUCH oder einer anderen App-Gruppe finden, können Sie diese auch suchen. Dazu wählen Sie das Lupen-Symbol ganz rechts oben, beschränken dann die Suche auf APPS ❶ und geben ein Thema ein. ❷ Sie werden noch nicht alle Buchstaben geschrieben haben, wie im Beispiel *Sachk*, und bekommen bereits eine oder mehrere mögliche Apps zur Auswahl vorgeschlagen – in unserem Beispiel die App SACHKONTENSTAMMDATEN VERWALTEN (siehe Abbildung 2.11).

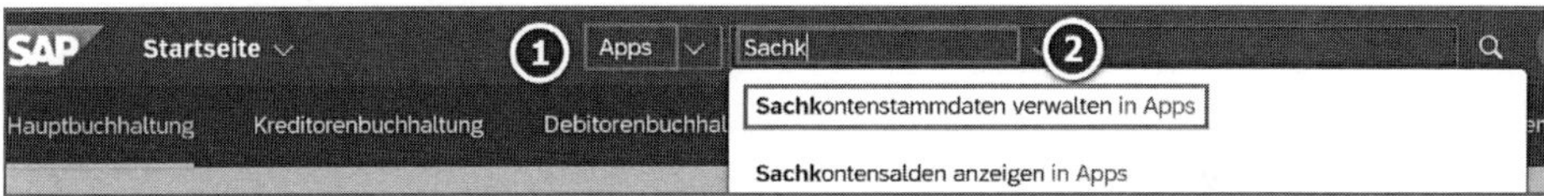

Abbildung 2.11: App »Sachkontenstammdaten verwalten« suchen

Klicken Sie anschließend auf die App SACHKONTENSTAMMDATEN VERWALTEN, so erscheint das in Abbildung 2.12 gezeigte Eingabebild.

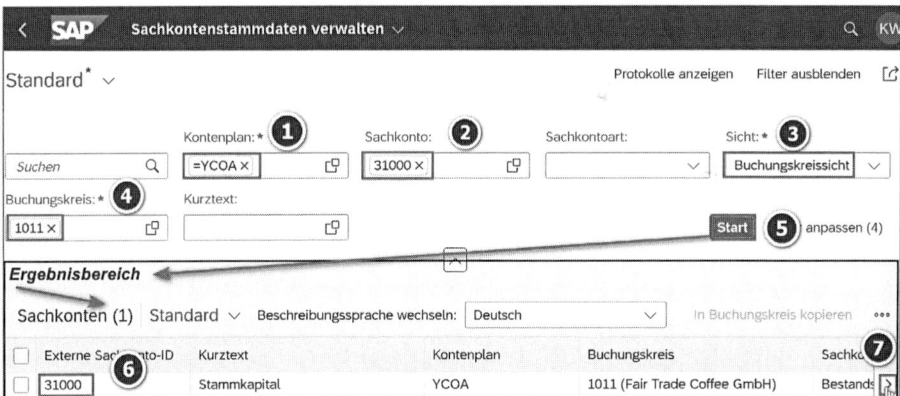

Abbildung 2.12: Eingabe »Sachkonto 31000 Stammkapital«

Geben Sie unter ❶ den KONTENPLAN *YCOA* und daneben das SACHKONTO *31000* ❷ ein, wählen Sie unter SICHT ❸ die *Buchungskreissicht* und unter den BUCHUNGSKREIS *1011* ❹. Anschließend bestätigen Sie Ihre Eingabe mit **Start** ❺.

Im Ergebnisbereich werden die selektierten Konten ausgegeben: in unserem Beispiel das Sachkonto *31000 – Stammkapital* ❻. Klicken wir auf Symbol > ❼, werden uns die Details zum Stammsatz dieses Kontos angezeigt.

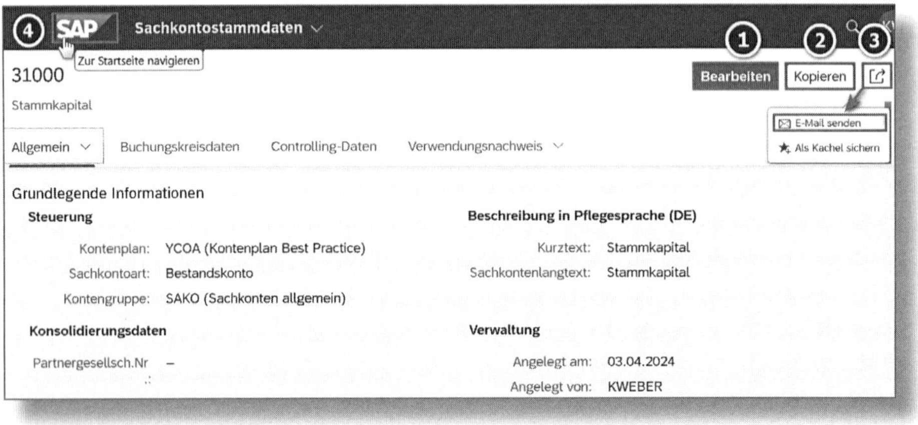

Abbildung 2.13: Anzeige »Sachkonto 31000 – Stammkapital«

Wenn Sie das Konto ändern wollen, drücken Sie den BEARBEITEN-Button ❶, für eine Kopie den KOPIEREN-Button ❷ (siehe Abbildung 2.13). Um die Information an einen Kollegen weiterzuleiten, wählen Sie das Symbol ganz rechts ❸ und anschließend die Option E-MAIL SENDEN. Klicken Sie oben links auf das SAP-LOGO ❹, um wieder zur Startseite zurückzukehren.

2.5.3 Hilfefunktion im Fiori Launchpad

Die Hilfefunktion unterstützt Sie bei der Bedienung einer App. Um sie zu starten, klicken Sie in der Symbolleiste des Fiori Launchpad oben rechts auf das Fragezeichen .

Wenn Sie beispielsweise bei der App »Sachkontenstammdaten verwalten« Unterstützung brauchen, rufen Sie durch Drücken des Fragezeichens ❶ die Hilfefunktion auf und klicken dann im rechten Bildschirmbereich auf das Feld, das Sie sich erklären lassen wollen ❷ (siehe Abbildung 2.14).

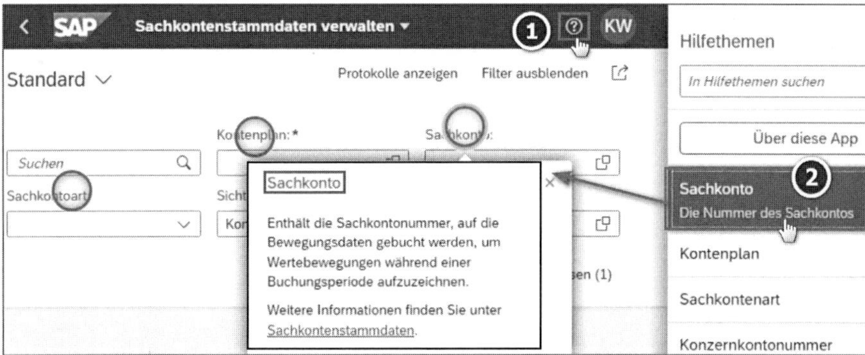

Abbildung 2.14: Fiori Launchpad – Hilfefunktion

2.5.4 Einstellungen in der Fiori-Benutzeroberfläche

Um das Fiori Launchpad an Ihre persönlichen Anforderungen anzupassen, klicken Sie rechts oben auf das runde Profil-Symbol mit Ihren Initialen (beispielsweise KW für Karlheinz Weber) ❶ (siehe Abbildung 2.15).

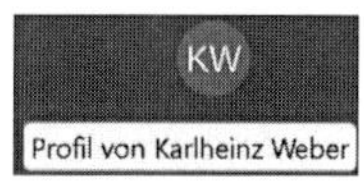

Hier finden Sie Apps, können persönliche EINSTELLUNGEN ❷ vornehmen, Ihre Startseite anpassen, Informationen zur verwendeten App erhalten und sich über den letzten Menüeintrag vom SAP-System abmelden.

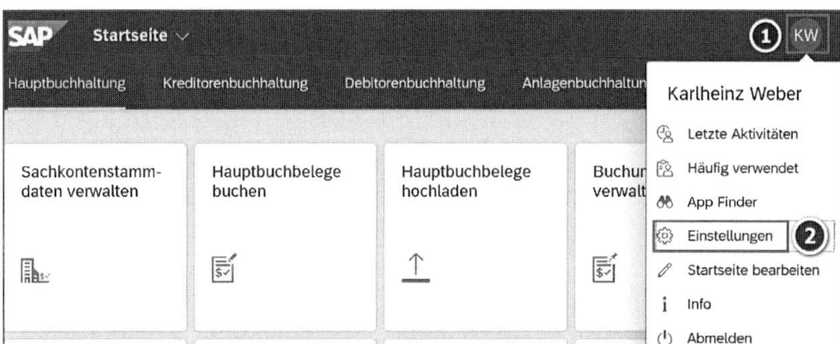

Abbildung 2.15: Fiori Launchpad – Einstellungen

Um das äußere Erscheinungsbild des Fiori Launchpad an Ihre individuellen Bedürfnisse anzupassen, wählen Sie den Menüeintrag EINSTELLUNGEN ❷.

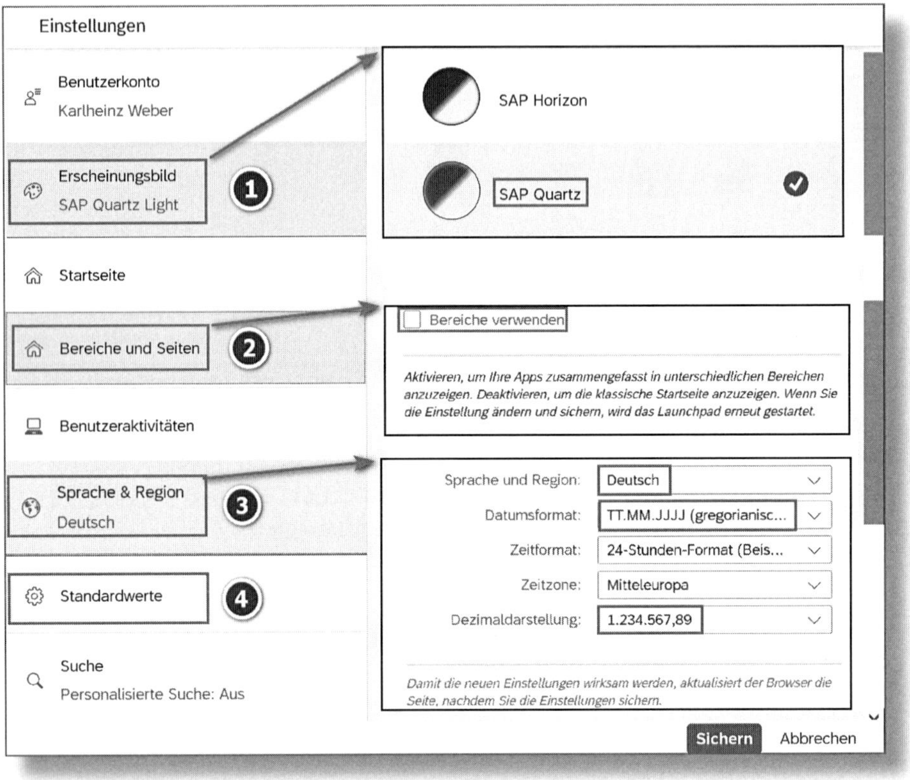

Abbildung 2.16: Fiori Launchpad – Einstellungen, Details

Daraufhin können Sie im nächsten Bildschirm (siehe Abbildung 2.16) beispielsweise über ERSCHEINUNGSBILD ❶ die farbliche Darstellung, auch Theme genannt, auswählen. Ich habe mich für das in einem gedruckten Buch gut lesbare Theme »SAP Quartz Light« entschieden.

Über BEREICHE UND SEITEN ❷ haben Sie die Möglichkeit, auf eine neue Darstellung der Apps mit sogenannten *Bereichen* zu wechseln. Um eine einheitliche Darstellung innerhalb meiner Bücher »Praxishandbuch Kreditorenbuchhaltung in SAP S/4HANA« (Espresso Tutorials,

2024), »Praxishandbuch Debitorenbuchhaltung in SAP S/4HANA (FI-AR)« (Espresso Tutorials, 2024) und »Praxishandbuch Periodenabschluss in SAP S/4HANA Finance (FI)« (Espresso Tutorials, 2023) zu gewährleisten, wird die klassische Ansicht beibehalten.

Über SPRACHE & REGION ❸ können Sie die SPRACHE, das DATUMSFORMAT und die DEZIMALDARSTELLUNG für Ihren User festlegen.

Über die Schaltfläche STANDARDWERTE ❹ lassen sich bestimmte Felder wie der BUCHUNGSKREIS, KONTENPLAN, BILANZ-/GUV-STRUKTUR, GESCHÄFTSJAHR ODER STEUER RECHNEN vorbelegen (siehe Abbildung 2.17).

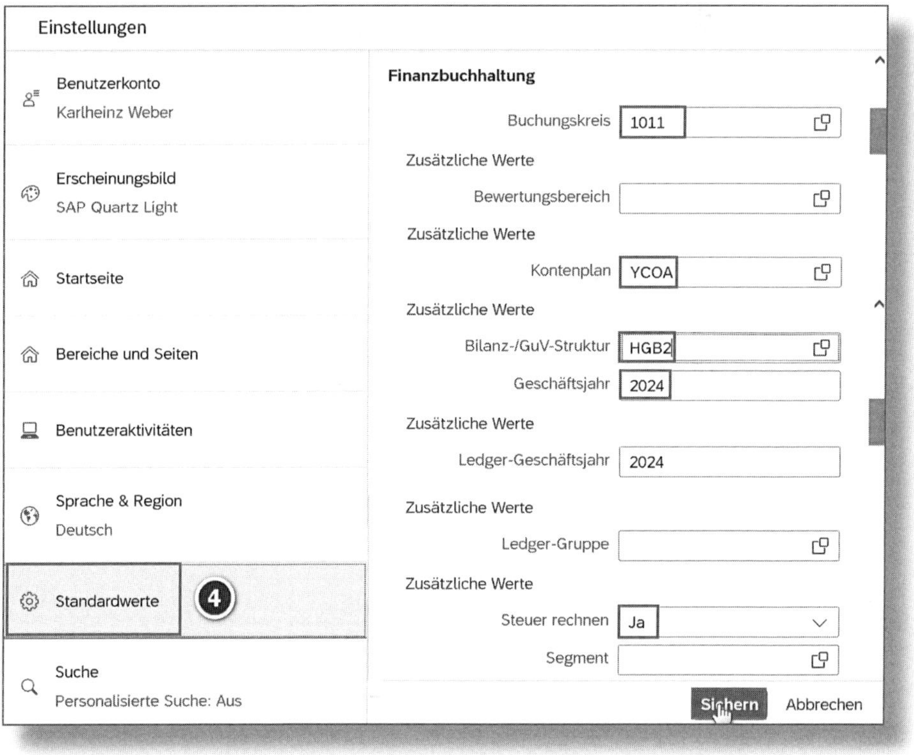

Abbildung 2.17: Voreinstellung – Buchungskreis und Jahr

Sie können das Fiori Launchpad an Ihren individuellen Bedarf anpassen, indem Sie z. B. Kacheln für zusätzlich benötigte Apps hinzufügen oder solche, die Sie nicht brauchen, aus dieser Ansicht entfernen. Außerdem lassen sich die Kacheln innerhalb des Bildschirms an eine gewünschte Stelle verschieben.

Dazu rufen Sie über das Profil-Symbol mit Ihren Initialen ❶ den Menüeintrag STARTSEITE BEARBEITEN ❷ auf (siehe Abbildung 2.18).

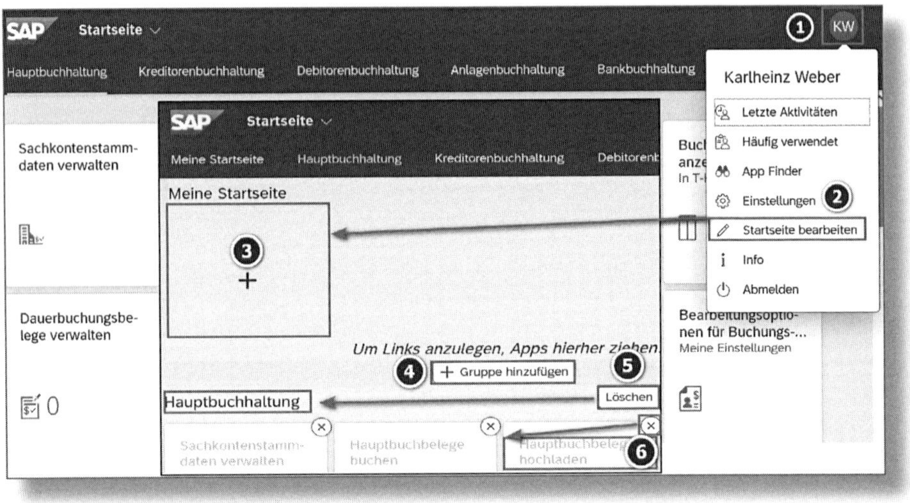

Abbildung 2.18: Startseite bearbeiten

Wie bereits in Abschnitt 2.5.1 erklärt, sind die Apps in Abhängigkeit von den ihnen zugewiesenen Rollen in Gruppen wie »Hauptbuchhaltung« oder »Kreditorenbuchhaltung« gegliedert. Sie können auch eigene Gruppen anlegen. Die Gruppe »Meine Startseite« ist mit den in der SAP GUI üblichen »Favoriten« vergleichbar.

Um der Startseite eine oder auch mehrere Apps hinzuzufügen, klicken Sie auf das Symbol + ❸. Alternativ können Sie eine benötigte App jeder beliebigen Gruppe hinzufügen oder eine neue Gruppe anlegen und dieser über die Drucktaste + GRUPPE HINZUFÜGEN ❹ eine App zuordnen. Bei Bedarf lässt sich auch eine ganze Gruppe ❺ oder eine einzelne App entfernen ❻.

Wenn Sie beispielsweise häufig eine Bilanz aufrufen müssen, wählen Sie die gewünschte Gruppe aus und klicken dann auf das Symbol +. Geben Sie anschließend (siehe Abbildung 2.19) einen passenden Suchbegriff (z. B. »Bilanz«) unter ❶ ein, und suchen Sie in den Ergebnissen ❷ die gewünschte App durch Wahl des Pin-Symbols ❸ aus. Sie können auch eine Mehrfachauswahl vornehmen, indem Sie mehrere Apps anpinnen. Betätigen Sie im nächsten Schritt mehrmals das Zurück-Symbol ❹ (am Bildschirm ganz oben links).

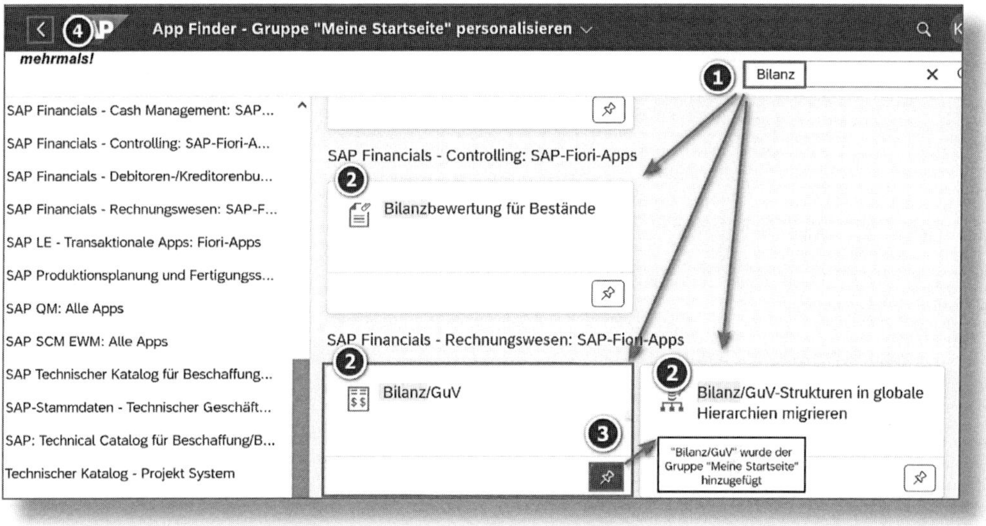

Abbildung 2.19: App »Bilanz/GuV« hinzufügen

Nach Anklicken der Drucktaste SCHLIEßEN wird Ihnen die neu hinzugefügte App jetzt unter MEINE STARTSEITE zur Auswahl angeboten (siehe Abbildung 2.20).

Wollen Sie eine App von Ihrem Launchpad löschen, gehen Sie wieder auf STARTSEITE BEARBEITEN und löschen die App durch Anklicken des kleinen Kreuzes in der rechten oberen Ecke. Möchten Sie eine Kachel verschieben, ist dies sehr einfach mittels Drag-and-drop möglich.

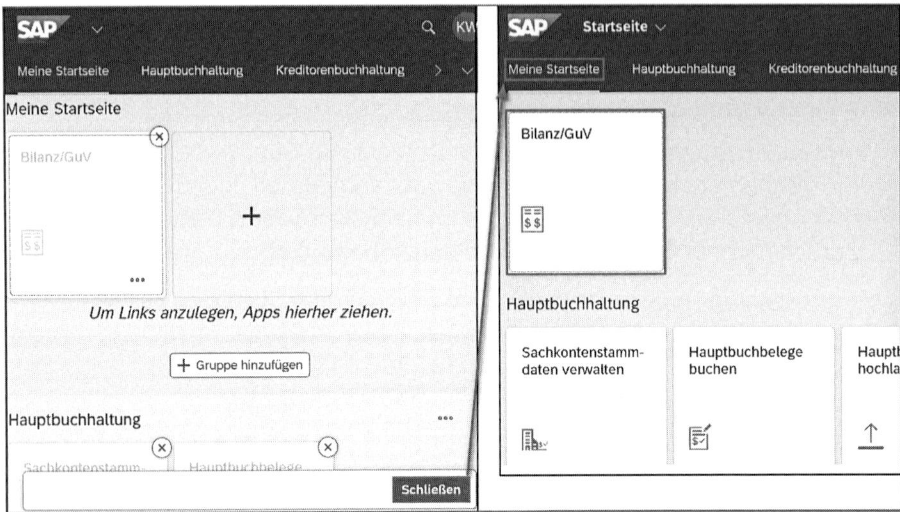

Abbildung 2.20: App »Bilanz/GuV« unter »Meine Startseite« hinzugefügt

☛ Passen Sie das Fiori Launchpad Ihren Anforderungen an

Fügen Sie alle Apps, die Sie täglich verwenden, der Gruppe »Meine Startseite« hinzu. Dann haben Sie diese Apps ähnlich wie Favoriten im Internet oder in der SAP-GUI-Oberfläche einfach und schnell im Zugriff.

2.5.5 SAP-Berechtigungen und -Rollen

Damit Sie in SAP S/4HANA arbeiten können, brauchen Sie nicht nur einen User und ein Passwort, sondern auch entsprechende *SAP-Berechtigungen*. Diese werden Ihnen bzw. dem einzelnen User aber nicht direkt zugewiesen.

Da ein Buchhalter andere Berechtigungen als ein Einkäufer braucht, werden den Usern ihre Berechtigungen mithilfe eines *Rollenkonzepts* zugeordnet. Zusätzlich ist zu berücksichtigen, dass ein Buchhalter des deutschen Buchungskreises 1011 in der Regel nur in seinem Buchungskreis buchen darf. Festzulegen ist auch, ob es nur eine Rolle für alle Buchhalter der Firma 1011 oder getrennte Rollen für Debitoren- und Kreditorenbuchhalter geben soll.

Hier möchte ich wieder eine Beziehung zu unserem Fallbeispiel und unseren beiden Firmen herstellen und Ihnen daran die Rollenvergabe veranschaulichen:

Rollen für die Buchhalter

Nehmen wir an, dass unsere beiden Firmen in Deutschland und den USA für die Mitarbeiter der Buchhaltung die Rollen »BUCHHALTER_1011« und »BUCHHALTER_1710« benötigen.

Aufgrund der tatsächlichen Aufgaben, die in der Buchhaltung anfallen und die mithilfe von SAP durchgeführt werden sollen, werden die dafür notwendigen SAP-Berechtigungen diesen beiden Rollen zugeordnet. Die Rollen unterscheiden sich insofern, als dass die in ihnen hinterlegten Berechtigungen auf den jeweiligen Buchungskreis beschränkt sind. Damit die Anwender über SAP Fiori arbeiten können, ist zusätzlich am Fiori-Server noch eine Rolle »BUCHHALTER_FIORI« anzulegen, und dieser sind alle Apps der Buchhaltung zuzuordnen.

Abschließend werden die angelegten Rollen den Benutzern zugeordnet. So werden allen Buchhaltern des deutschen Buchungskreises 1011 die Rollen »BUCHHALTER_1011« und »BUCHHALTER_FIORI« zugewiesen.

Für die Verwendung der entsprechenden Fiori Apps liefert SAP folgende SAP-Standard-Rollen aus: SAP_BR_GL_ACCOUNTANT für den Hauptbuchhalter, SAP_BR_AP_ACCOUNTANT für den Kreditorenbuchhalter, SAP_BR_AR_ACCOUNTANT für den Debitorenbuchhalter und SAP_BR_AA_ACCOUNTANT für den Anlagenbuchhalter.

Normalerweise wird das Berechtigungskonzept von der SAP-IT-Abteilung erstellt; dieser obliegt auch die User- und Berechtigungsverwaltung. Wenn Sie eine benötigte App oder Funktionen nicht finden oder Sie die Meldung »keine Berechtigung« erhalten, dann wenden Sie sich an Ihre IT-Abteilung.

2.6 Universal Journal

In SAP R/3 und SAP ERP sowie in der Regel auch in einem anderen Softwareprogramm für das Rechnungswesen werden die Buchungen des externen (FI) und internen (CO) Rechnungswesens in getrennten Tabellen gespeichert. In der Buchhaltung werden zusätzlich neben den Belegen auch die Salden getrennt abgelegt. Die Bilanz wird dann auf Basis der Salden und nicht auf Grundlage der Einzelposten erstellt.

Mit der Einführung von SAP S/4HANA entfallen die Summentabellen für die Buchhaltung; alle Informationen des externen und internen Rechnungswesens werden in einer gemeinsamen Tabelle gespeichert.

Diese neue »Supertabelle« für Belege des Rechnungswesens nennt sich *Universal Journal*. Der Tabellenname für Interessierte ist ACDOCA. »AC« steht für Accounting, »DOC« für Documents und »A« für Actuals (siehe Abbildung 2.21).

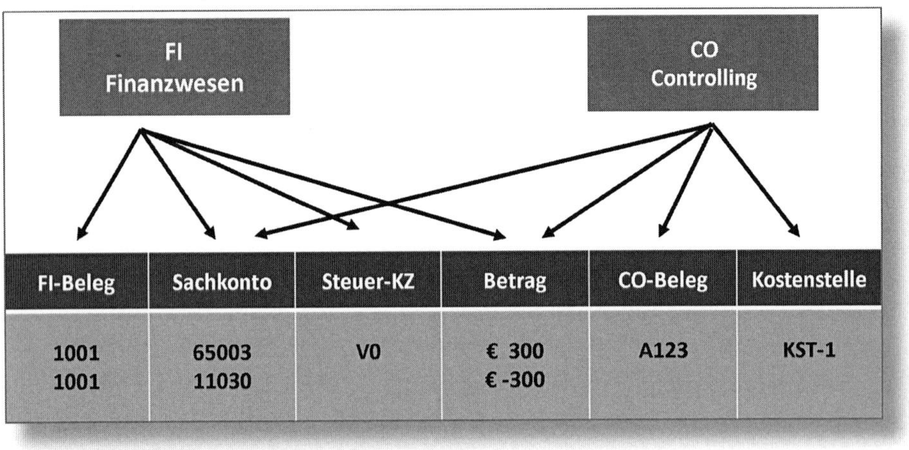

Abbildung 2.21: Universal Journal – Buchungsbeispiel

In dieser Tabelle sind die Informationen der Buchhaltung (Finanzwesen), der Anlagenbuchhaltung, der Kostenrechnung (Controlling) und des Material Ledgers gemeinsam gespeichert. Bildlich ausgedrückt bedeutet dies, dass zukünftig die Buchhaltung und die Kostenrechnung in demselben Großraumbüro sitzen.

☛ Wozu dient das Material Ledger?

Wenn Sie als Buchhalter nichts mit dem Begriff *Material Ledger* anfangen können, ist das nicht so schlimm. Sie sollten nur wissen, dass wichtige für das Rechnungswesen relevante Informationen mit Bezug zur Materialwirtschaft jetzt auch in dieser zentralen Tabelle des Rechnungswesens fortgeschrieben werden.

SAP-technisch bedeutet dies, dass nun jede Kostenart ein FI-Konto ist, dieses FI-Konto das Kennzeichen »primäre« oder »sekundäre Kostenarten« trägt und jede interne CO-Buchung auch einen FI-Beleg erzeugt.

Buchung in FI mit Eingabe der Kostenstelle

Bucht die Buchhaltung 300 EUR auf ein Aufwandskonto, das das Kennzeichen »primäre Kostenart« trägt, und gibt in der Buchungsmaske die Kostenstelle KST-1 ein, wird neben dem FI-Beleg 10001 nur noch ein künstlicher CO-Beleg A123 zusätzlich erzeugt. Alle wesentlichen Informationen für die Buchhaltung und Kostenrechnung sind jedoch in demselben Datensatz dieser Tabelle gespeichert.

2.7 Embedded Analytics und SAP Analysis for Microsoft Office

2.7.1 Überblick über Embedded Analytics

SAP ERP und auch alle anderen ERP-Systeme werden als *OLTP-Systeme (Online Transaction Processing)* bezeichnet. Diese sind so programmiert und hardwareseitig konfiguriert, dass sie Transaktionen wie beispielsweise die Erfassung von Bestellungen im Einkauf oder Buchungen im Finanzwesen optimiert verarbeiten und speichern. Daten aus der Buchhaltung werden in FI-Tabellen und Daten der Kostenrechnung in CO-Tabellen erfasst.

Ein Business Warehouse System wie SAP BW wird als *OLAP-System (Online Analytical Processing)* bezeichnet. Dieses System ist für das Berichtswesen optimiert.

OLTP- und OLAP-Systeme können miteinander verbunden werden. Die im ERP-System gebuchten Werte werden dann meist täglich, bevorzugt in der Nacht, ins Business-Warehouse(BW)-System übertragen. Anschließend sind die Daten zwar in beiden Systemen und daher doppelt gespeichert, werden im BW aber wieder getrennt nach Buchhaltungs- und Kostenrechnungsdaten abgelegt. Die seit der letzten Datenübertragung im ERP gebuchten Werte sind im BW allerdings (noch) nicht ersichtlich.

Mit S/4HANA hat SAP das ERP mit dem BW zu einem gemeinsamen System verbunden. Man spricht in diesem Zusammenhang vom *Embedded BW*. Dieses Zusammenwachsen wurde einerseits durch die In-Memory-Datenbank HANA, andererseits durch enorme Performanceverbesserungen der Hardware erst ermöglicht.

Abbildung 2.22 zeigt einen Vergleich zwischen beiden Welten:

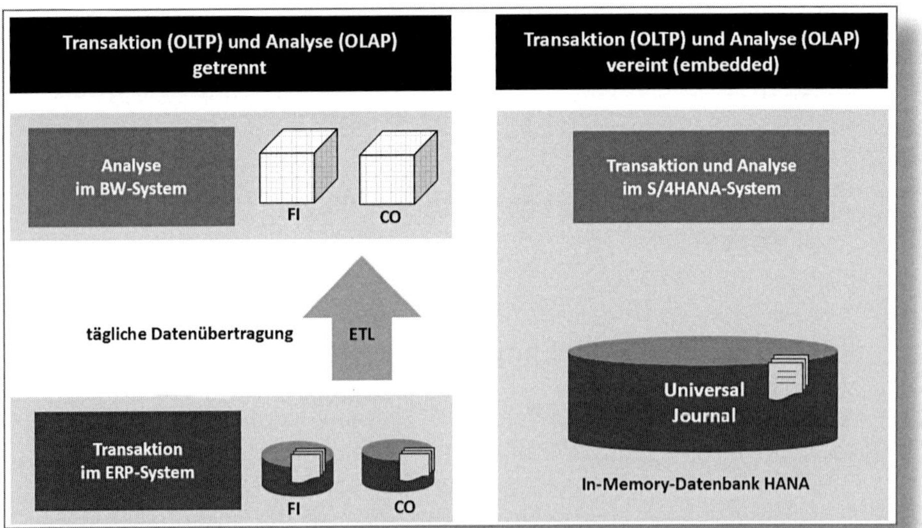

Abbildung 2.22: Transaktion (OLTP) und Analyse (OLAP) getrennt (links) bzw. vereint (rechts)

Spricht man in SAP S/4HANA von Embedded Analytics, so ist damit gemeint, dass SAP verschiedene alte und neue Berichtswerkzeuge anbietet, die sämtlich in demselben System verfügbar sind (siehe Abbildung 2.23).

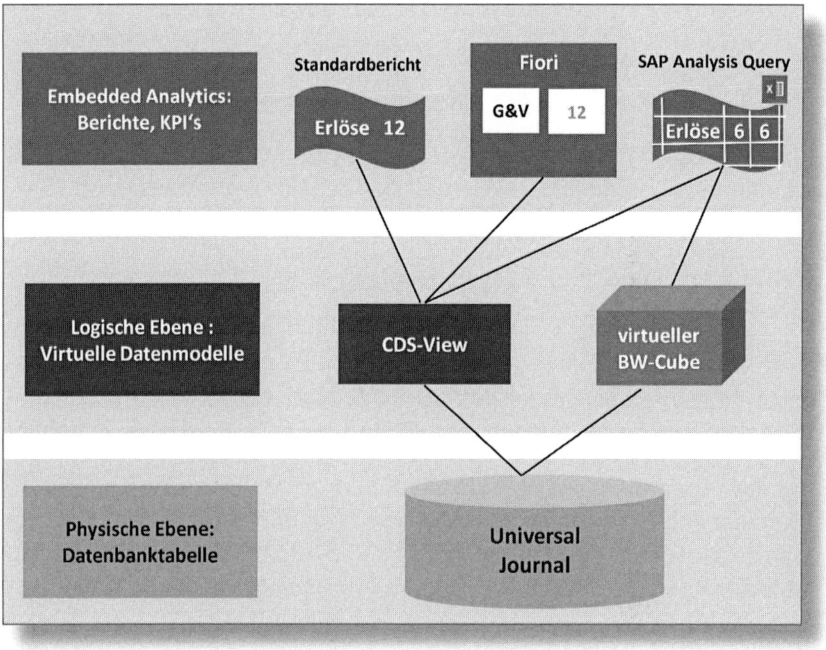

Abbildung 2.23: Embedded Analytics in SAP S/4HANA

Für das Rechnungswesen ist die wichtigste Datenbanktabelle in SAP S/4HANA das Universal Journal (Tabelle ACDOCA).

Die neue Logik ist so aufgebaut, dass zwischen der physischen Datenbankebene und den unterschiedlichen Berichtswerkzeugen ein virtuelles Datenmodell liegt. »Virtuell« bedeutet, dass die Daten kein weiteres Mal gespeichert, sondern nur logische Sichten aufgebaut werden, die auf bestimmte Daten aus einer oder mehreren Tabellen zugreifen. Dieses virtuelle Datenmodell kann aus sogenannten *CDS-Views* oder den zunehmend unbedeutenderen virtuellen *BW-Infoprovidern* bestehen.

Sowohl die alten Standardberichte als auch neue Fiori-Apps lesen über CDS-Views die Daten des Universal Journals. Genauso greifen moderne BW-Berichtswerkzeuge wie SAP Analysis for Microsoft Office oder *Lumira* über virtuelle Infoprovider auf dieselben Daten des Universal Journals zu. Zusätzlich steht Ihnen die generische App *Abfrage-Browser* zur Verfügung. Mit dieser App können Sie aus einer großen Anzahl vordefinierter Abfragen die gewünschte auswählen, diese direkt ausführen und sich das Ergebnis webbasiert anzeigen lassen.

2.7.2 SAP Analysis for Microsoft Office

Das SAP-Berichtswerkzeug *SAP Analysis for Microsoft Office* besteht aus den Komponenten »SAP Analysis for Microsoft Excel« und »SAP Analysis for Microsoft PowerPoint«.

Beide Werkzeuge sind dazu gedacht, Berichtsdaten aus einem SAP-System mithilfe von Microsoft-Werkzeugen darzustellen und am PC weitere Verarbeitungsschritte durchführen zu können.

Ich werde in diesem Buch nur auf SAP Analysis for Microsoft Excel eingehen und im Weiteren vereinfachend nur von »Analysis« sprechen.

Als SAP-Berater bin ich ständig mit der Frage der Fachabteilungen konfrontiert, wie Ergebnisse von SAP-Auswertungen in Excel herunterzuladen seien. Diese Problematik gehört seit dem auf Embedded Analytics aufsetzenden SAP-Berichtswerkzeug Analysis weitgehend der Vergangenheit an.

Indem Sie Analysis starten, öffnen Sie gleichzeitig Excel, sodass jeder ausgeführte Bericht in der Excel-Oberfläche dargestellt wird.

Analysis for Excel als Benutzeroberfläche für Reporting

Wenn Sie morgens mit Ihrer Arbeit beginnen, dann melden Sie sich in der Frühe nicht nur am Fiori Launchpad an; starten Sie auch gleich Analysis und damit ebenfalls Excel. Rufen Sie die benötigten Berichte über die Excel-Oberfläche auf und nutzen Sie auf diese Weise die zahlreichen Funktionen von Analysis und Excel gemeinsam.

Um Analysis auszuführen, wählen Sie nach Klick auf den Windows-Button START ❶ den Menüeintrag ANALYSIS FOR MICROSOFT EXCEL ❷ aus (siehe Abbildung 2.24).

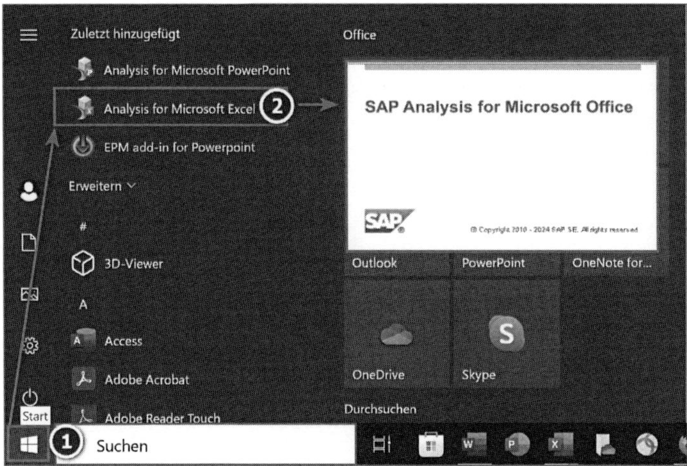

Abbildung 2.24: SAP Analysis for Microsoft Office – Start

Wie in Abbildung 2.25 zu sehen ist, wurde die Excel-Oberfläche um die Schaltfläche ANALYSIS ❶ erweitert. Drücken Sie auf diese und daraufhin auf den Menüpunkt DATENQUELLE EINFÜGEN ❷. Wählen Sie dann einen bereits ausgeführten Bericht ❸ oder, wie im dargestellten Beispiel, DATENQUELLE FÜR ANALYSE DEFINIEREN ❹ und anschließend das gewünschte System ❺ aus, an dem Sie sich schließlich mit Ihrem BENUTZER und Ihrem KENNWORT ❻ anmelden möchten.

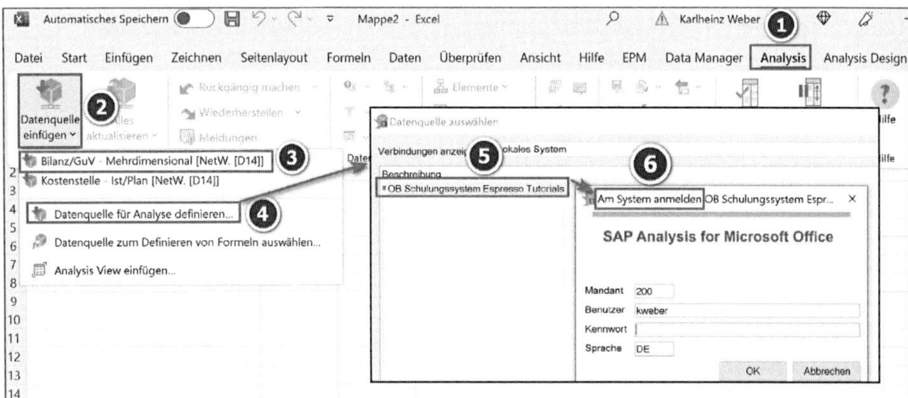

Abbildung 2.25: Datenquelle und Systemanmeldung einfügen

Ich zeige Ihnen jetzt, wie Sie den gewünschten Bericht aufrufen, falls Sie über den Menüpunkt DATENQUELLE FÜR ANALYSE DEFINIEREN gehen mussten. Unter dem Reiter SUCHE ❶ (siehe Abbildung 2.26) können Sie den vollständigen Berichtsnamen oder nur einen Teil dessen eingeben und aus der Liste den passenden Bericht wählen ❷.

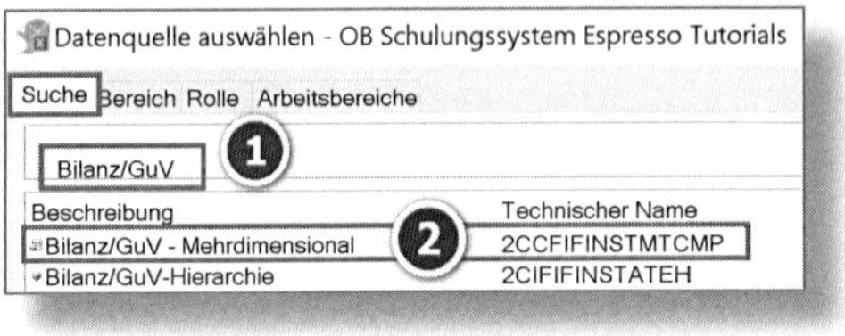

Abbildung 2.26: Gewünschten Bericht auswählen

Im sich öffnenden Selektionsbild (siehe Abbildung 2.27) machen Sie Angaben in den mit * ❶ gekennzeichneten Muss-Feldern. Sie wählen als VERGLEICHSLEDGER und LEDGER *0L* für IFRS-Rechnungslegung aus. Unter HIERARCHIE-ID ❷ geben Sie die gewünschte Bilanzstruktur (in unserem Beispiel *HGB1* für Handelsbilanz) und unter PLANKATEGORIE *ACT01* für ISTDATEN ❸ ein. Die anderen Eingabefelder sollten selbsterklärend sein. Drücken Sie anschließend den Button OK ❹.

Der Bericht wird daraufhin genau an der Position des Cursors in Excel eingefügt ❶ (siehe Abbildung 2.28).

Der große Vorteil der Verknüpfung von Analysis und Excel ist, dass Sie beliebige Felder im Analysis-Fenster als Aufrissmerkmale (in unserem Beispiel das PROFITCENTER) in die SPALTEN ❷ oder ZEILEN ❸ von Excel ziehen bzw. diese dort auch entfernen können.

Sie haben darüber hinaus die Möglichkeit, weitere Berichte in einem freien Bereich zusätzlich in dieselbe Excel-Mappe einzubinden.

Erproben Sie selbst die Möglichkeiten von Analysis

Lernen Sie die vielfältigen Funktionen von Analysis kennen, und verwenden Sie diese in Kombination mit Excel. Sie können dann Ihre Berichtsanforderung ohne Unterstützung der IT-Abteilung mithilfe von Excel-Pivot-Tabellen umsetzen.

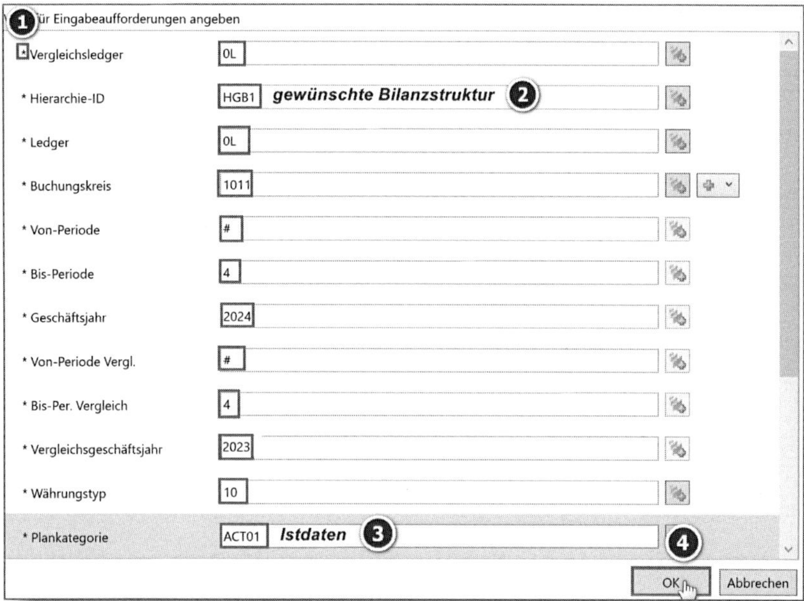

Abbildung 2.27: App »Bilanz/GuV« – Selektionsbild

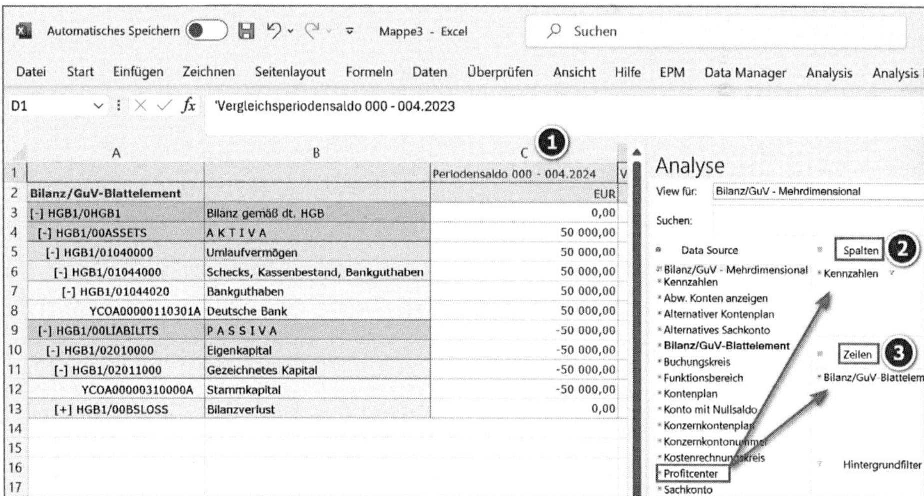

Abbildung 2.28: Query-Einstiegsbild mit Navigationsmöglichkeit

3 Hauptbuchhaltung

Dieses Kapitel beginnt mit einem Überblick über die Komponente Hauptbuchhaltung (FI-GL) und den dort verwendeten Kontenplan. Anhand unserer Beispielfirma zeige ich Ihnen die Bearbeitung von Sachkonten sowie verschiedene Geschäftsprozesse wie die Firmengründung, die Dotierung der Handkasse und die Bezahlung der ersten angefallenen Ausgaben und Gehälter mit den jeweiligen Buchungsszenarien. Die dazugehörigen Analyse- bzw. Auswertemöglichkeiten runden das Kapitel ab.

Die *Hauptbuchhaltung* bildet das Kernmodul der Finanzbuchhaltung. Hier werden die laufenden Geschäftsvorfälle dokumentiert und am Jahresende die Bilanz sowie die GuV erstellt.

Wie bereits in Abschnitt 2.6 erwähnt, ist die Buchhaltung in SAP S/4HANA von der Kostenrechnung nicht mehr strikt getrennt, sondern im Universal Journal vereint.

3.1 Stammdaten: Kontenplan, Sachkonten und Bilanzstruktur

Die wichtigste Aufgabe der Hauptbuchhaltung ist die Abbildung der Geschäftstätigkeit des Unternehmens in Form von Buchungen auf Sachkonten.

Der *Kontenplan* stellt dabei das Verzeichnis aller Sachkonten dar, die von einem Unternehmen eingesetzt werden.

In SAP wird der Kontenplan, den der Buchhalter beim Buchen von Belegen nutzt, als *operativer Kontenplan* bezeichnet.

Jeder Buchungskreis in SAP ist genau einem operativen Kontenplan zugeordnet. Mehrere Buchungskreise können den denselben Kontenplan verwenden (siehe Abbildung 3.1).

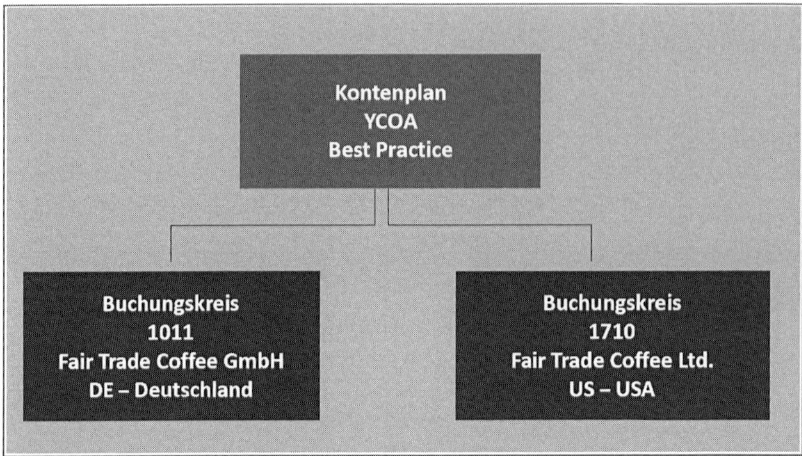

Abbildung 3.1: Buchungskreis zum Kontenplan zuordnen

In unserem Beispiel verwenden der deutsche Buchungskreis 1011 und der amerikanische Buchungskreis 1710 denselben operativen Kontenplan »YCOA«. Für landesspezifische Auswertungszwecke ist zusätzlich ein Landeskontenplan und für Zwecke der Konsolidierung ein Konzernkontenplan optional einsetzbar.

☛ Ein operativer Kontenplan für alle Konzerngesellschaften

Ordnen Sie allen Konzerngesellschaften denselben operativen Kontenplan zu, und decken Sie landesspezifische Anforderungen durch einen zusätzlichen Landeskontenplan ab. Sie ermöglichen damit buchungskreisübergreifende Auswertungen und vereinfachen viele Systemeinstellungen.

In SAP S/4HANA verwenden Buchhaltung und Kostenrechnung denselben operativen Kontenplan, und jede primäre und sekundäre *Kostenart* ist als *Sachkonto* anzulegen. Das führt dazu, dass in SAP S/4HANA nicht nur (wie sonst üblich in der Buchhaltung) zwischen Bilanz- und Erfolgskonto unterschieden wird, sondern dass es fünf *Sachkontenarten* gibt (siehe Tabelle 3.1).

Kennzeichen	Kontoart	Relevant für
C	Geldkonto	Buchhaltung
X	Bestandskonto	Buchhaltung
N	nicht betriebliche Aufwendungen/Erträge	Buchhaltung
P	Primärkosten/Erlöse	Buchhaltung und Kostenrechnung
S	Sekundärkosten	Kostenrechnung

Tabelle 3.1: Sachkontenarten in SAP S/4HANA

Geldkonten und Bestandskonten (bzw. Bilanzkonten) werden nur in der Buchhaltung verwendet. Soll ein Erfolgskonto (bzw. GuV-Konto) nur für die Buchhaltung relevant sein, ist es als »nicht betriebliche Aufwendungen/Erträge« anzulegen.

Erfolgskonten, die zugleich der Buchhaltung und Kostenrechnung dienen, werden als »Primärkosten/Erlöse« angelegt. Zusätzlich gibt es in SAP S/4HANA auch Konten vom Typ »Sekundärkosten«, die ausschließlich für interne Buchungen in der Kostenrechnung eingesetzt werden.

Alle Erfolgskonten mit Sachkontenart P – Primärkosten

Legen Sie alle Erfolgskonten Ihres operativen Kontenplans als Primärkosten/Erlöse an. Handelt es sich betriebswirtschaftlich um nicht betriebliche Aufwendungen bzw. Erträge, buchen Sie diese einfach auf eine Abgrenzungskostenstelle.

Jedes Sachkonto besteht aus mehreren Ebenen, die in SAP *Segmente* genannt werden (siehe Abbildung 3.2):

- Im *Kontenplansegment* werden die Informationen gespeichert, die in allen Buchungskreisen gleich sind. Dazu zählen die Kontobezeichnung und die Kontoart.
- Im *Buchungskreissegment* werden beispielsweise die Währung des Kontos sowie der Sortierschlüssel gespeichert.

- Trägt das Sachkonto das Kennzeichen »primäre« oder »sekundäre Kostenart«, kommt noch das *Kostenartensegment* hinzu. In diesem wird der Kostenartentyp gespeichert. Beispielsweise bedeutet der Kostenartentyp 01 »primäre Kostenart« und 42 »Umlagekostenart«.

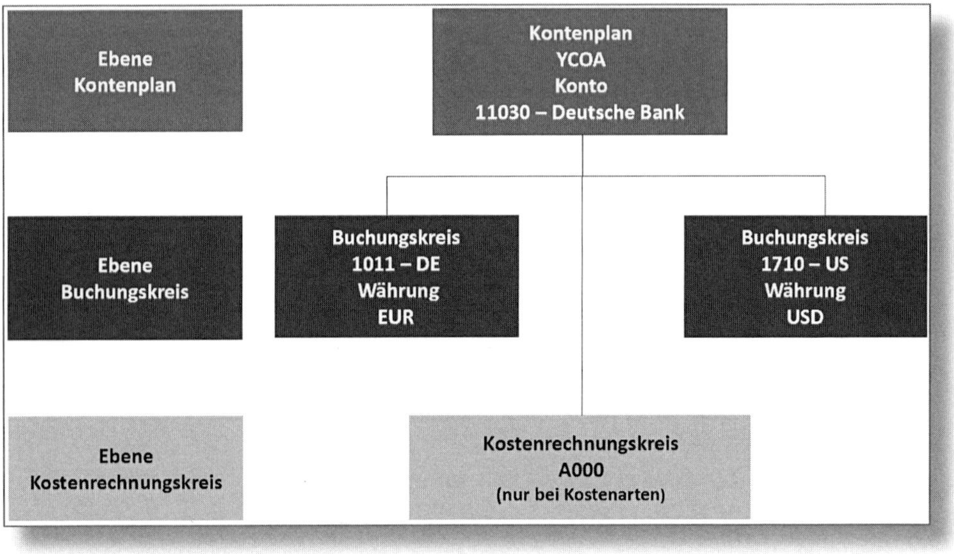

Abbildung 3.2: Segmente eines Sachkontos

Unsere Beispielfirmen in Deutschland (Buchungskreis 1011) und in den USA (Buchungskreis 1710) verwenden denselben Kontenplan »YCOA«. Das Sachkonto »11030 – Deutsche Bank« wird aber im deutschen Buchungskreis in Euro und im amerikanischen Buchungskreis in Dollar geführt. Da es sich um ein Bilanzkonto handelt, existiert kein Segment auf Ebene des Kostenrechnungskreises.

Zur besseren Nachvollziehbarkeit stelle ich Ihnen, wie eingangs erwähnt, je Kapitel *Szenarien* unserer Fallstudie der Beispielfirma »Fair Trade Coffee GmbH« und die damit verbundenen Geschäftsfälle, Stammdaten und Buchungen in Excel-Tabellen vor. Für alle im Kapitel näher beschriebenen Stammdaten und Buchungen ist der jeweilige Abschnitt angegeben. So wird beispielsweise in Szenario 1 die Anlage des Sachkontos für die Deutsche Bank in Abschnitt 3.1.1 näher beschrieben, während Sie in Szenario 2 das Buchen der Stammeinlage in Abschnitt 3.2.1 finden.

☛ Nutzen Sie die Szenario-Übersichten

Verwenden Sie diese Szenario-Übersichten so, dass Sie von einem Szenario mit den dargestellten Geschäftsfällen in den jeweiligen Abschnitt oder vom angegebenen Abschnitt in die im Szenario ausgewiesenen Stammdaten und Buchungen springen.

In Szenario 1 unserer Beispielfirma »Fair Trade Coffee GmbH« geht es um die Anlage von Sachkonten, die für die Abbildung der dargestellten Geschäftsvorfälle benötigt werden. Ich zeige Ihnen, wie Sie verschiedene Bilanz- und Erfolgskonten sowie eine sekundäre Kostenart anlegen (siehe Abbildung 3.3).

Nr.	Abschnitt	Konto	Bezeichnung	Kontoart
1		10010	Handkasse	Bilanzkonto (alternativ Geldkonto)
2	3.1.1	11030	Deutsche Bank	Bilanzkonto (alternativ Geldkonto)
3		11031	Verrechn.konto Deutsche Bank	Bilanzkonto (alternativ Geldkonto)
4		12100	Forderungen L&L	Bilanzkonto (+ Abstimmkonto Debitoren)
5		12600	Vorsteuer	Bilanzkonto
6		13600	Bestand Handelswaren	Bilanzkonto
7		16030	Fuhrpark	Bilanzkonto (+ Abstimmkonto Anlagen)
8		16031	Wertberichtigung Fuhrpark	Bilanzkonto (+ Abstimmkonto Anlagen)
9		16040	EDV-Anlagen	Bilanzkonto (+ Abstimmkonto Anlagen)
10		16041	Wertberichtigung EDV-Anlagen	Bilanzkonto (+ Abstimmkonto Anlagen)
11		16098	Verrechn.konto Anlagenzugang	Bilanzkonto
12		16099	Techn. Verrechn.konto Anlagenzugang	Bilanzkonto (+ Abstimmkonto Anlagen)
13	3.1.1	21100	Verbindlichkeiten L&L	Bilanzkonto (+ Abstimmkonto Kreditoren)
14		21200	Sonstige Verbindlichkeiten	Bilanzkonto
15	3.1.1	22000	Umsatzsteuer	Bilanzkonto
16	3.1.1	31000	Stammkapital	Bilanzkonto
17		33000	Ergebnisvortrag	Bilanzkonto
18		41000	Umsatzerlöse 19%	GuV-Konto (+ Erlösart)
19		41010	Umsatzerlöse 7%	GuV-Konto (+ Erlösart)
20		41020	Umsatzerlöse 0%	GuV-Konto (+ Erlösart)
21		44002	Kundenskonti	GuV-Konto (+ Erlösschmälerung)
22		51600	Verbrauch Handelswaren	GuV-Konto (+ primäre Kostenart)
23		61100	Gehälter	GuV-Konto (+ primäre Kostenart)
24	3.1.1	65003	Kfz-Kosten	GuV-Konto (+ primäre Kostenart)
25		63004	Versicherungen	GuV-Konto (+ primäre Kostenart)
26		65005	Miete	GuV-Konto (+ primäre Kostenart)
27		64040	Abschreibungen	GuV-Konto (+ primäre Kostenart)
28		71010	Mindererlös Anlagenabgang	GuV-Konto (+ primäre Kostenart)
29	3.1.1	91001	Interne Leistungsverrechnung EDV	Sekundäre Kostenart

Abbildung 3.3: Szenario 1 – Anlage Sachkonten

3.1.1 Anlage von Sachkonten

Nachdem Sie sich am Fiori Launchpad angemeldet haben, wählen Sie die Gruppe HAUPTBUCHHALTUNG (siehe Abbildung 2.10).

Wahrscheinlich sieht Ihr Fiori Launchpad anders als hier im Buch dargestellt aus. Die Ausgestaltung hängt einerseits von den Rollen ab, die Ihnen die IT-Abteilung zuordnet, und andererseits von den Anpassungen, die Sie selbst vornehmen.

Für die Anlage eines neuen Sachkontos rufen Sie die App/Kachel SACHKONTENSTAMMDATEN VERWALTEN ❶ auf (siehe Abbildung 3.4). Sie können jede App auch über das Symbol mit der Lupe ❷ (rechts oben) suchen oder über das Initialen-Symbol ❸ und den Menüeintrag STARTSEITE BEARBEITEN dauerhaft als Kachel hinzufügen (siehe dazu die Abschnitte 2.5.2 und 2.5.4).

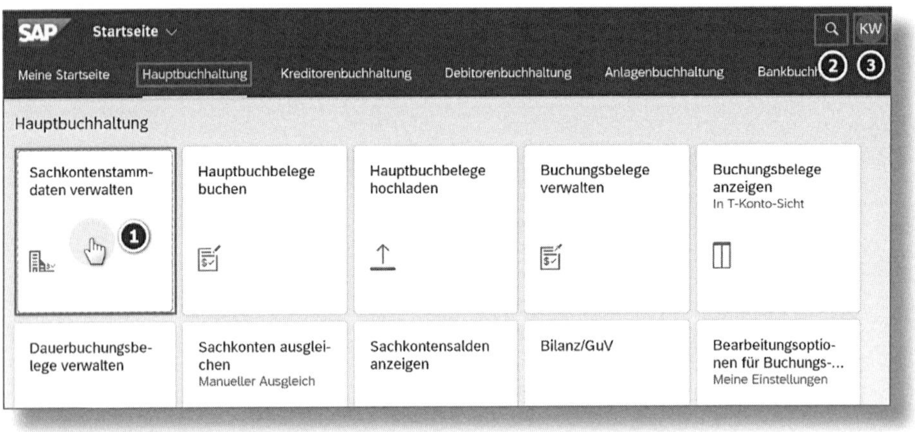

Abbildung 3.4: App »Sachkontenstammdaten verwalten«

Abbildung 3.5 zeigt die nach dem Aufruf der App erscheinende Eingabemaske.

Mit dieser App können Sie nicht nur Sachkonten anlegen und ändern, sondern auch ein Stammdatenverzeichnis erstellen.

Nehmen Sie die folgenden Einträge vor: KONTENPLAN *YCOA*, ❶ SICHT *Buchungskreissicht* ❷ und BUCHUNGSKREIS *1011* ❸, und drücken Sie

Start ❹. Daraufhin werden Ihnen im unter Bereich des Bildschirms die bereits angelegten Sachkonten angezeigt.

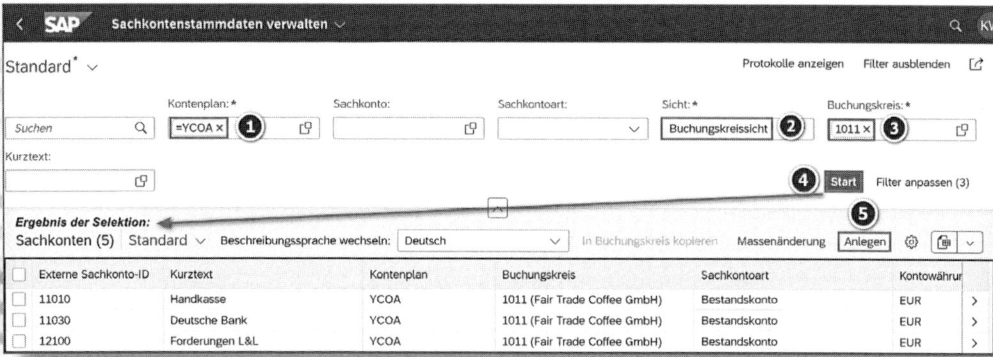

Abbildung 3.5: App »Sachkontenstammdaten verwalten« – Eingabemaske

Bestandskonto anlegen

Um ein neues Sachkonto anzulegen, klicken Sie unten rechts auf die Drucktaste ANLEGEN ❺. Es erscheint der in Abbildung 3.6 angezeigte Eingabebildschirm.

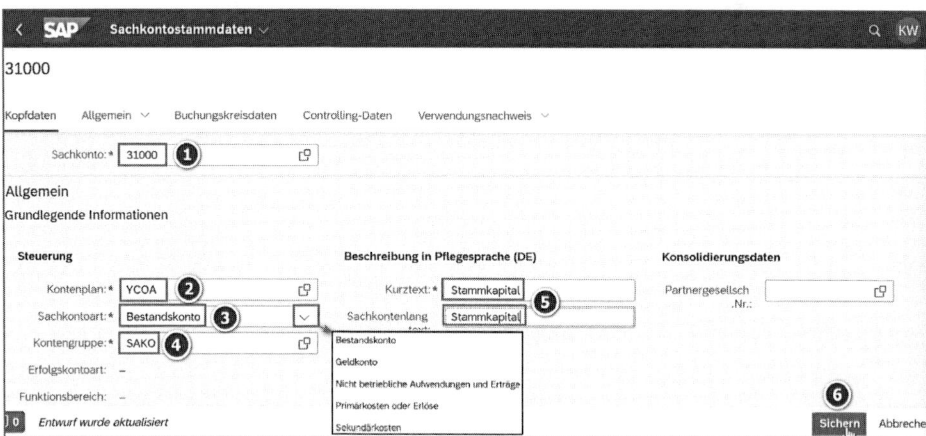

Abbildung 3.6: Sachkonto 31000 anlegen – Kontenplandaten

In unserem Beispiel wollen wir ein Bilanzkonto für Stammkapital mit der Kontonummer 31000 anlegen. Dazu geben Sie folgende Daten ein:

❶ SACHKONTO: *3100*

❷ KONTENPLAN: *YCOA*

❸ KONTOART: *Bestandskonto* – wählen Sie die passende Kontoart gemäß Tabelle 2.1

❹ KONTENGRUPPE: *SAKO* – über die Kontengruppe wird gesteuert, welche Felder im Sachkonto eingabebereit sind; jedes Feld kann als Muss-Feld oder Kann-Feld definiert oder ganz ausgeblendet werden

❺ KURZTEXT und SACHKONTENLANGTEXT: *Stammkapital*

Speichern Sie Ihre Eingaben über den Button Sichern ❻.

Anschließend legen Sie das Buchungskreissegment für den Buchungskreis 1011 an, indem Sie zum Register BUCHUNGSKREISDATEN wechseln und dort wieder die Drucktaste ANLEGEN anklicken (siehe Abbildung 3.7).

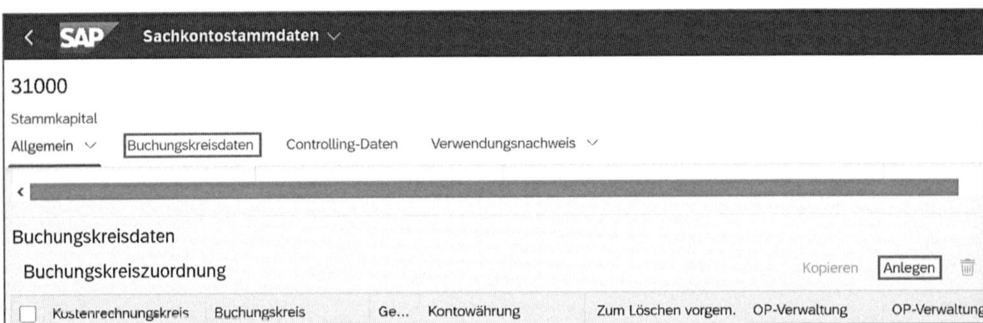

Abbildung 3.7: Sachkonto 31000 anlegen – Buchungskreisdaten

Dort geben Sie jene Daten des Kontos ein, die sich je nach Buchungskreis unterscheiden können. So wird die Währung des Stammkapitals im deutschen Buchungskreis in EUR und im amerikanischen Buchungskreis in USD geführt (siehe Abbildung 3.8).

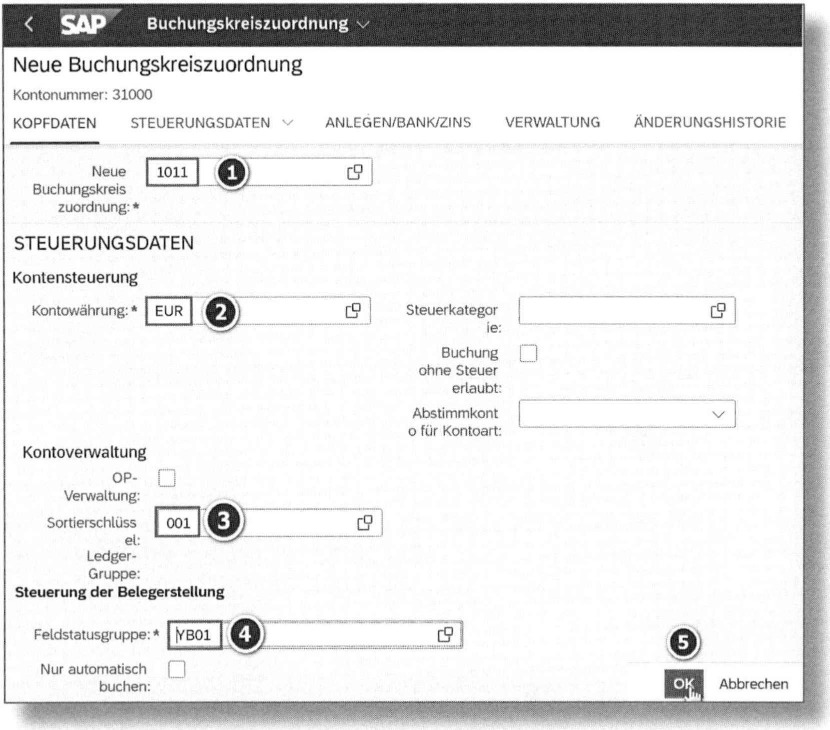

Abbildung 3.8: Dateneingabe – Buchungskreissegment

❶ NEUER BUCHUNGSKREIS: *1011*

❷ KONTOWÄHRUNG *EUR* – wird vorgeschlagen aus der Buchungskreiswährung

❸ SORTIERSCHLÜSSEL *001* – nach Buchungsdatum

❹ FELDSTATUSGRUPPE *YB01* – die Feldstatusgruppe bestimmt, welche Felder bei der Buchung auf diesem Konto in der Buchungsmaske erscheinen

❺ Drücken Sie dann die Drucktaste OK, um die Eingaben zu bestätigen

Es erscheint das in Abbildung 3.9 gezeigte Bild. Sie müssen nur noch Sichern, und das Konto ist angelegt.

Abbildung 3.9: Sachkonto mit Buchungskreisdaten sichern

Wenn Sie jetzt ein zusätzliches neues Bilanzkonto für die Umsatzsteuer anlegen wollen, ist es das Einfachste, ein bereits bestehendes Bilanzkonto, das von den Einstellungen her möglichst ähnlich ist, zu kopieren. Dafür stehen Ihnen zwei Möglichkeiten zur Verfügung (siehe Abbildung 3.10).

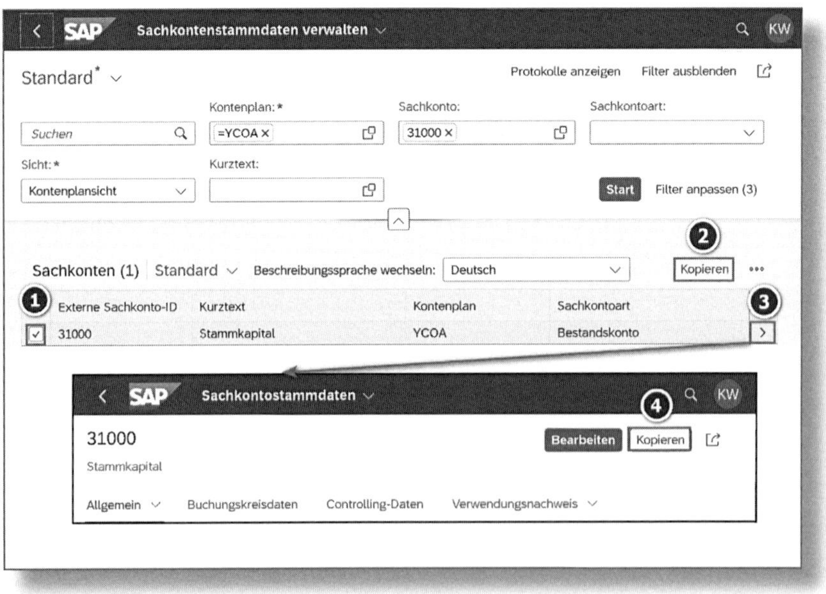

Abbildung 3.10: Sachkontenstamm kopieren

1. Sie lassen sich das Vorlagekonto (in unserem Fall das Sachkonto 31000) anzeigen, markieren es in der ersten Spalte ❶ und drücken dann den Button KOPIEREN ❷.
2. Sie springen durch Klicken auf das Detail-Symbol [>] ❸ in die Stammdatenanzeige und drücken anschließend den Button KOPIEREN ❹.

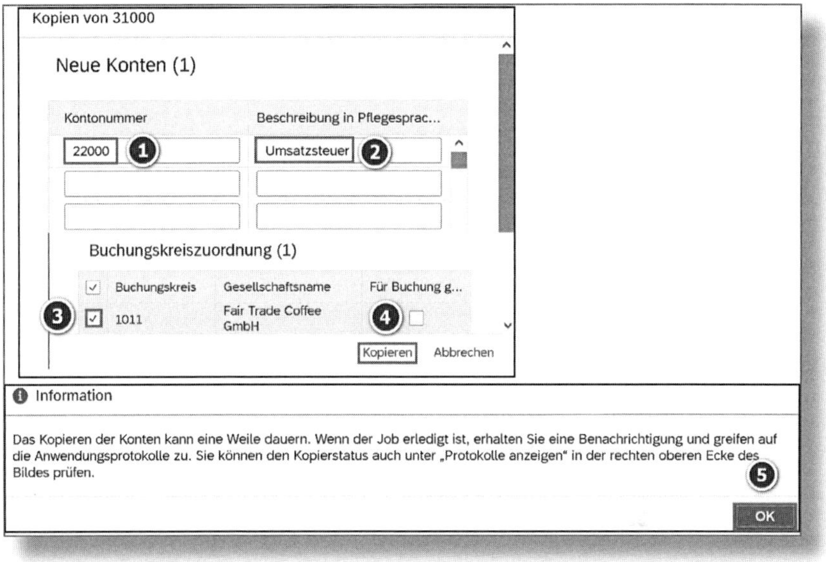

Abbildung 3.11: Sachkonto 31000 auf Sachkonto 22000 kopieren

Gemäß Abbildung 3.11 geben Sie die KONTONUMMER ❶ und die BESCHREIBUNG ❷ des anzulegenden neuen Kontos ein, markieren Sie den gewünschten BUCHUNGSKREIS ❸, und drücken Sie dann den Button KOPIEREN ❹. Bestätigen Sie die erscheinende Informationsmeldung mit dem OK-Button.

Damit ist das neue Konto 22000 angelegt. Anschließend können Sie alle kopierten Daten bei Bedarf ändern bzw. ergänzen. In unserem Fall müssen Sie, wie in Abbildung 3.12 dargestellt, für das AUSGANGSSTEUERKONTO > im Feld STEUERKATEGORIE ergänzen.

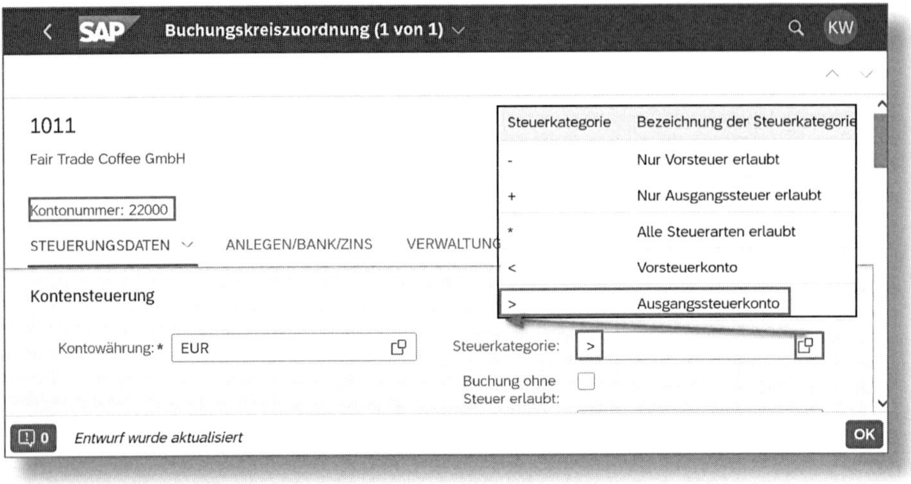

Abbildung 3.12: Sachkontenstamm 22000 ändern

Abstimmkonto anlegen

Bei den Bilanzkonten spielen *Abstimmkonten* eine besondere Rolle. Lassen Sie mich deren Konzept kurz erklären:

Abstimmkonten bilden die Brücke zwischen Nebenbuchhaltung und Hauptbuchhaltung. Jeder Stammsatz in der Nebenbuchhaltung ist über ein Abstimmkonto mit der Hauptbuchhaltung verknüpft, und jede Buchung in der Nebenbuchhaltung wird auch auf dem Abstimmkonto in der Hauptbuchhaltung angezeigt.

Es gibt Abstimmkonten für Anlagen, Debitoren und Kreditoren. Achten Sie beim Anlegen eines Abstimmkontos darauf, das Kennzeichen ABSTIMMKONTO FÜR KONTOART mit *K* für Kreditoren, *D* für Debitoren und *A* für Anlagen richtig zu setzen (siehe Abbildung 3.13). Wenn wir also einen Kreditor mit dem Sachkonto »Verbindlichkeiten aus Lieferungen und Leistungen« verknüpfen, muss dieses als Abstimmkonto gekennzeichnet werden und somit das Kennzeichen K tragen.

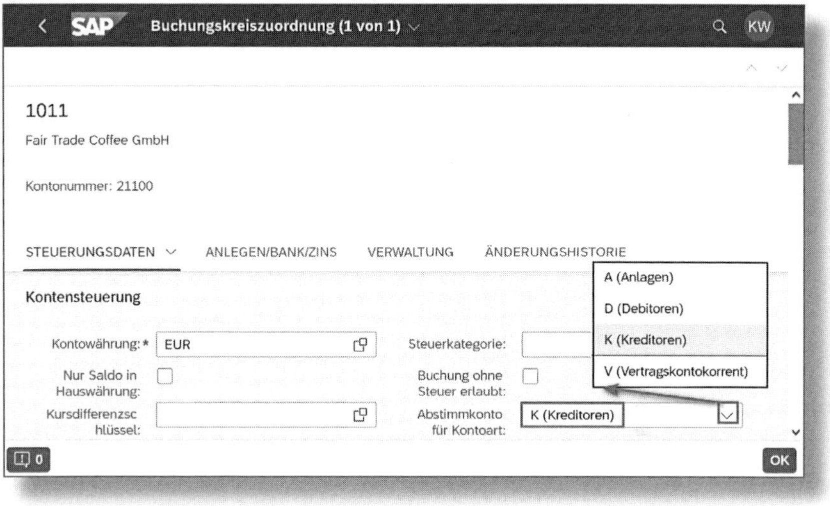

Abbildung 3.13: Konto 21100 – Abstimmkonten für Kreditoren

Ein Abstimmkonto kann nicht direkt bebucht werden. Dies erfolgt automatisch als Mitbuchung, sobald der Kreditor, der Debitor oder die Anlage bebucht werden.

In einem traditionellen Buchhaltungsprogramm zeigt die Nebenbuchhaltung alle Details, in der Hauptbuchhaltung wiederum sind nur die Summen ersichtlich. Im Universal Journal von SAP S/4HANA sind jetzt alle Daten in einer Tabelle zusammengefasst, sodass keine Abstimmung mehr zwischen Haupt- und Nebenbuchhaltung notwendig ist.

Abstimmkonto 21100 für Verbindlichkeiten aus L&L

Beim Kreditor 1 und Kreditor 2 ist jeweils das Abstimmkonto 21100 hinterlegt. Auf dem Konto »Kreditor 1« wird eine Eingangsrechnung über 1.000 EUR und auf dem Konto »Kreditor 2« eine Rechnung über 2.500 EUR gebucht. Danach weist das Konto »21100 – Verbindlichkeiten aus L&L (Lieferungen und Leistungen)« (siehe dazu auch Abbildung 2.3) einen Saldo von 3.500 EUR aus.

Anlage eines Erfolgskontos als Primärkostenart

Wenn Sie ein Erfolgskonto (bzw. GuV-Konto) anlegen möchten, sind vor allem die Verbindung zum Controlling und die Steuerrelevanz wichtig.

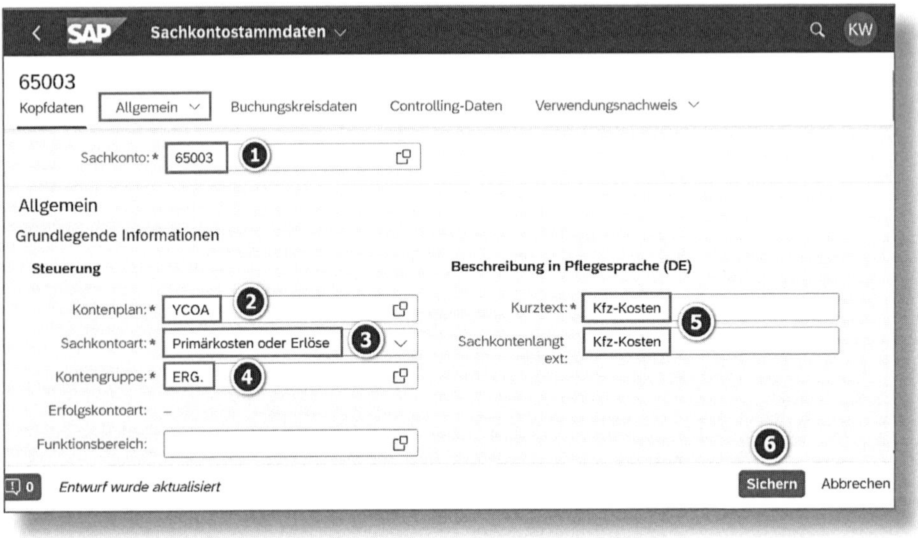

Abbildung 3.14: Erfolgskonto 65003 – allgemeine Daten

In unserem Beispiel (siehe Abbildung 3.14) legen wir ein Konto für Kfz-Kosten an. Sie geben unter SACHKONTO *65003* ➊ ein, wählen dann den KONTENPLAN *YCOA*, die SACHKONTOART *Primärkosten oder Erlöse* ➌ sowie die KONTENGRUPPE *ERG.* ➍, tragen die Kontenbezeichnung *Kfz-Kosten* in die Felder KURZTEXT und SACHKONTENLANGTEXT ➎ ein und drücken abschließend Sichern ➏.

Wie in Abbildung 3.15 dargestellt, ist das Konto auf Kontenplanebene angelegt, und Sie müssen über die Drucktaste BEARBEITEN ➊ vom Anzeige- in den Bearbeitungsmodus wechseln, um über die Drucktaste ANLEGEN ➋ die noch fehlenden BUCHUNGSKREISDATEN zu ergänzen.

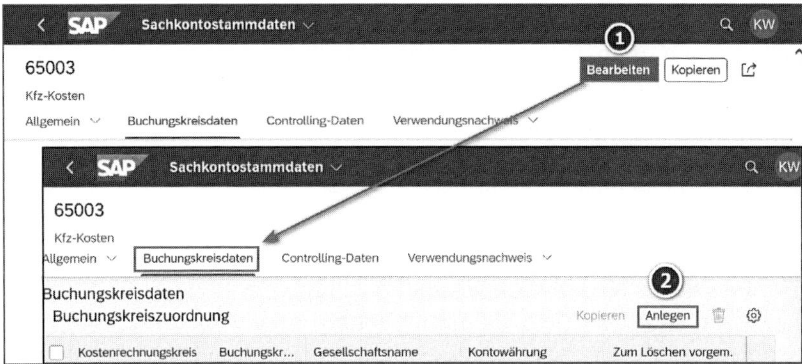

Abbildung 3.15: Erfolgskonto 65003 bearbeiten

Unter BUCHUNGSKREISDATEN (siehe Abbildung 3.16) geben Sie im Feld NEUE BUCHUNGSKREISZUORDNUNG unseren Buchungskreis *1011* ❶ ein. Die KONTENWÄHRUNG *EUR* ❷ wird automatisch vorgeschlagen, wenn Sie einmal `Enter` drücken.

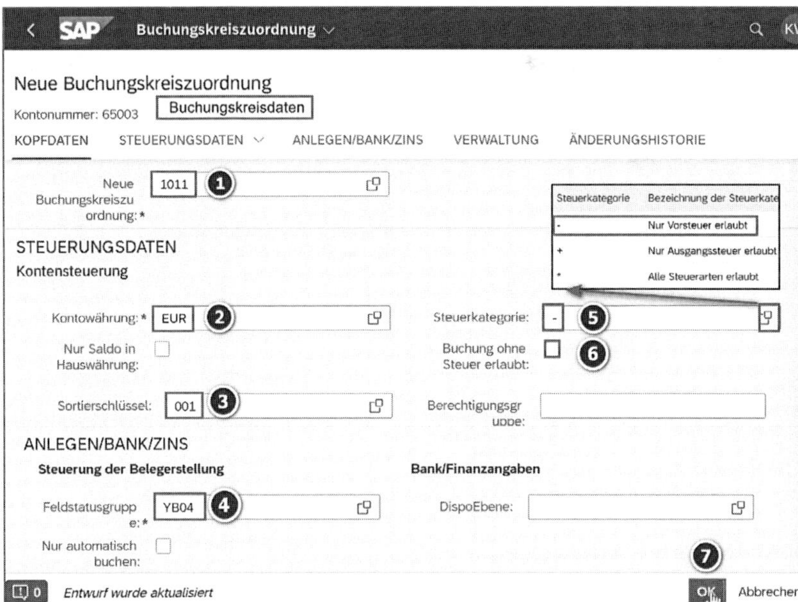

Abbildung 3.16: Erfolgskonto 65003 – Buchungskreisdaten

Sie geben den SORTIERSCHLÜSSEL *001* ❸ an und wählen eine für die Buchung auf dem Erfolgskonto geeignete FELDSTATUSGRUPPE (beispielsweise *YB04* für Kostenbuchungen) ❹ sowie die STEUERKATEGORIE »-« (nur Vorsteuer erlaubt) ❺. Zusätzlich überlegen Sie sich, ob Sie das Kennzeichen BUCHEN OHNE STEUER ERLAUBT ❻ ankreuzen, und drücken anschließend die OK-Taste ❼. Über die *Feldstatusgruppe* steuern Sie, welche Felder in der Buchung eingabebereit, verpflichtend oder ausgeblendet werden. Da unsere Buchung für das Controlling relevant ist, muss die Feldstatusgruppe die Eingabe auf eine Kostenstelle bzw. ein anderes CO-Objekt ermöglichen.

Zusätzlich ist bei allen Kostenarten auch der Reiter CONTROLLING-DATEN ❶ relevant (siehe Abbildung 3.17). Nach Drücken des Buttons GENERIEREN ❷ ist hier der KOSTENARTENTYP *01 (Primärkosten/kostenmindernde Erlöse* ❸ einzugeben. Über **Sichern** ❹ ist das Konto mit allen Informationen gespeichert.

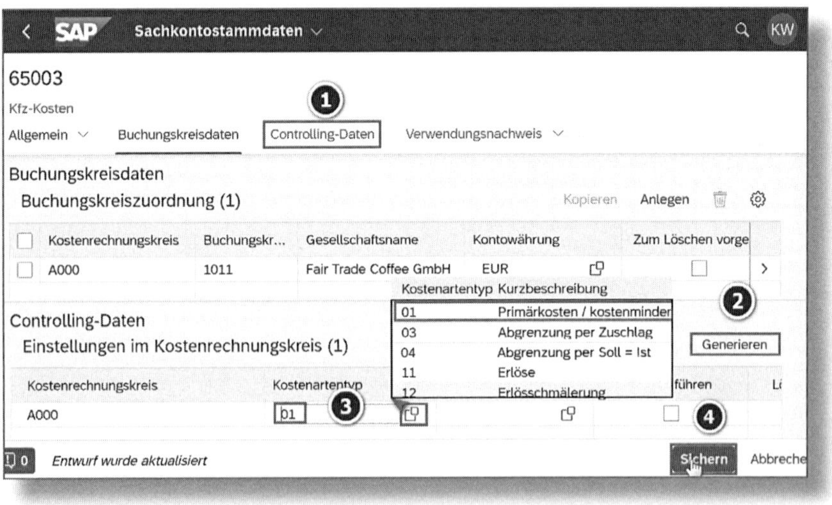

Abbildung 3.17: Erfolgskonto 65003 – Controlling-Daten

Berechnung und Verbuchung der Mehrwertsteuer in SAP

In Ländern wie Deutschland, Österreich und der Schweiz funktioniert das System der Mehrwertsteuer wie folgt: Für Verkaufsvorgänge an

Kunden, die auf Erlöskonten gebucht werden, muss das Unternehmen einerseits die Mehrwertsteuer abführen, kann sich aber andererseits für Einkaufsvorgänge, die auf Aufwandskonten oder Bestandskonten gebucht werden, die Vorsteuer abziehen.

Die Berechnung und Verbuchung der Mehrwertsteuer erfolgt in SAP in der Regel automatisch durch die Eingabe des entsprechenden *Steuerkennzeichens* in der Buchung.

SAP liefert pro Land ein *Steuerschema* aus, in dem bereits die wichtigsten Steuerkennzeichen voreingestellt sind. Diese Kennzeichen können natürlich (bei gesetzlichen Änderungen bzw. firmenspezifisch) angepasst und erweitert werden.

Um die Verbuchung zu vereinfachen und Fehler zu vermeiden, können die Sachkonten mit der entsprechenden *Steuerkategorie* versehen werden (siehe Tabelle 3.2).

Steuerkategorie	Bedeutung
–	nur Vorsteuer erlaubt
+	nur Ausgangssteuer erlaubt
*	alle Steuerarten erlaubt
<	Vorsteuerkonto
>	Ausgangssteuerkonto
A0	0 % Ausgangssteuer
A1	19 % Ausgangssteuer Inland
V0	0 % Vorsteuer
V1	19 % Vorsteuer
...	weitere

Tabelle 3.2: Steuerkategorien

Bei Sachkonten, auf denen steuerpflichtige Erträge gebucht werden, wird ein Pluszeichen für »nur Ausgangssteuer erlaubt« eingetragen. Bei steuerpflichtigen Aufwandskonten wird ein Minuszeichen für »nur Vorsteuer erlaubt« hinterlegt. Bei nicht steuerrelevanten Sachkonten wie Personalaufwendungen und Zinsen muss die Steuerkategorie frei bleiben.

☛ Direkteingabe des Steuerkennzeichens in das Feld »Steuerkategorie«

Wenn Sie beispielsweise in Deutschland ein Konto »Erlöse Inland 19 %« anlegen, so hinterlegen Sie das Steuerkennzeichen für 19 Prozent Ausgangssteuer direkt im Stammsatz. In Österreich können Sie das genauso mit dem Konto »Erlöse Inland 20 %« machen.

☛ Buchung ohne Steuer erlaubt

Wenn auch Buchungen ohne Steuer auf dem Konto erfolgen sollen, können Sie das entsprechende Kennzeichen setzen. Ich bevorzuge allerdings, es nicht zu setzen und in diesen Fällen ein spezielles Steuerkennzeichen mit 0 Prozent Steuer zu verwenden.

Die berechnete Steuer wird gemäß Kontenfindung auf einem vordefinierten Bilanzkonto automatisch gebucht. Das Bilanzkonto »Vorsteuer« muss im Feld STEUERKATEGORIE das Kennzeichen < (kleiner) für »Vorsteuerkonto« und das Bilanzkonto »Mehrwertsteuer« das Kennzeichen > (größer) für »Ausgangssteuerkonto« tragen.

In SAP S/4HANA wachsen die Konten der Buchhaltung und die Kostenarten des Controllings zu einer Einheit zusammen. Wenn Sie ein Erfolgskonto als Kostenart anlegen, müssen Sie einen *Kostenartentyp* für primäre Kostenarten eingeben (siehe Tabelle 3.3). Wählen Sie für Aufwendungen den Kostenartentyp *01* und für Erträge den Kostenartentyp *11*. Der Kostenartentyp *12* für Erlösschmälerungen und die anderen Kostenartentypen spielen für unser Beispiel eine untergeordnete Rolle.

Kostenartentyp	Bedeutung
01	Primärkosten bzw. kostenmindernde Erlöse
11	Erlöse
12	Erlösschmälerungen
22	Abrechnung extern
...	weitere

Tabelle 3.3: Kostenartentypen für primäre Kostenarten

Exkurs: Optionale Anlage von Sachkonten als Geldkonto

Seit dem Release im Jahr 2020 bietet Ihnen SAP S/4HANA die Funktionalität der *Bankabstimmkonten* an, um dadurch die Anzahl der Hauptbuchkonten zu reduzieren. Hiermit könnten Sie jedes weitere Bankkonto bei der Deutschen Bank auf dasselbe Hauptbuchkonto buchen. Wenn Sie diese nutzen wollten, müssten Sie die betreffenden Sachkonten mit der SACHKONTENART *Geldkonto* ❶ und der SACHKONTOUNTERART *B* für *Bankabstimmkonto* ❷ anlegen (siehe Abbildung 3.18). Unsere drei relevanten Konten wären dann wie unter ❸, ❹ und ❺ auszuprägen.

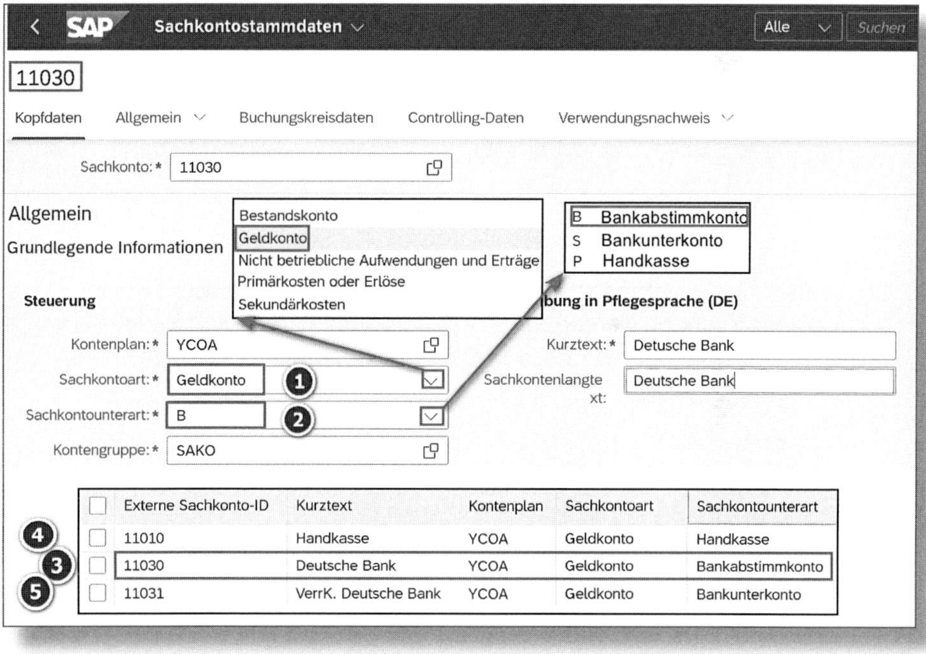

Abbildung 3.18: Sachkonto 11030 als Geldkonto anlegen

Anlage eines Kontos als sekundäre Kostenart

Sekundäre Kostenarten werden für interne Kostenverrechnungen im Unternehmen verwendet. Auch für sekundäre Kostenarten ist in SAP

S/4HANA ein Sachkonto anzulegen und diesem Konto ein Kostenartentyp für sekundäre Kostenarten zuzuordnen (siehe Tabelle 3.4).

Kostenartentyp	Bedeutung
21	Abrechnung intern
31	Auftrags-/Projektabgrenzung
41	Gemeinkostenzuschläge
42	Umlage
43	Verrechnung Leistungen/Prozesse
...	weitere

Tabelle 3.4: Kostenartentypen für sekundäre Kostenarten

Beispiele für sekundäre Kostenarten sind die Weiterverrechnung der Kosten einer Kostenstelle mittels Umlage (*Typ 42*) oder interner Leistungsverrechnung (*Typ 43*) oder die Abrechnung eines Auftrags (*Typ 21*).

Dieses Sachkonto kann aber in der Finanzbuchhaltung nicht direkt bebucht werden. Die auf diesem Konto im Controlling verrechneten Werte ergeben pro Buchung immer den Saldo null, sodass sich das Gesamtergebnis eines Buchungskreises durch diese Buchung nicht verändert.

☛ Getrenntes Nummernintervall für sekundäre Kostenarten

Wählen Sie für sekundäre Kostenarten ein eigenes Nummernintervall. Meist bieten sich hierfür die Kontenklasse 9 oder ein Teilbereich aus dieser Kontenklasse gut an.

In unserer Beispielfirma bittet der Controller den für die Kontenpflege zuständigen Buchhalter, ein Sachkonto mit dem Kennzeichen »sekundäre Kostenart« für die interne Weiterverrechnung von EDV-Leistungen anzulegen. Abbildung 3.19 zeigt die entsprechende Anlage des Sachkontos 91001.

Abbildung 3.19: Sekundäre Kostenart 91001 anlegen

Sie wählen hierfür die SACHKONTOART *Sekundärkosten* ❶ und eine dazu passende KONTENGRUPPE (*SECC* steht hier für sekundäre Kostenkonten bzw. sekundäre Kostenart) ❷ sowie unter den BUCHUNGSKREISDATEN eine FELDSTATUSGRUPPE ❸. Unter dem Reiter CONTROLLING-DATEN ❹ ergänzen Sie den KOSTENARTENTYP *43* (interne Leistungsverrechnung) ❺. Da es sich bei der internen Leistungsverrechnung um eine Mengenverrechnung handelt, geben Sie als MENGENEINHEIT *H* ❻ für Stunden ein und kreuzen auch das Kennzeichen MENGE FÜHREN ❼ an.

Mengeneinheit H für Stunden

In SAP wird als Mengeneinheit für Stunde sowohl »H« als auch »STD« angeboten. Sofern Sie beide Mengeneinheiten an unterschiedlichen Stellen im System einsetzen, werden Sie irgendwann nicht mehr genau wissen, ob Sie gerade »H« oder »STD« eingeben müssen.

> Ich empfehle Ihnen, stets »H« zu verwenden. Das ist kürzer und auch international bekannt. Wenn Sie auf Englisch arbeiten, können Sie zudem dieselbe Einheit »H« für Hours wählen.

3.1.2 Bilanz- und GuV-Struktur

Die Geschäftsvorfälle des Rechnungswesens werden auf Bestands- und Erfolgskonten der Hauptbuchhaltung abgebildet. Die *Bilanz* zeigt die Gegenüberstellung von Vermögen und Schulden eines Unternehmens auf Basis der Bestandskonten, während in der *Gewinn- und Verlustrechnung (GuV)* das Ergebnis auf den Erfolgskonten basierend dargestellt wird.

Jedes bilanzierungspflichtige Unternehmen in Deutschland, Österreich und der Schweiz ist verpflichtet, sowohl eine Bilanz als auch eine GuV zu erstellen.

Bilanzstruktur und Rechnungslegungsvorschrift

In Deutschland definiert das Handelsgesetzbuch, in Österreich das Unternehmensgesetzbuch und in der Schweiz das Obligationenrecht, wie die Bilanz auszusehen hat. So sind in der Bilanz das Anlage- und Umlaufvermögen, das Eigenkapital, die Verbindlichkeiten, die Rückstellungen und die Rechnungsabgrenzungsposten gesondert auszuweisen (siehe Abbildung 3.20).

Auch internationale Rechnungslegungsvorschriften wie IFRS oder US GAAP schreiben vor, wie die Bilanz zu gliedern ist. Nach US GAAP stehen am Beginn der Bilanz nicht wie nach deutschem Handelsgesetzbuch (HGB) die Positionen des Anlagevermögens, sondern diejenigen des Umlaufvermögens (Cash, Accounts Receivable, Inventories).

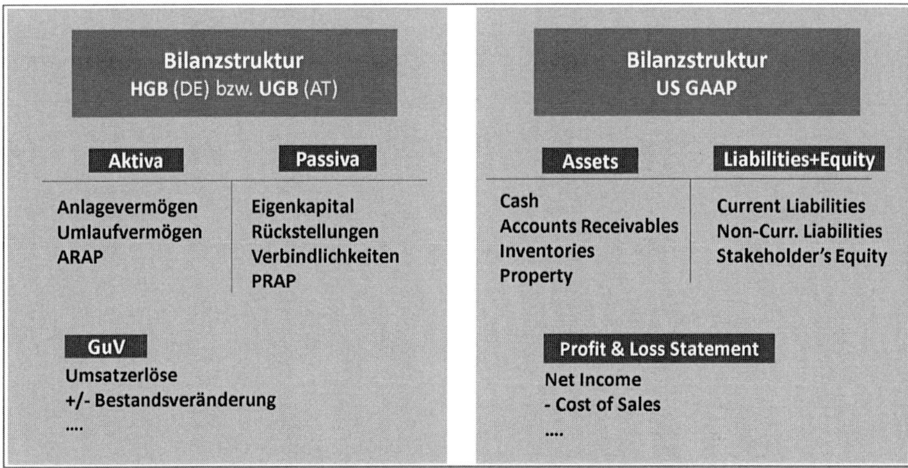

Abbildung 3.20: Bilanzstruktur gemäß HGB/UGB bzw. US GAAP

In SAP erfolgt die Gliederung von Bilanz und GuV auf Basis einer mehrstufigen *Bilanz- und GuV-Struktur*. Jedes Unternehmen kann für verschiedene Zwecke je nach Anforderungen unterschiedliche Strukturen aufbauen. So könnte es eine Bilanzstruktur für Handelsrecht, eine für Steuerrecht und eine für IFRS geben.

Eine neue Bilanzstruktur kann entweder im Customizing oder mithilfe einer Fiori-App angelegt werden.

Im Customizing der Hauptbuchhaltung erfolgt dies über den Pfad FINANZWESEN • HAUPTBUCHHALTUNG • GESCHÄFTSVORFÄLLE • PERIODISCHE ARBEITEN • DOKUMENTIEREN • BILANZ-/GUV-STRUKTUR DEFINIEREN (Transaktion *OB58*). Das Ändern einer bestehenden Struktur ist über die Transaktion *FSE2* und das Anzeigen über die Transaktion *FSE3* möglich.

Die Bilanzstruktur in SAP wird durch einen vierstelligen Schlüssel und eine möglichst sprechende Bezeichnung charakterisiert. Sie besteht aus den jeweiligen, in Hierarchiestufen gegliederten Bilanzpositionen. Auf der untersten Ebene werden die Konten zugeordnet. Pro Konto ist anzugeben, ob nur der Sollsaldo, nur der Habensaldo oder aber beide Salden zuzuordnen sind. So ist bei Bankkonten der Sollsaldo bei den

Aktiva unter Umlaufvermögen und der Habensaldo bei den Passiva unter Verbindlichkeiten auszuweisen.

Für unser Praxisbeispiel lege ich im Customizing die vereinfachte Bilanzstruktur HGB1 an (siehe Abbildung 3.21).

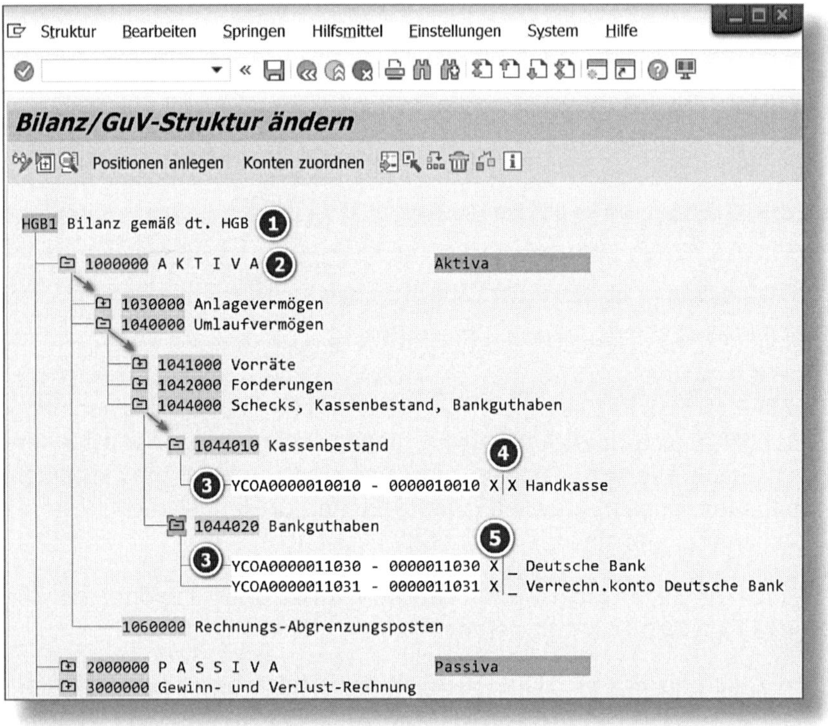

Abbildung 3.21: Bilanzstruktur HGB1 – Bilanz gemäß dt. HGB

Die Bilanzstruktur mit dem Schlüssel HGB – BILANZ GEMÄSS DT. HGB ❶ befindet sich ganz oben. Danach folgen die Bilanzpositionen der unterschiedlichen Hierarchieebenen ❷. So werden die Aktiva in ANLAGEVERMÖGEN, UMLAUFVERMÖGEN und RECHNUNGS-ABGRENZUNGSPOSITIONEN unterteilt. Das Umlaufvermögen gliedert sich wiederum in VORRÄTE, FORDERUNGEN, SCHECKS, KASSENBESTAND und BANKGUTHABEN. Diese Positionen sind noch einmal aufgeteilt – die Position 1044000 beispielweise in 1044010 KASSENBESTAND und 1044020 BANKGUTHABEN.

Auf der untersten Ebene werden die einzelnen Konten bzw. Kontenintervalle zugeordnet ❸. Dem Konto HANDKASSE ❹ wurde sowohl der Soll- als auch der Habensaldo zugeordnet, wobei es bei einem Handkassenkonto keinen Habensaldo geben dürfte. Für die Bankkonten ❺ ist die Systemeinstellung so gewählt, dass die Konten 11030 DEUTSCHE BANK und 11031 VERRECHN.KONTO DEUTSCHE BANK nur dann unter den Aktiva erscheinen, wenn sie einen Sollsaldo aufweisen.

☛ Zuordnung aller Sachkonten zur Bilanzstruktur

Achten Sie darauf, jedes Sachkonto der bzw. den richtigen Positionen zuzuordnen. Rufen Sie eine Bilanz auf, werden »nicht zugeordnete« Konten im gleichnamigen Standardknoten ausgewiesen. Da auch alle sekundären Kostenarten Sachkonten sind, empfehle ich Ihnen, diese Konten mit dem Typ »sekundäre Kostenarten« als eigene Position unterhalb der GuV auszuweisen. Übrigens gibt es in der Hierarchiepflege auch einige nützliche Prüf- und Suchfunktionen, die Sie im Menü unter »Umfeld« finden können.

In SAP S/4HANA können Sie aber auch die für den Fachbereich von mir empfohlene App »Globale Hierarchien verwalten« verwenden (siehe Abbildung 3.22).

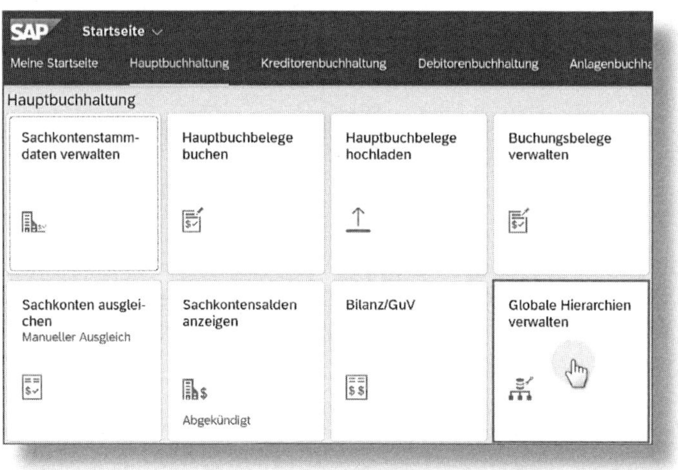

Abbildung 3.22: App »Globale Hierarchien verwalten«

Mit dieser App können Sie unterschiedliche Hierarchien und Gruppen aus dem Bereich Rechnungswesen (d. h. sowohl für die Buchhaltung als auch für das Controlling) neu anlegen und bearbeiten. Hier möchte ich mich auf die Pflege der Bilanzstruktur beschränken.

Einfaches Anlegen einer neuen globalen Hierarchie

Nutzen Sie die Funktion »Hierarchie importieren« um eine alte Bilanzstruktur mit wenigen Klicks in eine neue, zeitabhängige Bilanzhierarchie umzuwandeln.

Wie in Abbildung 3.23 dargestellt, können Sie eine Hierarchie komplett neu anlegen – Drucktaste ANLEGEN ❶ – oder eine bestehende Bilanzstruktur importieren, indem Sie die Drucktaste HIERARCHIE IMPORTIEREN ❷ anklicken und die QUELLE ❸ sowie die Bilanz-/GuV-Struktur-ID ❹ angeben. Die Importfunktion bestätigen Sie abschließend mit dem OK-Buttons ❺.

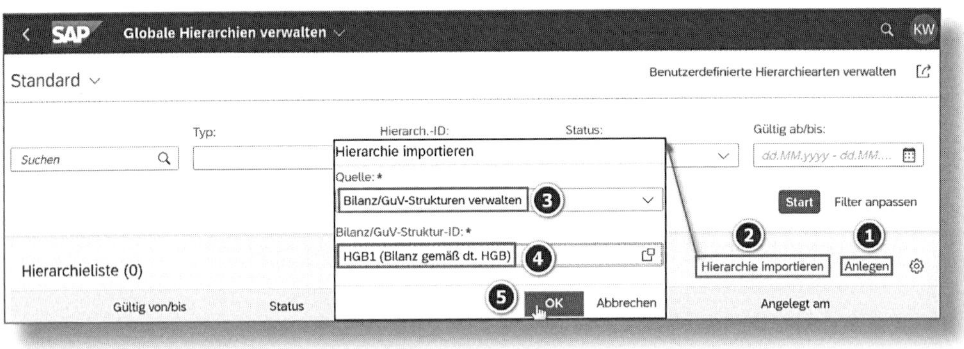

Abbildung 3.23: Bilanzstruktur als neue Hierarchie importieren

Diese importierte Vorlage wird mit einer neuen HIERARCHIE-ID ❶, HIERARCHIEBESCHREIBUNG ❷ sowie mit einem Gültigkeitszeitraum (GÜLTIG VON ❸ / GÜLTIG BIS ❹) versehen und anschließend mittels ANLEGEN ❺ gespeichert (siehe Abbildung 3.24).

Wie bereits im Hinweiskasten vermerkt, bietet die App »Globale Hierarchien verwalten« die Möglichkeit, Hierarchien zeitabhängig anzulegen.

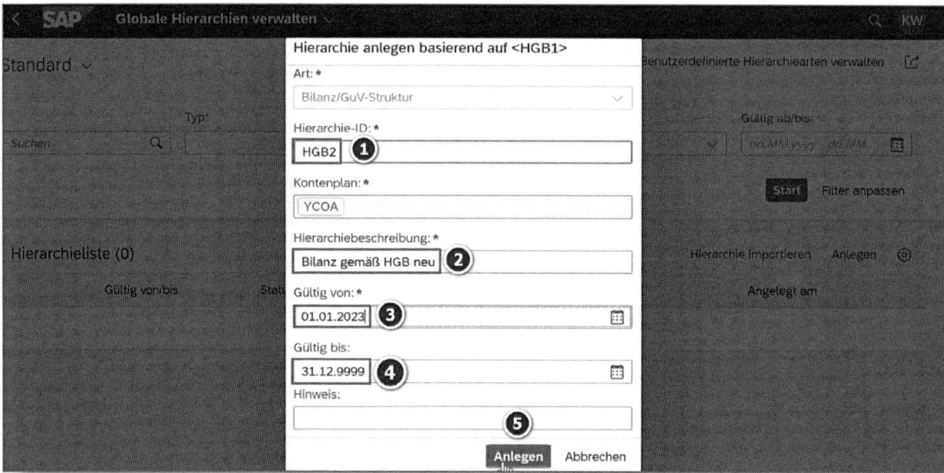

Abbildung 3.24: Hierarchie mit Gültigkeitszeitraum anlegen

Nehmen wir an, dass sich gemäß Handelsrecht ab dem 1. Januar des nächsten Jahres Vorgaben für die Bilanzgliederung ändern. Sie können nun mit der bestehenden Struktur einfach ein neues Zeitintervall für die notwendigen Änderungen anlegen und sich dann je nach Auswertungsstichtag die alte oder neue Struktur anzeigen lassen.

Abbildung 3.25: Globale Hierarchie bearbeiten und aktivieren

Wie in Abbildung 3.25 dargestellt, wird die neue Struktur zunächst nur im Modus ENTWURF gespeichert ❶. Verzweigen Sie in die Detailansicht ❷. Dort können Sie die Hierarchie über die Drucktasten BEARBEITEN ❸ und abschließend AKTIVIEREN ❹ bestimmen.

> **! Hierarchie aktivieren!**
>
> Vergessen Sie nicht das Aktivieren, da die Hierarchie bzw. die durchgeführten Änderungen erst dadurch für das Berichtswesen zur Verfügung stehen (siehe Abbildung 3.26).

Abbildung 3.26: Bilanzhierarchie aktivieren

Im Bearbeitungsmodus stehen Ihnen viele hilfreiche Symbole zur Verfügung (siehe Abbildung 3.27):

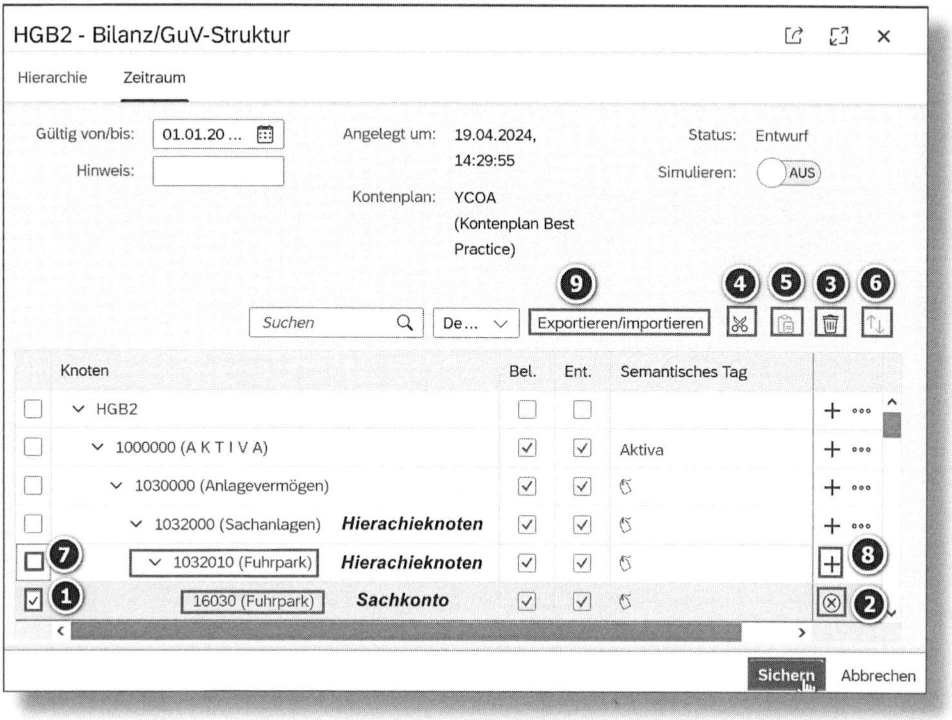

Abbildung 3.27: Bilanzhierarchie bearbeiten

Wenn Sie ein SACHKONTO markieren ❶, können Sie dieses mit dem jeweiligen Button aus der Bilanzstruktur löschen ❷/❸, ausschneiden ❹ und an einer anderen Stelle einfügen ❺ oder auch verschieben ❻. Wenn Sie einen Hierarchieknoten markieren ❼, können Sie unterhalb dieses Knotens durch Drücken der +-Taste ❽ einen Knoten oder Sachkonten hinzufügen.

In der Mitte des Bildschirms befindet sich zudem die hilfreiche Funktion EXPORTIEREN/IMPORTIEREN ❾. Mit ihr können Sie die Bilanzstruktur nach Excel exportieren, dort bearbeiten und dann wieder aus Excel importieren. Sobald Sie mit der Bearbeitung fertig sind, drücken Sie Sichern.

Gesamt- und Umsatzkostenverfahren

Bei der Gliederung der Erfolgsrechnung (GuV-Struktur) ist zwischen Gesamt- und Umsatzkostenverfahren zu unterscheiden (siehe Abbildung 3.28).

	Gesamtkostenverfahren		Umsatzkostenverfahren
	Umsatzerlöse		Umsatzerlöse
+/-	Bestandsveränderung	-	Herstellungskosten des Umsatzes
+	aktivierte Eigenleistungen	=	*Bruttoergebnis*
+	sonstige betriebliche Erträge	-	Vertriebskosten
=	*Gesamtleistung*	-	Verwaltungskosten
-	Materialaufwand	+	sonstige betriebliche Erträge
-	Personalaufwand	-	sonstige betriebliche Aufwendungen
-	Abschreibung	=	*Betriebsergebnis*
-	sonstige betriebliche Aufwendungen		...
=	*Betriebsergebnis*		
	...		

Abbildung 3.28: Gesamt- und Umsatzkostenverfahren

- Beim *Gesamtkostenverfahren* gliedert sich das Ergebnis nach den einzelnen Ertrags- und Aufwandskonten. Für die Berechnung der Gesamtleistung werden zunächst die Umsatzerlöse um Bestandsveränderungen korrigiert und dann die aktivierten Eigenleistungen sowie die sonstigen Erträge hinzugerechnet. Um das Betriebsergebnis zu ermitteln, werden die Aufwendungen nach Materialaufwand, Personalaufwand sowie sonstigem betrieblichen Aufwand gegliedert und von der Gesamtleistung abgezogen.
- Das *Umsatzkostenverfahren* stellt den Umsatzerlösen die für die abgesetzte Leistung entstandenen Herstellungskosten (bzw. Herstellkosten im Controlling) gegenüber. Für die Berechnung des Betriebsergebnisses werden die Aufwendungen nach den betrieblichen Funktionsbereichen »Herstellung«, »Vertrieb« und »Verwaltung« gegliedert, und in weiterer Folge werden die sonstigen betrieblichen Aufwendungen abgezogen sowie die sonstigen betrieblichen Erträge hinzugerechnet.

In Mitteleuropa ist das Gesamtkostenverfahren üblich, während in den angloamerikanischen Ländern primär das Umsatzkostenverfahren angewandt wird. Für unsere deutsche Beispielfirma nutzen wir daher eine andere Struktur als für die amerikanische Tochterfirma.

In der Abbildung 3.29 sehen Sie eine, in SAP in der Pflegesprache Englisch aufgebaute, Bilanz-/GuV-Struktur mit dem Schlüssel 1720 und der BEZEICHNUNG FINANCIAL STATEMENT VERSION US. Als einen Unterschied können Sie hier erkennen, dass schon die Gliederung der AKTIVA und PASSIVA anders als nach deutschem Handelsrecht erfolgt.

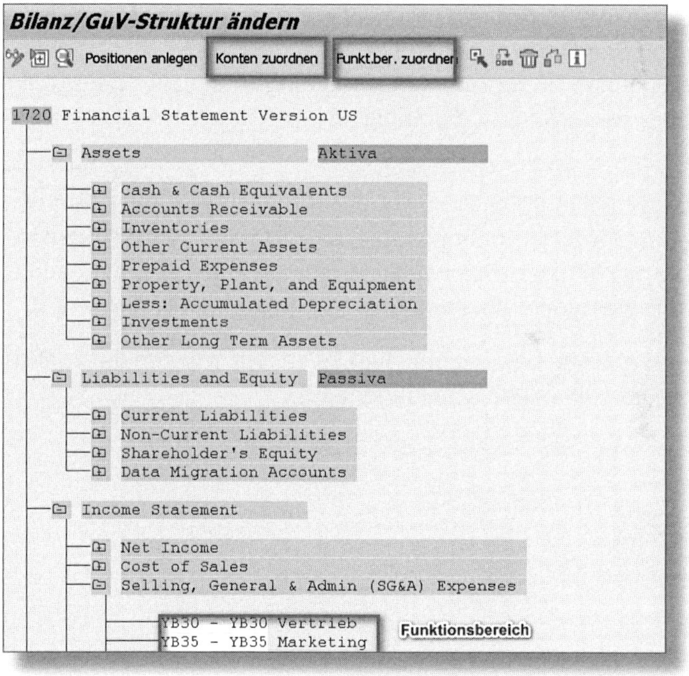

Abbildung 3.29: US-GAAP-Struktur mit Umsatzkostenverfahren

Wesentlich anders ist beim Umsatzkostenverfahren jedoch die Gliederung der Erfolgsrechnung. Während die Zuordnung zu den Umsatzerlösen auf Konten basiert, erfolgt die Aufteilung auf Verwaltung und Vertrieb anhand der gebuchten *Funktionsbereiche*. Die Ableitung des Funktionsbereichs beim Buchen geschieht auf Basis der eingegebenen Kostenstelle, indem alle Kostenstellen des Vertriebsbereichs im Stammsatz den Funktionsbereich *YB30 – Vertrieb* aufweisen.

Nachdem Sie die benötigten Sachkonten angelegt und den Bilanzpositionen zugeordnet haben, können Sie die Geschäftsvorfälle auf diesen Sachkonten aufzeichnen.

3.2 Buchungen auf Sachkonten

Zu den wichtigsten Aufgaben des Buchhalters zählt eine lückenlose, zeitlich und sachlich geordnete Aufzeichnung aller Geschäftsvorgänge in Form von *Buchungen* anhand von Belegen. Der *Beleg* ist sowohl Basis jeder Buchung in der Finanzbuchhaltung (manueller Beleg) als auch Ergebnis der erfolgten Buchung in SAP S/4HANA (gebuchter EDV-Beleg).

Jeder in SAP gebuchte Beleg kann durch eine eindeutige *Belegnummer* je Buchungskreis bzw. je Buchungskreis und Jahr identifiziert werden. Die Belegnummer wird normalerweise intern durch Vergabe der nächsten freien Nummer innerhalb eines Belegnummernkreises bestimmt.

Ein Buchhaltungsbeleg besteht aus dem *Belegkopf* und den dazugehörigen *Belegpositionen* (siehe Abbildung 3.30).

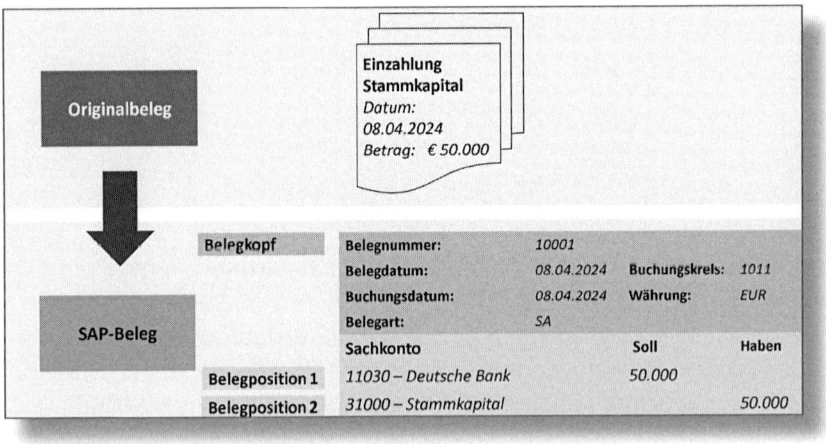

Abbildung 3.30: Originalbeleg und SAP-Beleg

Der Belegkopf umfasst jene Informationen, die für den ganzen Beleg gültig sind.

Um die diversen Geschäftsvorfälle in der Buchhaltung unterscheiden zu können, werden in SAP S/4HANA verschiedene *Belegarten* verwendet. Mit der Belegart wird gesteuert, welche Kontenarten (S für Sachkonten, K für Kreditoren, D für Debitoren bzw. A für Anlagen) bebucht werden können. Über die Zuordnung eines Belegnummernkreises wird zusätzlich auch die Vergabe der Belegnummer gesteuert. Die von der SAP im Standard ausgelieferten Belegarten können natürlich firmenspezifisch angepasst werden. In Tabelle 3.5 finden Sie eine Übersicht der gebräuchlichsten Belegarten.

Belegart	Bezeichnung
AA	Anlagenbuchhaltung
AF	Abschreibung
CO*	CO-Buchung
DG	Debitorengutschrift
DR	Debitorenrechnung
DZ	Debitorenzahlung
KG	Kreditorengutschrift
KN	Kreditorenrechnung netto
KR	Kreditorenrechnung
KZ	Kreditorenzahlung
PR	Preisänderung
RE	Rechnung (MM)
RN	Rechnung netto (MM)
RV	Fakturenübernahme (SD)
SA	Sachkontenbeleg
SK	Kassenbeleg
WA	Warenausgang (MM)
WE	Wareneingang (MM)
ZP	Zahlungsbuchung
...	weitere

Tabelle 3.5: Belegarten in SAP

☛ Eigene Belegarten für Buchungen aus anderen Modulen

Da in SAP S/4HANA jede CO-Buchung auch einen FI-Beleg erzeugt, empfehle ich Ihnen, bei diesen Buchungen die FI-Belegart CO zu verwenden und dieser einen eigenen Belegnummernkreis zuzuordnen. Auch Buchungen aus dem Vertrieb (SD) und der Materialwirtschaft (MM) sollten eine eigene Belegart zugewiesen bekommen.

Die geforderte chronologische Darstellung aller Geschäftsvorfälle erreichen Sie über verschiedene Datumsfelder:

- Das *Belegdatum* ist der Tag, an dem der Originalbeleg erstellt wurde. Dieses Datum wird meist im Originalbeleg vom Belegersteller vermerkt und ist dann auf diesem auch ersichtlich.
- Das *Buchungsdatum* weist den Tag aus, dem der Beleg in der Buchhaltung wirtschaftlich zuzuordnen ist. Auf Basis des Buchungsdatums wird automatisch die Buchungsperiode abgeleitet. Die SAP-Hauptbuchhaltung kennt nicht nur zwölf Buchungsperioden für die zwölf Monate, sondern auch bis zu vier Sonderperioden. Jahresabschlussbuchungen per 31.12. können in eine Sonderperiode (13 bis 16) gebucht werden (mehr zur Buchungsperiode erfahren Sie u. a. im Abschnitt 9.2).
- Das *Erfassungsdatum* stellt den Tag der Eingabe im System dar. Es ist NICHT manuell eintragbar, sondern wird vom System automatisch bei jeder Buchung vergeben.

Daneben gibt es noch mehrere andere Datumsfelder auf Belegpositionsebene wie beispielsweise das *Valutadatum* für das Cash-Management oder das *Bezugsdatum* für die Anlagenbuchhaltung.

In den nächsten Abschnitten 3.2.1 bis 3.2.4 befassen wir uns mit Szenario 2 unserer Beispielfirma »Fair Trade Coffee GmbH« (siehe Abbildung 3.31). Nach der Firmengründung wird das Stammkapital eingezahlt, das Bankkonto dotiert, die ersten Ausgaben werden getätigt und die Gehälter bezahlt. Ich zeige Ihnen, wie Sie die dafür notwendigen Buchungen auf den entsprechenden Bilanz- und Erfolgskonten durchführen können. Zusätzlich sehen Sie, wie ein Belegstorno sowie das Buchen mittels Excel-Upload erfolgt.

Nr.	Abschnitt	Datum	Geschäftsfall	Konto	Bezeichnung	Soll	Haben
1	3.2.1	08.04.2024	Einlage Stammkapital	11030	Deutsche Bank	50 000,00 €	
				31000	Stammkapital		50 000,00 €
2		17.04.2024	Barabhebung	10010	Handkasse	2 000,00 €	
				11030	Deutsche Bank		2 000,00 €
3	3.2.2	18.04.2024	Tankrechnung	65003	Kfz-Kosten	100,00 €	
				12600	Vorsteuer	19,00 €	
				10010	Handkasse		119,00 €
4		19.04.2024	Genehmigung Zufahrt	65003	Kfz-Kosten	200,00 €	
				10010	Handkasse		200,00 €
5	3.2.3	19.04.2024	Storno Genehmigung Zufahrt	10010	Handkasse	200,00 €	
				65003	Kfz-Kosten		200,00 €
6	3.2.3	19.04.2024	Genehmigung Zufahrt	65003	Kfz-Kosten	220,00 €	
				10010	Handkasse		220,00 €
7	3.2.4	23.04.2024	Gehälter 04/2025	61100	Gehälter	5 000,00 €	
				61100	Gehälter	3 000,00 €	
				11030	Deutsche Bank		8 000,00 €
8	3.2.5	19.04.2024	Parkgebühren	65003	Kfz-Kosten	80,00 €	
				11030	Handkasse		80,00 €

Abbildung 3.31: Szenario 2 – Buchungen in der Hauptbuchhaltung

3.2.1 Einfache Sachkontenbuchung auf Bilanzkonten

Um eine Buchung im Hauptbuch vornehmen zu können, rufen Sie die App *Hauptbuchbelege buchen* auf (siehe Abbildung 3.32).

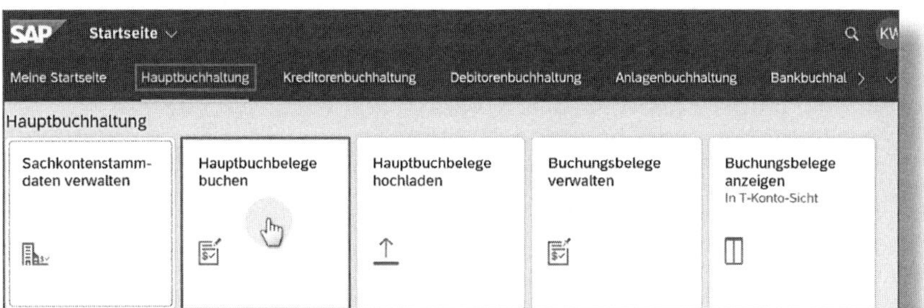

Abbildung 3.32: App »Hauptbuchbelege buchen«

Die erste Buchung, die ich Ihnen zeigen möchte, ist die Einlage des Stammkapitals (siehe Abbildung 3.33)

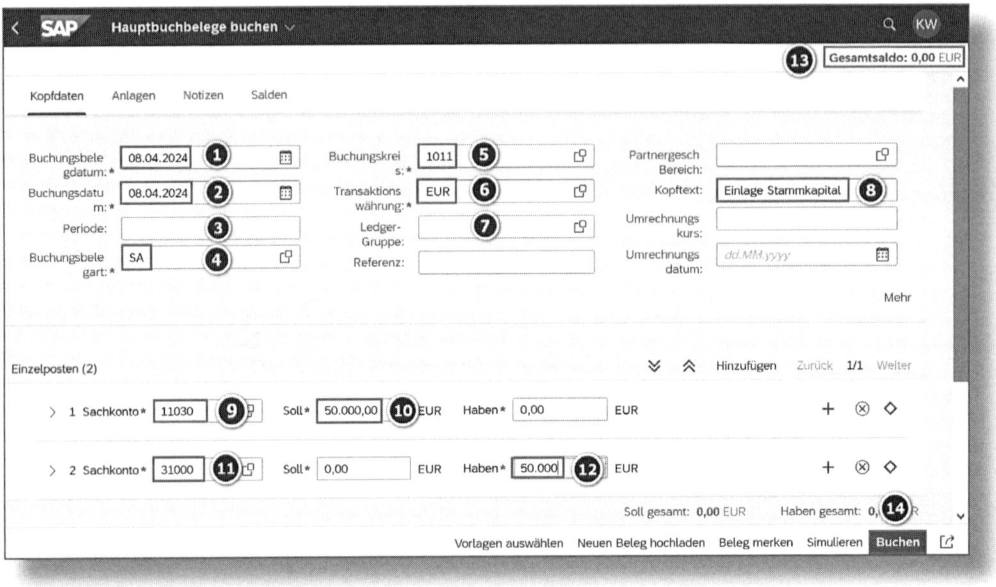

Abbildung 3.33: Buchung der Kapitaleinlage

Die wichtigsten Felder in der Eingabemaske habe ich hervorgehoben. Im Belegkopf geben Sie zunächst das BUCHUNGSBELEGDATUM ❶ und das BUCHUNGSDATUM ❷ ein. Die PERIODE (Buchungsperiode) ❸ wird automatisch vom Buchungsdatum abgeleitet und muss nur eingetragen werden, wenn Jahresabschlussbuchungen in die Sonderperioden 13 bis 16 gebucht werden. Die BELEGART ❹, der BUCHUNGSKREIS ❺ und die WÄHRUNG ❻ können voreingestellt werden. Die LEDGER-GRUPPE ❼ muss nur dann eingegeben werden, wenn die Buchung spezifisch für nur eine Rechnungslegungsvorschrift vorgenommen werden soll. Hinter der Ledger-Gruppe *0L* steht das Ledger »0L«; es bedeutet führendes Ledger und führende Rechnungslegungsvorschrift. Optional können Sie auch einen BELEGKOPFTEXT ❽ eingeben.

☛ Ledger: Bedeutung und Verwendung

Der Begriff *Ledger* kommt aus dem Angloamerikanischen und bedeutet »Hauptbuch«. In SAP S/4HANA können mehrere Rechnungslegungsvorschriften durch unterschiedliche Konten (Kontenmodell) oder durch parallele Ledger (im Sinne von zwei Hauptbüchern) abgebildet werden. Ich empfehle Ihnen, das Ledger-Modell zu verwenden, weil bei diesem die Buchungen je Rechnungslegungsvorschrift sauber getrennt gespeichert werden. Erstellt Ihr Unternehmen die Bilanz nur nach einer Rechnungslegungsvorschrift, so ist für Sie immer nur das Ledger »0L« relevant. Erstellen Sie die Bilanz zusätzlich nach einer zweiten Rechnungslegungsvorschrift, brauchen Sie ein zweites Ledger, und Sie müssen sich entscheiden, welche Rechnungslegungsvorschrift und welches Ledger führend sind. In unserem Beispiel verwenden wir das Ledger »0L« für »IFRS (international GAAP)« und »2L« für »HGB (Local GAAP)«.

Nach Eingabe der Daten im Belegkopf ergänzen Sie die Belegpositionen. In unserem ersten einfachen Beispiel wollen wir die Einzahlung des Stammkapitals auf dem Bankkonto verbuchen. Dazu erfassen wir auf der ersten Position nur das SACHKONTO ❾ und den Betrag unter SOLL ❿ sowie bei der zweiten Position das SACHKONTO ⓫ als Gegenkonto und den Betrag unter HABEN ⓬. Haben Sie die Buchung vollständig erfasst und der GESAMTSALDO beträgt Null, können Sie den Buchungsbeleg zunächst simulieren oder über den Button BUCHEN ⓭ sofort buchen.

Wenn Sie nicht sicher sind, wie die Buchung anhand Ihrer Eingaben aussehen wird, empfehle ich Ihnen, diese zunächst zu *simulieren* und die einzelnen Belegpositionen genau zu überprüfen (siehe Abbildung 3.34). Hier können Sie über das linke Symbol EINSTELLUNGEN ❶ die gewünschten Felder einblenden oder über das rechte Symbol IN TABELLENKALKULATION EXPORTIEREN ❷ die Buchung nach Excel herunterladen. Stellen Sie fest, dass die Buchung fehlerhaft ist, weil Sie sich bei der Eingabe der Kontonummer oder des Betrags vertippt haben, können Sie die Buchung noch anpassen. Ist die simulierte Buchung in Ordnung, klicken Sie auf den BUCHEN-Button ❸.

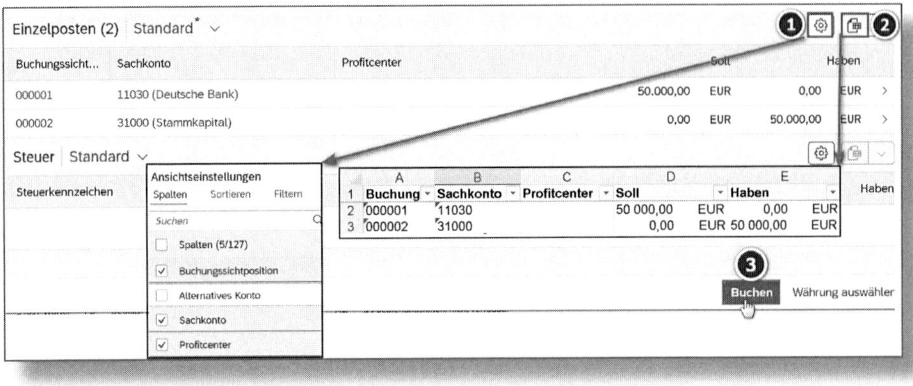

Abbildung 3.34: Simulation der erfassten Buchung

Das System bringt dann die Meldung »Der Buchungsbeleg Beleg 10001 (2024,1011) wurde gesichert«, und der gebuchte Beleg wird angezeigt (siehe Abbildung 3.35).

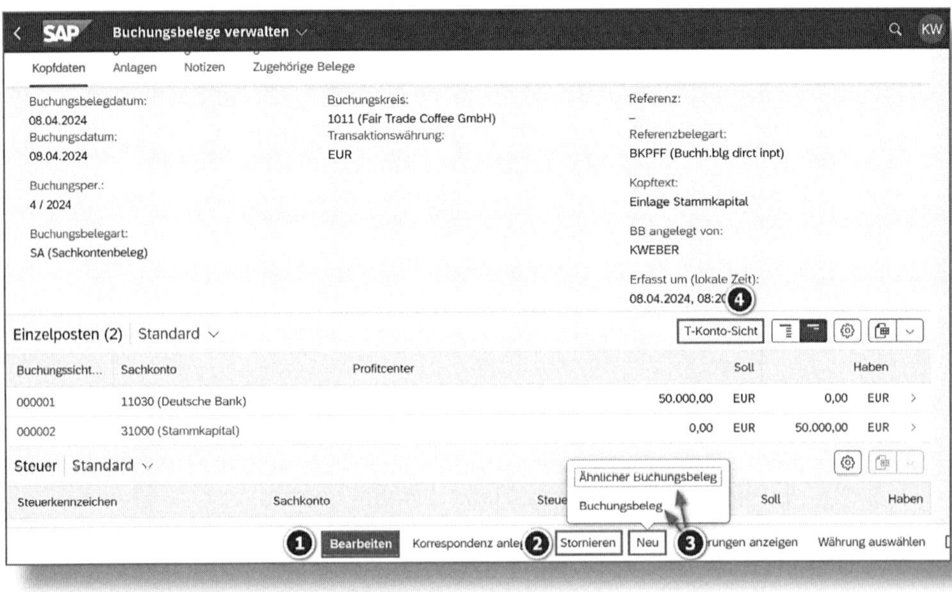

Abbildung 3.35: Gebuchten Beleg anzeigen

Über die verschiedenen Buttons im unteren Bereich des Bildschirms können Sie an dem gebuchten Beleg Änderungen vornehmen, so etwa über BEARBEITEN ❶ oder, sollte der Beleg fehlerhaft sein, auch über das Feld STORNIEREN ❷. Über den Button NEU ❸ können Sie einen weiteren Beleg buchen. Nutzen Sie die Auswahlmöglichkeit ÄHNLICHER BUCHUNGSBELEG, um die Eingaben dieses Belegs als Vorschlagswerte zu übernehmen.

Viele Buchhalter schätzen die neue Funktionalität der *T-Konto-Sicht*. Klicken Sie dafür nur auf die Schaltfläche T-KONTO-SICHT ❹. In Abbildung 3.36 sehen Sie in T-Konten-Form, dass *50.000 EUR* im SOLL auf das Konto *11030 Deutsche Bank* ❶ und *50.000 EUR* im HABEN auf das Konto *31000 Stammkapital* ❷ gebucht wurden.

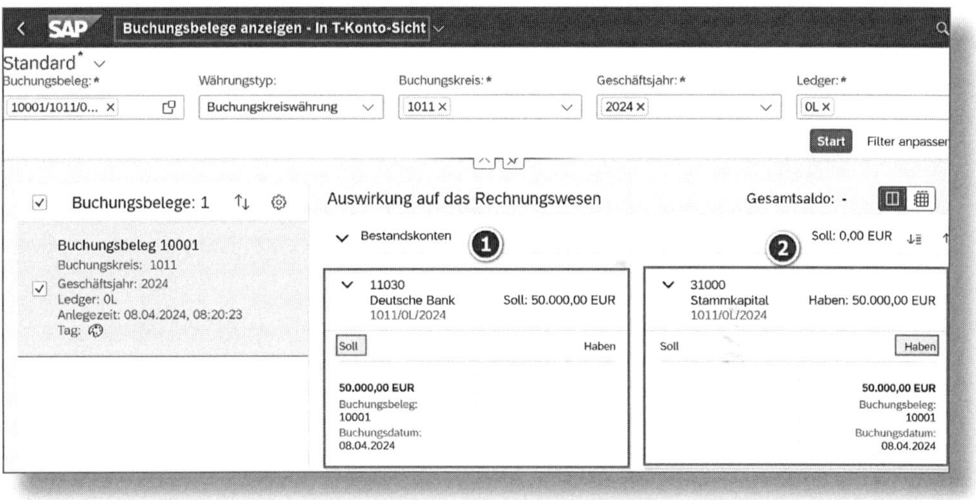

Abbildung 3.36: Beleg in T-Konto-Sicht anzeigen

3.2.2 Buchen auf Erfolgskonten als Kostenarten

Wie schon erwähnt, ist in SAP S/4HANA die Buchhaltung (FI) mit dem Controlling (CO) vollständig integriert, und die Daten werden im Universal Journal in einer zentralen Datenbanktabelle gespeichert.

Jede FI-Buchung auf einem Aufwandskonto, das als primäre Kostenart angelegt wird, erfordert die Kontierung auf ein *CO-Kontierungsobjekt* und kann dann im Controlling unter ebendiesem ausgewertet werden.

In SAP gibt es folgende CO-Kontierungsobjekte:

- Kostenstelle
- Auftrag (Innenauftrag, Fertigungsauftrag ...)
- Ergebnisobjekt
- Kundenauftrag
- PSP-Element
- Netzplanvorgang
- ... weitere

Die wichtigsten Kontierungsobjekte für FI-Buchungen sind die *Kostenstelle* und der *Innenauftrag*.

Viele Buchungen auf Aufwandskonten beruhen auf Rechnungen, die einen Mehrwertsteuerbetrag ausweisen, den sich Unternehmen jedoch als Vorsteuer abziehen dürfen.

Wenn Sie in SAP eine steuerrelevante Buchung vornehmen, geben Sie in der Regel in beiden Belegpositionen den Bruttobetrag und das passende Steuerkennzeichen ein. Das System errechnet daraufhin die Steuer automatisch und verbucht diese auf dem dafür voreingestellten Sachkonto.

Als Nächstes wollen wir eine Treibstoffrechnung mit Mehrwertsteuer buchen und diese der Kostenstelle »KS-02-Vertrieb« zuordnen. Das SACHKONTO *65003 – Kfz-Kosten* ist als primäre Kostenart mit dem Steuerkennzeichen »nur Vorgangssteuer« hinterlegt. Wir befinden uns noch in der Anwendung »Hauptbuchbelege buchen«, oder wir rufen dazu die entsprechende App erneut auf (siehe Abbildung 3.37).

Um genau die passenden Eingabefelder auf Positionsebene zur Verfügung zu haben, können Sie eine geeignete VORLAGE ❶ auswählen.

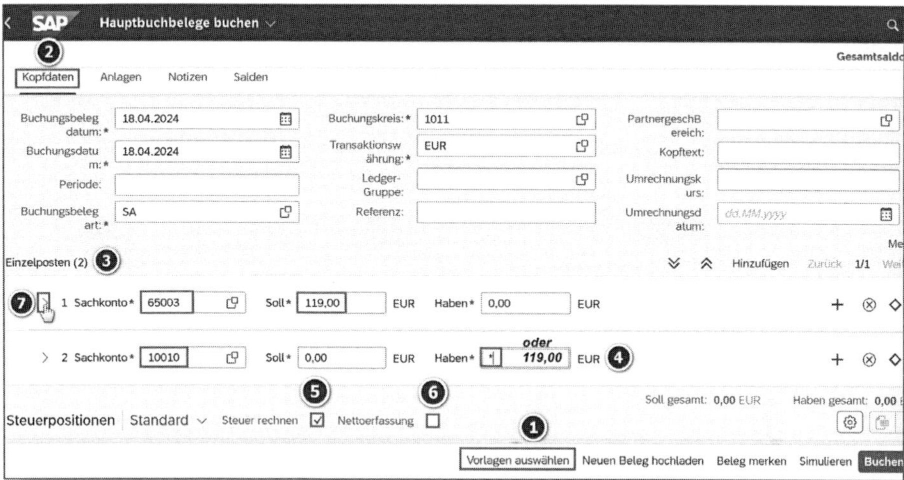

Abbildung 3.37: Treibstoffrechnung auf Kostenstelle 1 buchen

☛ Anlage von eigenen Vorlagen

Überlegen Sie sich, welche Eingabefelder Sie und Ihre Kollegen beim Buchen brauchen, und lassen Sie sich von der IT eine oder mehrere kundenspezifische Vorlagen anlegen. Damit können Sie sich die Arbeit sehr erleichtern.

Geben Sie nach den KOPFDATEN ❷ unter EINZELPOSTEN ❸ zunächst das SACHKONTO *65003* für Kfz-Kosten und im SOLL den Betrag von *119 EUR* sowie das SACHKONTO *10010* für die Handkasse und im HABEN entweder »*« oder ebenfalls *119 EUR* ❹ ein.

☛ Eingabe von »*« (Stern) im Betragsfeld

Geben Sie in der letzten Buchungsposition in das Betragsfeld das *-Zeichen ein, ersetzt das System dieses Zeichen durch den noch fehlenden Betrag, um einen Nullsaldo auf Belegebene zu bilden.

Wenn Sie einen steuerrelevanten Vorgang buchen, sollten Sie in der Regel nur einen Haken beim Kennzeichen STEUER RECHNEN ❺ und **nicht** einen weiteren beim Kennzeichen NETTOERFASSUNG ❻ setzen. Das Setzen des Kennzeichens löst aus, dass Sie in beiden Positionen den Bruttobetrag, d. h. den Betrag inklusive Steuer, erfassen und das System die Steuer aus dem Bruttobetrag herausrechnet.

Kennzeichen »Steuer rechnen«

Das Kennzeichen »Steuer rechnen« können Sie unter EINSTELLUNGEN durch Setzen der Auswahl »ja« vorbelegen.

Um weitere Daten zur Belegposition eingeben zu können, drücken Sie auf das [>]-Symbol ❼. Daraufhin wird ein zusätzlicher Bereich mit Einzelheiten eingeblendet (siehe Abbildung 3.38).

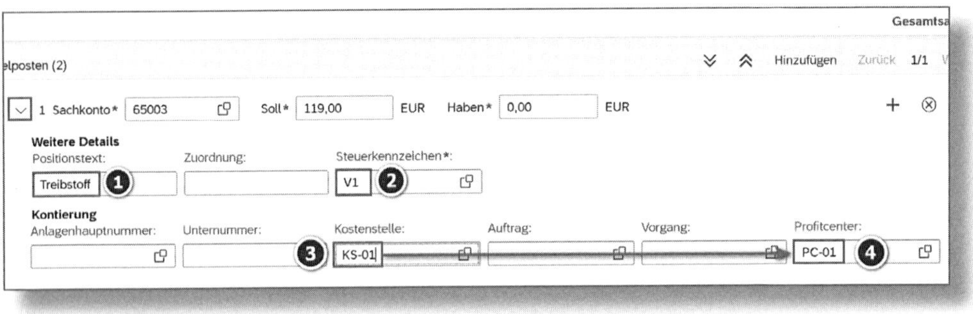

Abbildung 3.38: Kfz-Kosten buchen – Positionsdetail

In diesem Bereich geben Sie den POSITIONSTEXT ❶, das STEUERKENNZEICHEN ❷ und eine KONTIERUNG ein. Die Kontierung kann bei diesem Konto eine Kostenstelle oder ein Auftrag sein. In unserem Beispiel verwenden wir das Kontierungsobjekt *Kostenstelle* und geben im Feld KOSTENSTELLE ❸ *KS-02* für »Vertrieb Großhandel« ein. Das PROFITCENTER ❹ *PC-01* für »Profitcenter Großhandel« wird automatisch von der Kostenstelle abgeleitet.

Wir hatten ja schon das Kennzeichen STEUER RECHNEN (siehe ❺ in Abbildung 3.37) angekreuzt und sehen daher in Abbildung 3.39 im Bereich STEUER die vom Bruttobetrag ❶ unter Verwendung des hinterlegten

Steuersatzes von *19,00* Prozent ❷ automatisch ermittelte Steuer von *19,00 EUR* in der Spalte SOLL ❸ ausgewiesen. Zusätzlich hat das System eine weitere Belegzeile mit dem Betrag von *19,00 EUR* auf dem Vorsteuerkonto *12600* ❹ gebildet. Nachdem wir uns nochmals von der Richtigkeit unserer Eingaben überzeugt haben, drücken wir BUCHEN ❺.

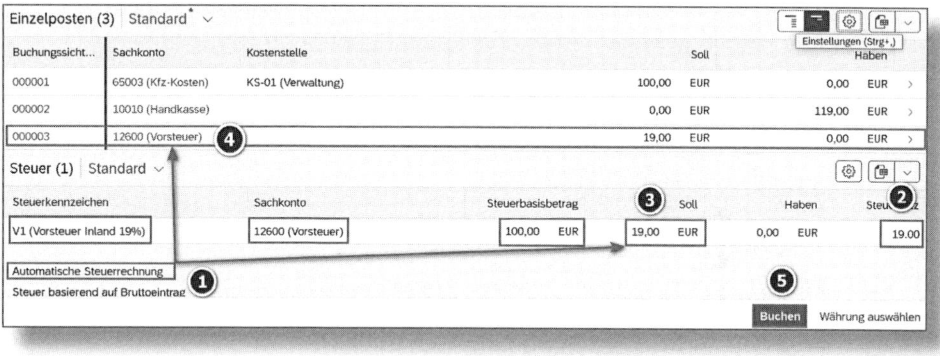

Abbildung 3.39: Vorsteuer automatisch berechnen

Der gebuchte Beleg zeigt die eingegebenen Sachkontenpositionen und die automatisch ermittelte Vorsteuerposition (siehe Abbildung 3.40).

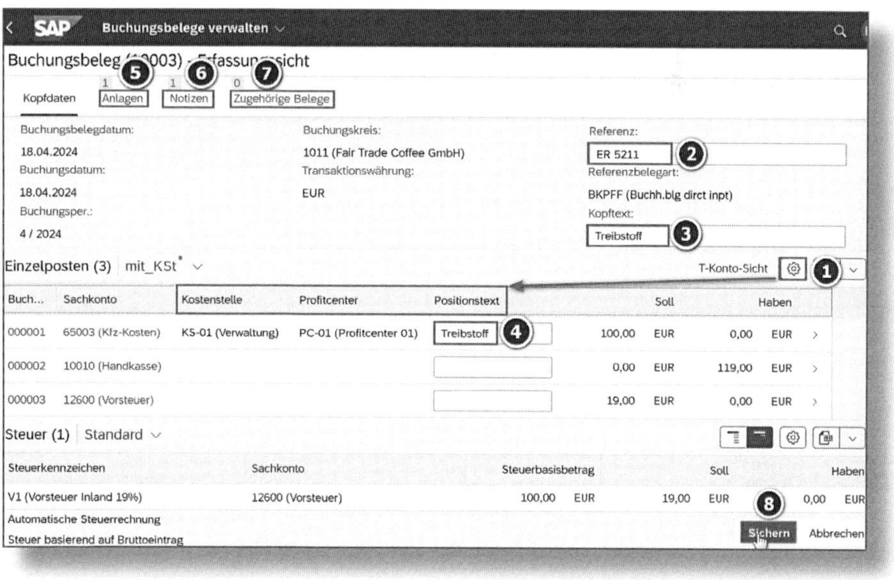

Abbildung 3.40: Gebuchter Beleg mit Zusatzinformation

Durch Auswahl des Zahnradsymbols ❶ können Sie die Anzeige an Ihre Bedürfnisse anpassen, sodass Ihnen beispielsweise, wie hier dargestellt, zusätzlich zum Profitcenter die bebuchte Kostenstelle und der Positionstext angezeigt werden.

Um den gebuchten Geschäftsvorfall genau zu dokumentieren, reicht es meist nicht, nur die benötigten Sachkonten und Beträge einzugeben. SAP stellt dem Anwender unterschiedliche Funktionen zur Verfügung, um notwendige bzw. gewünschte Zusatzinformationen abspeichern zu können. Zunächst bietet der Beleg selbst verschiedene Felder, in denen Sie solche Zusatzinformationen eingeben können. Für das Beispiel in Abbildung 3.40 sind das:

❷	REFERENZ	Rechnungsnummer
❸	KOPFTEXT	Beschreibung Sachverhalt
❹	POSITIONSTEXT	Beschreibung Sachverhalt

Bei dieser Buchung habe ich in die Felder KOPFTEXT und POSITIONSTEXT jeweils *Treibstoff* und als REFERENZ *ER 5211* für die am Tankbeleg stehende Rechnungsnummer eingegeben.

Bei der Buchung der Kapitaleinlage (siehe Abbildung 2.26) hatte ich als Alternative nur das Feld KOPFTEXT für die Beschreibung des Sachverhalts genutzt.

Kontierungsrichtlinien

Erstellen Sie eine Kontierungsrichtlinie, in der Sie nicht nur vorgeben, welcher Sachverhalt mit welchem Sachkonto gebucht wird, sondern legen Sie auch fest, welche Felder mit welchen Informationen gefüllt werden sollen. Ich habe gute Erfahrungen damit gemacht, die Rechnungsnummer in das Feld REFERENZ und die nähere Darstellung des Sachverhalts in den POSITIONSTEXT zu schreiben. Zudem sollten Sie vorab bestimmen, ob die Angabe »Treibstoffe« bei einer Tankrechnung genügt. Oder sollte der Buchhalter ausführlichere Angaben wie »Tankrechnung Diesel« oder »Tankrechnung 60 L Diesel für LKW 1« machen? Eine genauere Beschreibung ist meist nur mit wenig Mehraufwand verbunden, bietet dafür aber den

Vorteil, die gebuchten Geschäftsvorfälle genauer zu dokumentieren und Ihnen eine spätere Suche und Analyse zu erleichtern.

Für eine bessere Prüfung bietet es sich zudem an, die Treibstoffmenge in ein Mengenfeld einzutragen und neben der Kostenstelle einen Innenauftrag mit dem Kfz-Kennzeichen als zusätzliche Kontierung mitzugeben.

Sie können zu einem Beleg auch weitere ANLAGEN ❺ erfassen und NOTIZEN ❻ hinzufügen; beispielsweise Zusatzinformationen ergänzen oder einen Tankbeleg einscannen und dieses PDF-Dokument als Anlage hochladen. Für eine Automatisierung dieser Prozesse bietet SAP mit verschiedenen Partnerfirmen interessante Lösungen zur Belegarchivierung mit oder ohne Workflow an.

Das Feld ZUGEHÖRIGE BELEGE ❼ zeigt die Zahl Null, da in SAP S/4HANA nur noch ein *universeller Beleg* für Buchhaltung und Controlling erstellt wird und die aus Kompatibilitätsgründen notwendige künstliche CO-Belegnummer hier nicht erscheint. Sollten Sie Änderungen vorgenommen haben, vergessen Sie nicht das SICHERN ❽.

In unserem Beispiel habe ich die Tankrechnung als Anlage ❶ hochgeladen und die getankte Menge als Notiz ❷ hinterlegt (siehe Abbildung 3.41).

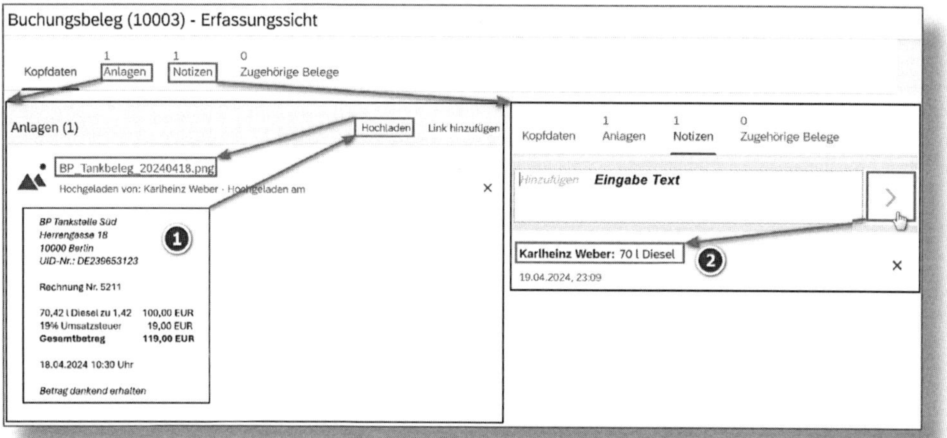

Abbildung 3.41: Beleg mit Anlage und Notiz

3.2.3 Belegstorno und Belegänderung

Es gehört zu den Grundsätzen ordnungsgemäßer Buchhaltung, dass ein mit falschem Konto, falschem Betrag oder falscher Kostenstelle gebuchter Beleg im Nachhinein nicht einfach geändert werden darf. Der Beleg muss vielmehr storniert und anschließend neu gebucht werden. Nur bei nicht kritischen Feldern kann systemseitig eingestellt werden, ob diese nachträglich änderbar sind.

Sie rufen zunächst die App »Buchungsbelege verwalten« auf (siehe Abbildung 3.42).

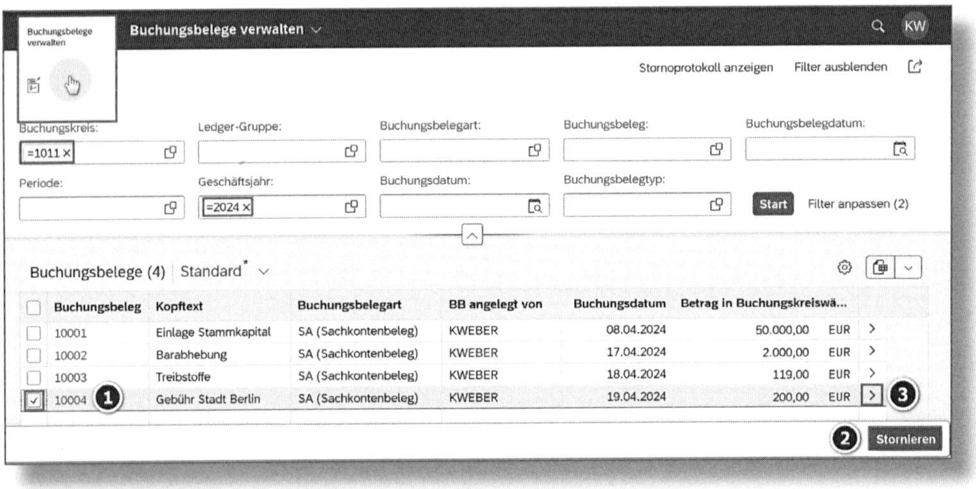

Abbildung 3.42: Buchungsbelege verwalten

Sie erhalten die den eingegebenen Selektionskriterien entsprechend gebuchten Belege angezeigt. In unserem Beispiel sind dies die ersten vier Buchungsbelege aus Szenario 1. Nach Markieren ❶ des gewünschten Belegs können Sie diesen direkt STORNIEREN ❷ oder über das Symbol [>] ❸ in dessen Detailsicht wechseln.

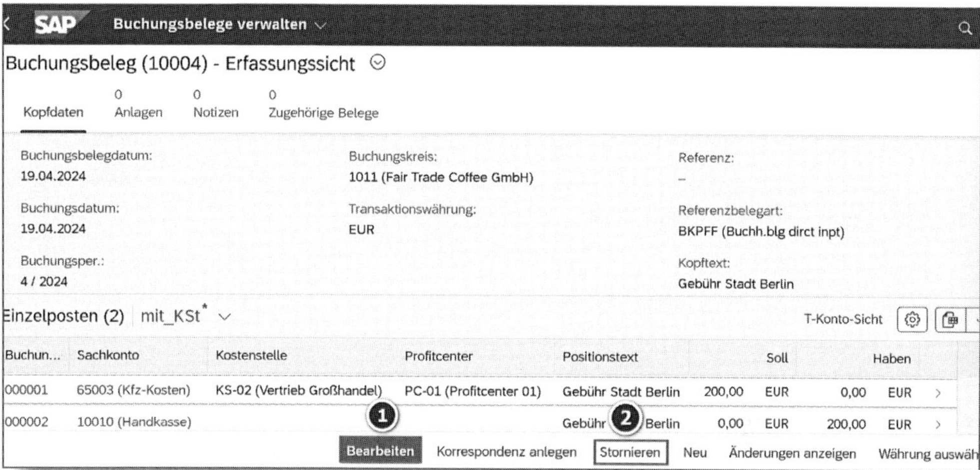

Abbildung 3.43: Buchungsbelege verwalten – Detailsicht

In der Detailsicht (siehe Abbildung 3.43) haben Sie die Möglichkeit, über BEARBEITEN ❶ bestimmte Felder im Nachhinein zu ändern oder den Beleg zu STORNIEREN ❷.

Belegänderung

Wollen Sie den POSITIONSTEXT ändern, klicken Sie auf die Drucktaste BEARBEITEN ❶. Daraufhin wird der Beleg zur Bearbeitung angezeigt.

Sie sehen in Abbildung 3.44, dass Sie den POSITIONSTEXT ❶ ändern können (zu erkennen an der Umrandung), nicht aber den Betrag ❷. Wenn Sie die Änderung durchgeführt haben, speichern Sie sie, indem Sie den Button SICHERN ❸ drücken. Bei jeder Belegänderung wird zudem genau dokumentiert ❹, wer welche Änderung (ALTER WERT und NEUER WERT) an welchem Datum und zu welcher Uhrzeit vorgenommen hat.

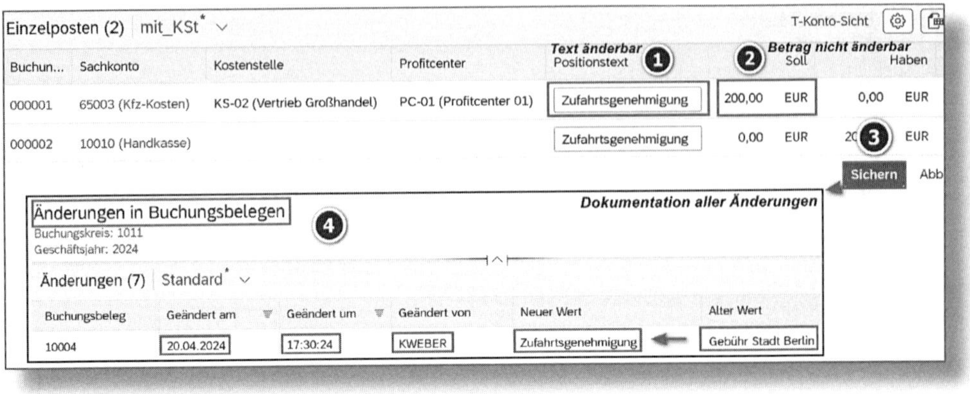

Abbildung 3.44: Buchhaltungsbeleg ändern

Belegstorno

Wenn der in Abbildung 3.43 gebuchte Betrag falsch ist, darf dieser gemäß den *Grundsätzen ordnungsgemäßer Buchhaltung (GOB)* nicht geändert oder gelöscht werden, sondern ist durch eine Umkehrbuchung zu stornieren ❷ (siehe Abbildung 3.44).

Nach Drücken des Buttons STORNIEREN (siehe Abbildung 3.45) müssen Sie einen STORNOGRUND ❶ über das Drop-down-Menü ❷ wählen. Die möglichen Stornogründe können systemseitig eingestellt werden. Das BUCHUNGSDATUM ❸ geben Sie nur dann ein, wenn dies vom Buchungsdatum des Ursprungsbelegs abweichen soll. Wenn Sie Ihre Eingaben mit der Taste OK ❹ bestätigen, erscheint die Meldung STORNOBELEG IST GEBUCHT ❺.

Der stornierte Beleg ist automatisch mit dem Stornobeleg verknüpft ❶, und im Belegkopf ist der jeweils andere Beleg ersichtlich ❷ (siehe Abbildung 3.46).

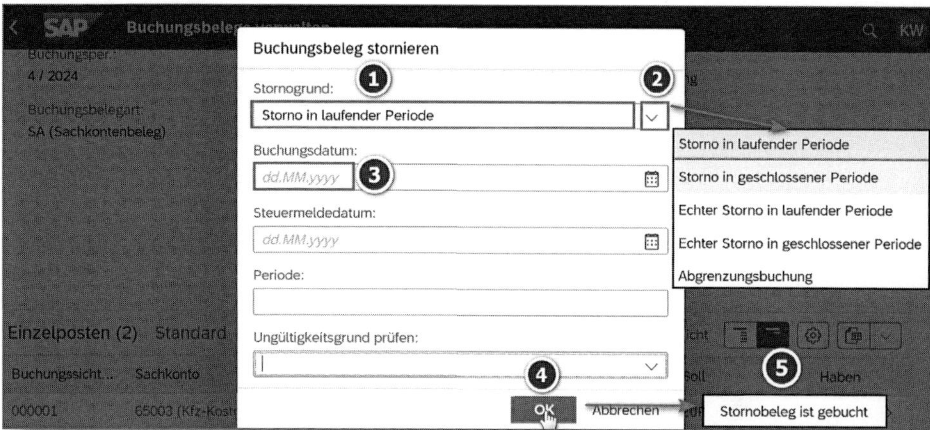

Abbildung 3.45: Buchungsbeleg stornieren

Abbildung 3.46: Stornierter Beleg und Stornobeleg

Da lediglich der Betrag falsch eingetragen war, müssen Sie für die neue Buchung nicht den ganzen Beleg noch einmal erfassen, sondern können den stornierten Beleg über NEU ❶ • ÄHNLICHER BUCHUNGSBELEG ❷ als Vorlage verwenden (siehe Abbildung 3.47).

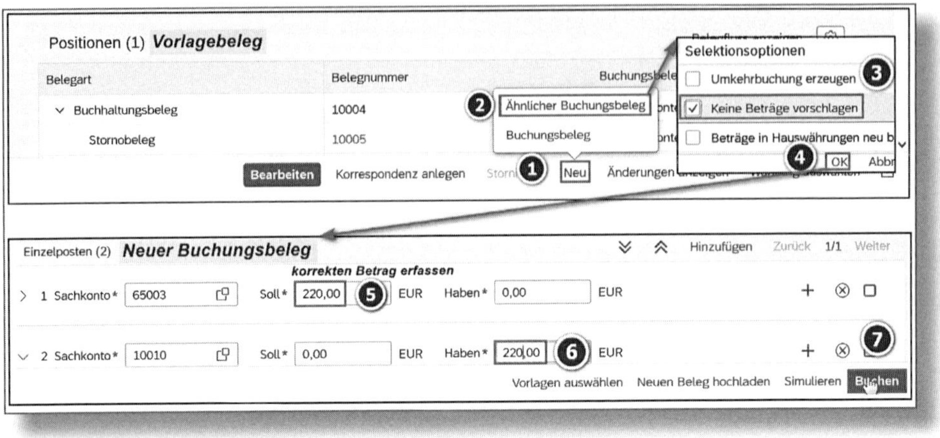

Abbildung 3.47: Buchen mit Vorlage

Wenn Sie diese Funktion auswählen, dann stehen Ihnen folgende Selektionsoptionen ❸ zur Verfügung:

- Umkehrbuchung erzeugen
- Keine Beträge vorschlagen
- Beträge in Hauswährung neu berechnen

In unserem Beispiel wählen wir KEINE BETRÄGE VORSCHLAGEN ❹ aus, geben die korrekten Beträge im SOLL ❺ und im HABEN ❻ ein und erzeugen dann über BUCHEN ❼ den neuen Beleg.

Vorlagebeleg

Da sich viele Buchungen ähneln, müssen Sie nicht immer alle Daten manuell eingeben. Nehmen Sie bestehende Buchungsbelege als Vorlage und ändern Sie die kopierten Felder entsprechend ab. Achten Sie aber darauf, wirklich alle notwendigen Anpassungen vorzunehmen.

3.2.4 Buchen mittels Excel-Upload

Viele Buchhalter bereiten bestimmte Buchungen gerne in Excel auf, bzw. verschiedene Non-SAP-Systeme können Buchhaltungsdaten in einem Excel-Format liefern. In der Vergangenheit mussten IT-Abteilungen eigene Programme erstellen, um aus den Excel-Files SAP-Buchungen erzeugen zu können.

SAP S/4HANA bietet nun die eigene App »Hauptbuchbelege hochladen« ❶. Zusätzlich gibt es in der Fußleiste der App »Hauptbuchbelege buchen« die Drucktaste NEUEN BELEG HOCHLADEN ❷ (siehe Abbildung 3.48).

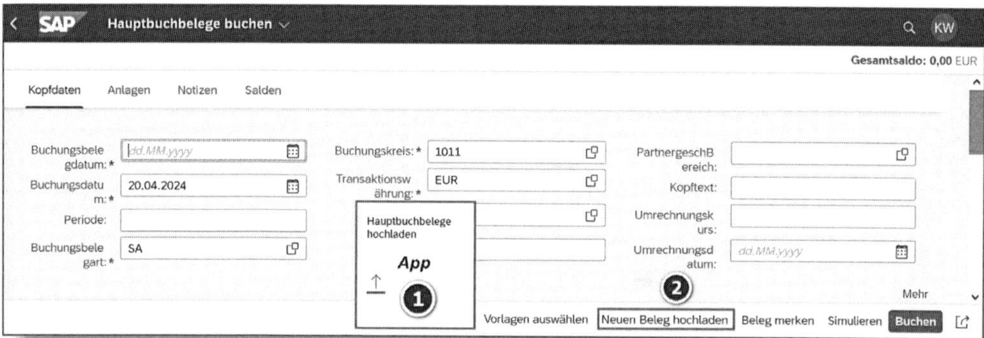

Abbildung 3.48: Neuen Buchungsbeleg hochladen

Auf dem Folgebild (siehe Abbildung 3.49) drücken Sie den Button VORLAGE HERUNTERLADEN ❶, geben in dem sich öffnenden Pop-up die SPRACHE der Vorlage und das FORMAT ❷ ein und wählen anschließend HERUNTERLADEN ❸.

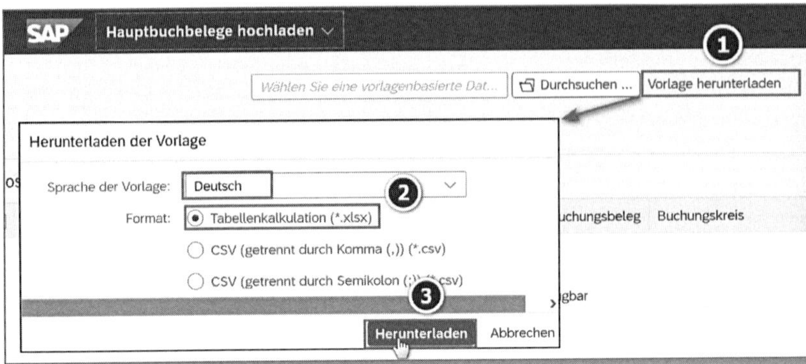

Abbildung 3.49: Excel-Vorlage herunterladen

Es öffnet sich eine leere Excel-Vorlage, wie in Abbildung 3.50 dargestellt.

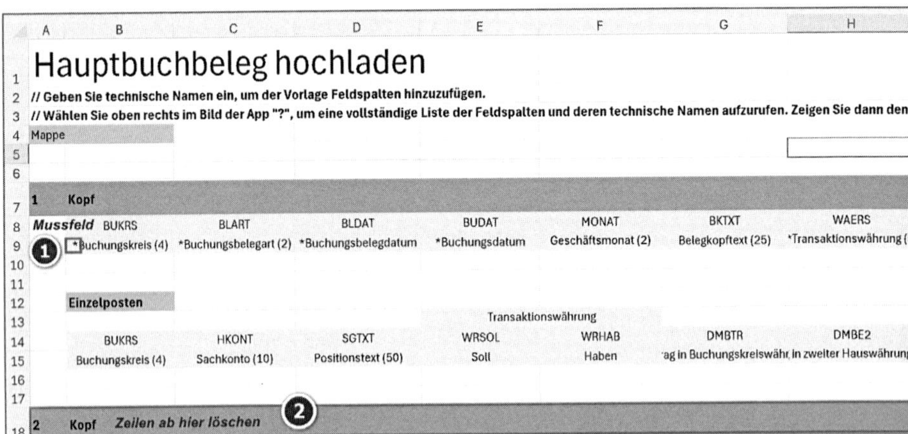

Abbildung 3.50: Leere Excel-Vorlage für Upload

Die Muss-Felder sind mit einem »*« ❶ gekennzeichnet. Idealerweise passen Sie die Vorlage gleich Ihren Bedürfnissen gemäß an. Ich zeige Ihnen anhand der Gehaltszahlungen unserer Beispielfirma, wie Sie vorgehen, um die Gehälter pro Kostenstelle über einen Excel-Upload in SAP zu verbuchen.

Zunächst löschen Sie die Zeilen und Spalten, die Sie nicht benötigen. Wenn Sie beispielsweise nur einen Beleg hochladen wollen, löschen Sie alle Zeilen ab der Zeile 18 ❷.

Wie in Abbildung 3.51 dargestellt, geben Sie die jeweils notwendigen Informationen für den Belegkopf (Spalten ❶ bis ❻) und die Belegpositionen (Spalten ❼ bis ⓬) ein (siehe im Original gelb hinterlegte Zellen) und speichern das Excel-File unter einem frei wählbaren Dateinamen auf Ihrem lokalen oder einem der Buchhaltung zugewiesenen Netzwerklaufwerk. Achten Sie darauf, dass Sie das Datum in der Form YYYYMMDD (beispielsweise als BUCHUNGSBELEGDATUM ❸ *20240420* für den 20.04.2024) eingeben. Die Spalte GESCHÄFTSMONAT kann frei bleiben, da der Monat automatisch vom Buchungsdatum abgeleitet wird. Das UMSATZSTEUERKENNZEICHEN ist ebenso nicht zu füllen, da Gehaltsbuchungen für die Umsatzsteuer irrelevant sind.

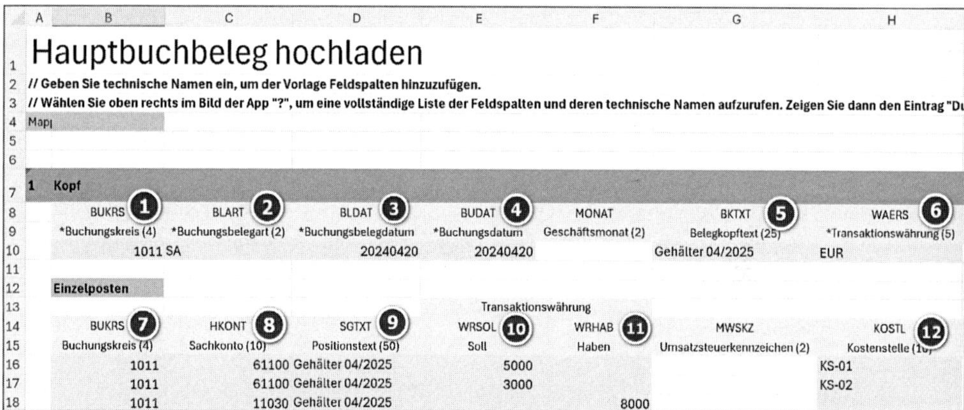

Abbildung 3.51: Excel-File mit Gehaltsbuchung

Als Nächstes können Sie das gespeicherte Excel-File mithilfe dieser App in SAP hochladen. Hierzu klicken Sie (siehe Abbildung 3.52) auf die Schaltfläche DURCHSUCHEN ❶, wählen das Excel-File aus dem vorher bestimmten Ablageort aus und markieren die vom System generierte TEMPORÄRE NUMMER ❸. Wenn Sie wollen, können Sie sich das PROTOKOLL ANZEIGEN lassen ❷ oder gleich den Beleg buchen. Dann bestätigen Sie direkt über die Drucktaste BUCHEN ❹.

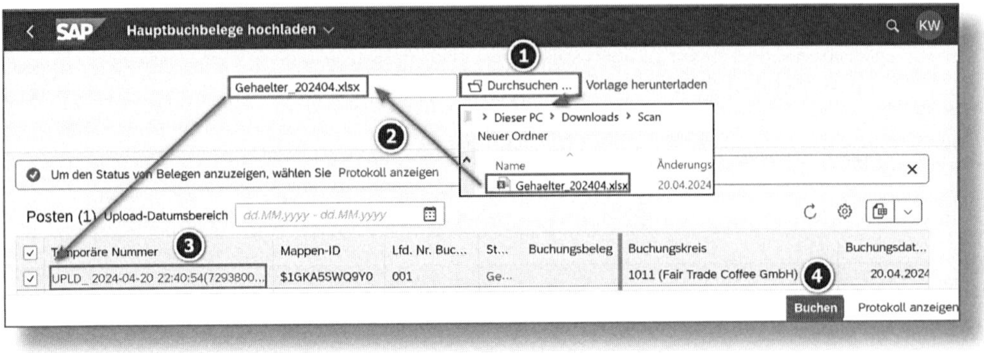

Abbildung 3.52: Hochladen Excel-File mit Gehaltsbuchungen

Es ändert sich der STATUS auf *Gebucht* ❶, und die Nummer des BUCHUNGSBELEGS ❷ erscheint (siehe Abbildung 3.53).

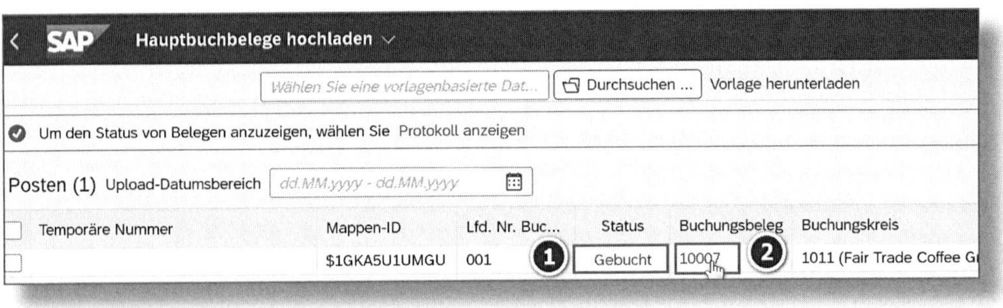

Abbildung 3.53: Status »Gebucht« mit Belegnummer

Mit einem Klick auf die Belegnummer können Sie sich den automatisch erstellten Beleg anzeigen lassen (siehe Abbildung 3.54).

Abbildung 3.54: Gebuchter Beleg mit Gehältern

3.2.5 Buchen mittels Dauerbuchung

Bestimmte Buchungen werden monatlich oder in anderen periodischen Abständen mit denselben Beträgen durchgeführt, d. h., sie wiederholen sich. Mit der neu entwickelten App »Dauerbuchungsbelege verwalten« können Sie diese Belege sehr einfach erstellen.

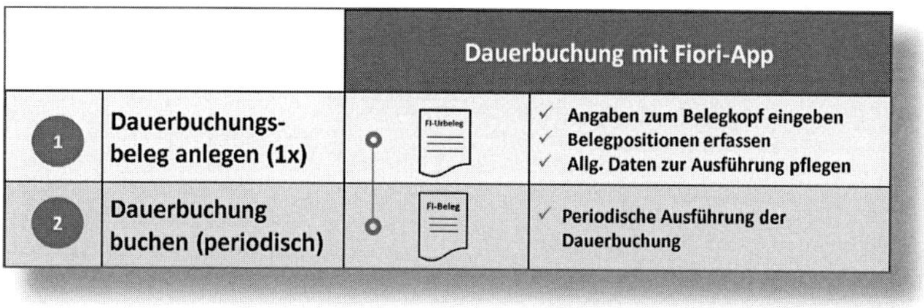

Abbildung 3.55: Dauerbuchung mit Fiori-App

Zunächst erstellen Sie einmalig den Dauerbuchungsbeleg mit dem Beleginhalt und den gewünschten Durchführungsdaten ❶. Mithilfe dieses Belegs führen Sie dann periodisch die Dauerbuchung durch ❷ (siehe Abbildung 3.55).

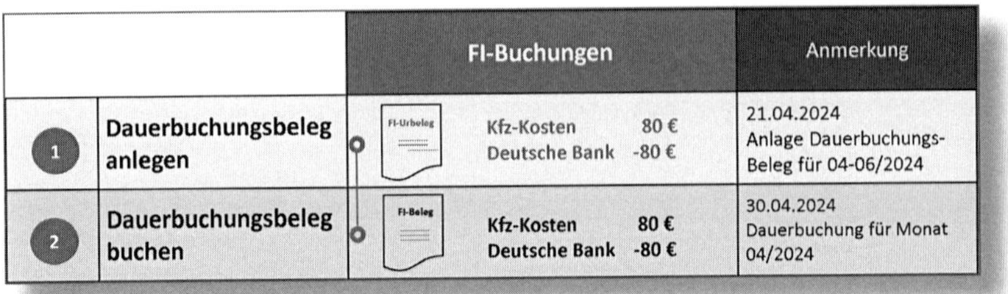

Abbildung 3.56: Dauerbuchung monatlicher Parkgebühren

Für unser Beispiel sollen Sie monatliche Parkgebühren in Höhe von 80 EUR in den nächsten drei Monaten mittels Dauerbuchung buchen (siehe Abbildung 3.56). Dazu legen Sie zunächst einen Dauerbuchungsbeleg mit Kfz-Kosten von 80 EUR an ❶ und führen dann für April 2024 die erste Dauerbuchung durch ❷.

Nach Aufruf der App »Dauerbuchungsbelege verwalten« ❶ wählen Sie die Drucktaste NEUEN DAUERBUCHUNGSBELEG ANLEGEN ❷ (siehe Abbildung 3.57).

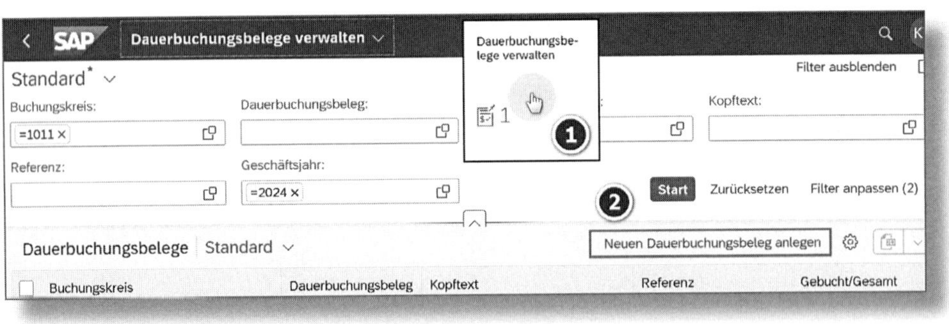

Abbildung 3.57: Dauerbuchungsbeleg anlegen

Geben Sie die Daten zum Belegkopf ❶ und den Belegpositionen ❷ inklusive der Details ❸ ein, und drücken Sie Sichern ❹ (siehe Abbildung 3.58).

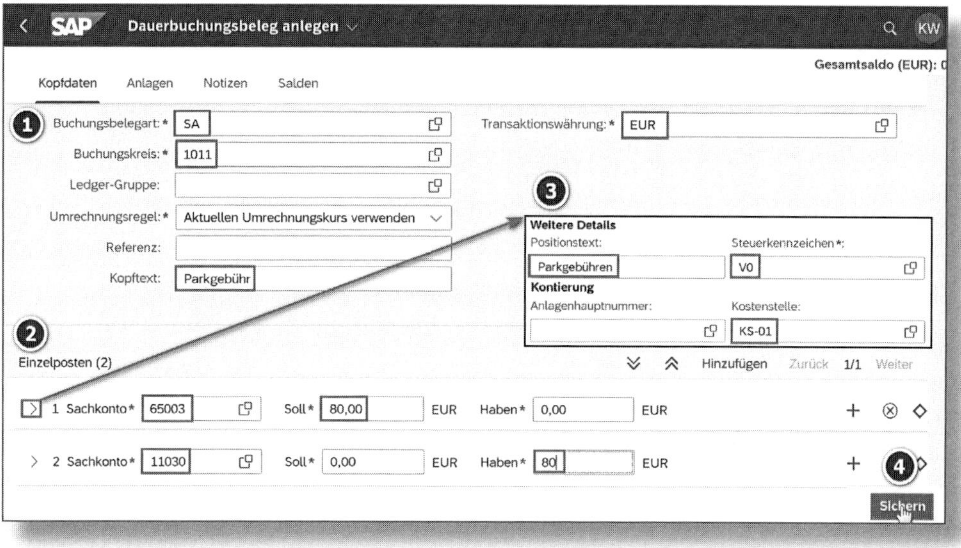

Abbildung 3.58: Dauerbuchungsbeleg – Kopf und Positionen

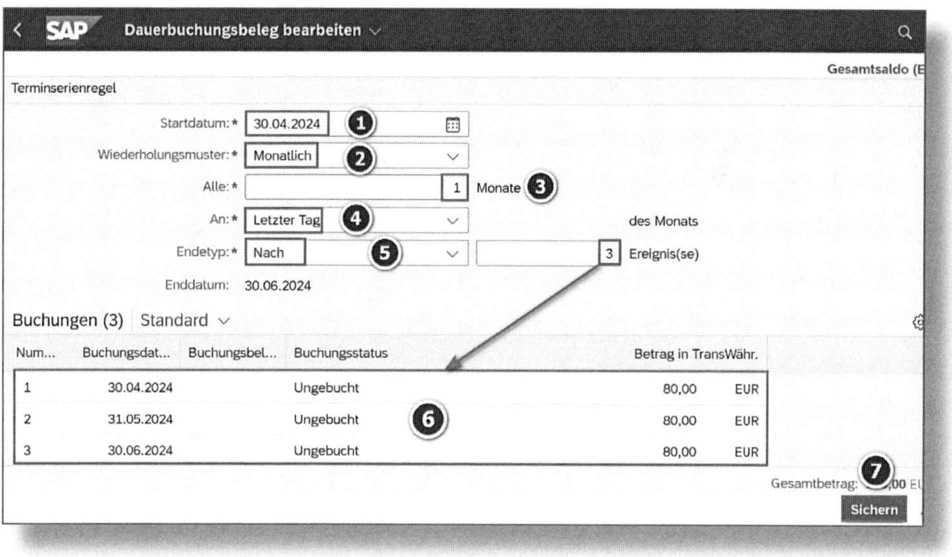

Abbildung 3.59: Dauerbuchungsbeleg – Terminierungsregel

Als Nächstes ergänzen Sie die Terminierungsregel (siehe Abbildung 3.59) um STARTDATUM *30.04.2024* ❶, WIEDERHOLUNGSMUSTER *Monatlich* ❷, ALLE *1* MONATE ❸, AN *Letzter Tag* ❹ und ENDETYP *Nach 3* EREIGNIS(SE) ❺. Im Anschluss Ihrer Eingaben erstellt das System einen Buchungsplan mit drei noch ungebuchten Buchungen zu je 80 EUR ❻ (mit Datum *30.04.2024*, *31.05.2024* und *30.06.2024*). Nach Drücken von Sichern ❼ erscheint die Meldung »Dauerbuchungsbeleg 91000 … wurde gesichert«.

Dauerbuchungsbeleg ist kein normaler Beleg

Der Dauerbuchungsbeleg stellt nur eine Vorlage für weitere Buchungen dar und ist daher nicht unter den gebuchten Belegen zu finden. Zwecks einfacherer Erkennung empfehle ich Ihnen, einen eigenen Nummernkreis für Dauerbuchungsbelege zu verwenden.

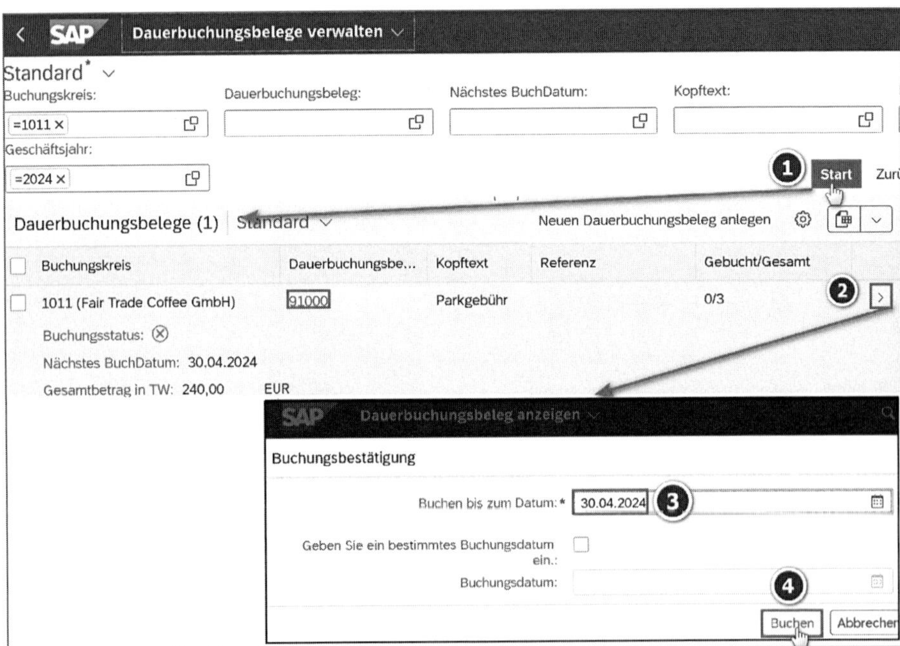

Abbildung 3.60: Dauerbuchungsbelege buchen

Um Buchungen periodisch auszuführen, lassen Sie sich die Dauerbuchungsbelege durch Drücken von **Start** ❶ anzeigen (siehe Abbildung 3.60). Beim gewünschten Beleg verzweigen Sie über [>] ❷ in die Detailsicht, geben in das Feld BUCHEN BIS ZUM DATUM *30.04.2024* ❸ ein und drücken den Button BUCHEN ❹.

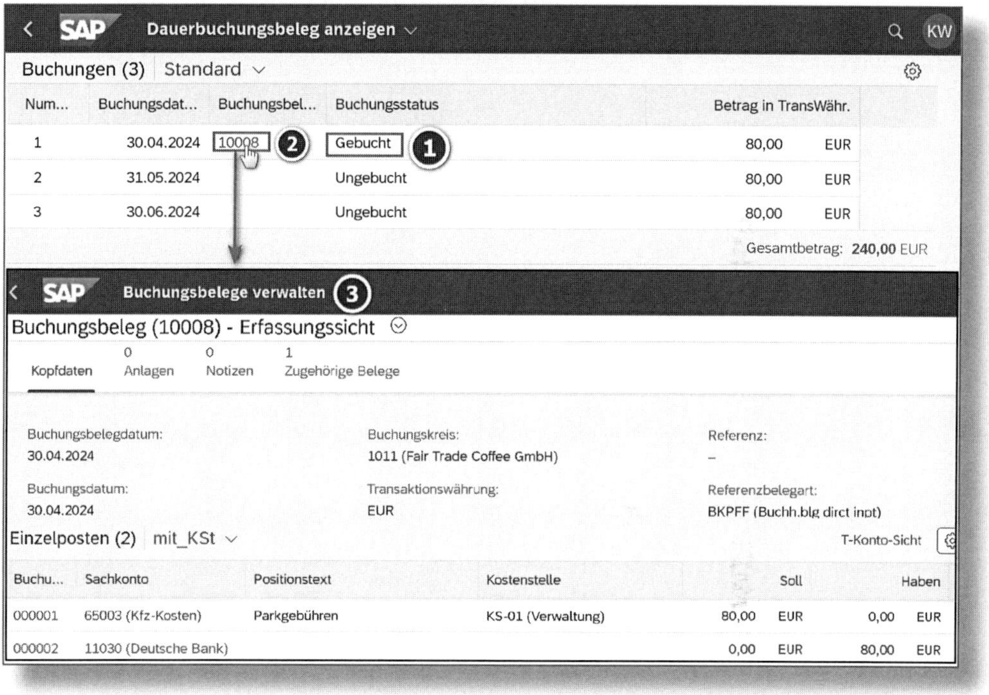

Abbildung 3.61: Gebuchter Beleg

Sie können in der Übersicht sehen, dass die Buchung mit der Nummer *1* jetzt den BUCHUNGSSTATUS *Gebucht* ❶ hat (siehe Abbildung 3.61). Über Doppelklick auf den Buchungsbeleg *10008* ❷ wird Ihnen der Buchungsbeleg in der ERFASSUNGSSICHT ❸ angezeigt.

3.3 Analysemöglichkeiten und Berichte in der Hauptbuchhaltung

Für unsere »Fair Trade Coffee GmbH« haben wir bisher verschiedene Buchungen durchgeführt, die wir jetzt analysieren wollen. SAP S/4HANA bietet für Analysen und Berichte im Hauptbuch verschiedene Apps an (siehe Abbildung 3.62):

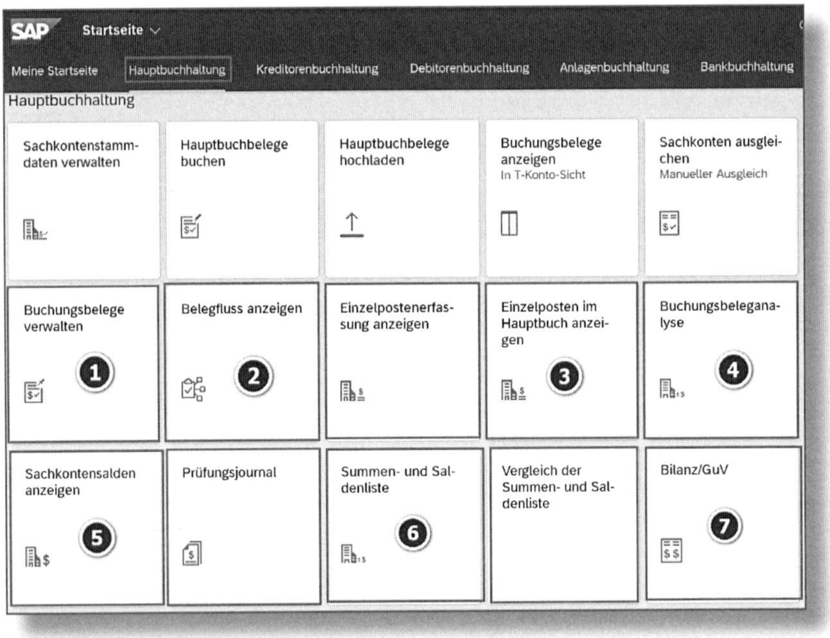

Abbildung 3.62: Apps für Analysen im Hauptbuch

Zu den wichtigen Apps gehören:

❶ BUCHUNGSBELEGE VERWALTEN

❷ BELEGFLUSS ANZEIGEN

❸ EINZELPOSTEN IM HAUPTBUCH ANZEIGEN

❹ BUCHUNGSBELEGANALYSE

❺ SACHKONTENSALDEN ANZEIGEN

❻ SUMMEN- UND SALDENLISTE

❼ BILANZ/GUV.

Drei weitere Apps könnten Sie ggf. außerdem nutzen:

- Einzelpostenerfassung anzeigen
- Prüfungsjournal
- Vergleich der Summen- und Saldenliste

Die Analysemöglichkeiten sind über eine *App-to-App-* bzw. *Bericht-zu-Bericht-Schnittstelle* auch untereinander so verknüpft, dass Sie aus der Anzeige des Berichtsergebnisses durch Doppelklick auf eine Kennzahl direkt eine andere App zur weiteren Analyse aufrufen können. Möchten Sie beispielsweise in einer angezeigten GuV-Rechnung die Kfz-Kosten näher analysieren, können Sie aus der Bilanz/GuV in die Saldenanzeige und von dort in die Einzelpostenanzeige verzweigen. Wenn Sie anschließend auf die Belegnummer klicken, können Sie diesen Beleg aufrufen (siehe Abbildung 3.63).

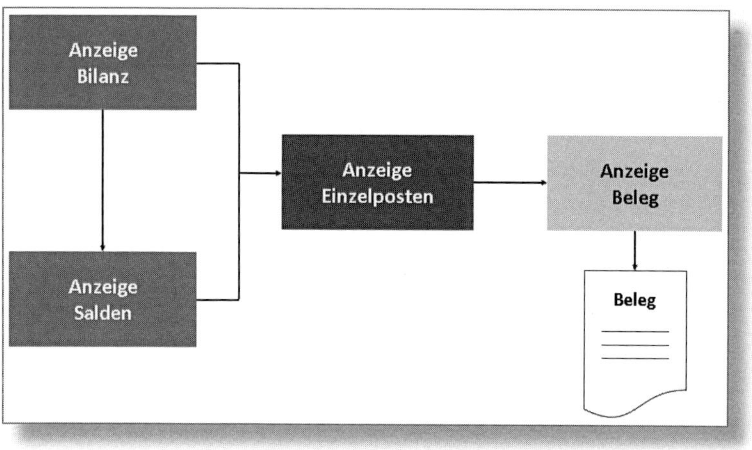

Abbildung 3.63: Analysemöglichkeiten im Hauptbuch

Für die Analyse der Buchungen stelle ich Ihnen in den Abschnitten 3.3.2 bis 3.3.4 verschiedene Apps näher vor.

3.3.1 Kontenplan- und Stammdatenverzeichnis

Für die Analyse bzw. den Ausdruck des Kontenplans oder eines *Sachkontenverzeichnisses* benötigen Sie keine eigene App, sondern rufen einfach die App »Sachkontenstammdaten verwalten« auf (siehe Abbildung 3.64).

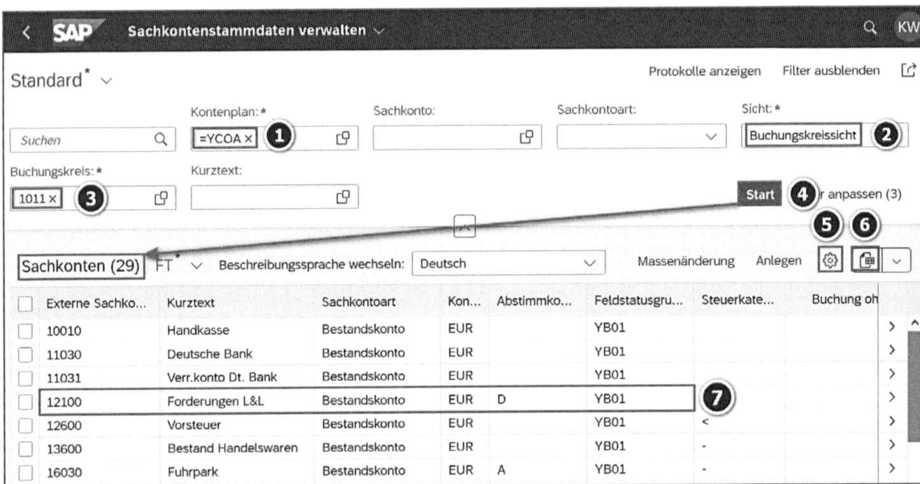

Abbildung 3.64: Sachkontenverzeichnis mit App »Sachkontenstammdaten verwalten«

Sie geben als Selektionskriterien den KONTENPLAN ❶, die SICHT *Buchungskreissicht* ❷ sowie den BUCHUNGSKREIS ❸ ein (natürlich können Sie auch weitere Selektionskriterien vorgeben) und drücken dann den START-Button ❹. Im unteren Bereich des Bildschirms werden daraufhin die Sachkonten angezeigt. Über das Zahnradsymbol ❺ können

Sie die gewünschten Felder einblenden. Wollen Sie das Stammdatenverzeichnis nach Excel herunterladen, klicken Sie auf das Symbol daneben ❻. In dem gezeigten Beispiel können Sie unter ❼ erkennen, dass das Konto *12100 Forderung L&L* ein *Bestandskonto ist*, in *EUR* geführt wird, als Abstimmkonto für *D* (Debitoren) fungiert sowie der Feldstatusgruppe *YB01* zugeordnet ist.

Nochmals zur Erinnerung: Die Feldstatusgruppe bestimmt, welche Felder in der Buchung auf diesem Konto eingabebereit oder verpflichtend sind.

3.3.2 Analyse auf Belegebene

App »Buchungsbelege verwalten«

In der App »Buchungsbelege verwalten« (siehe Abbildung 3.65) geben Sie zunächst Ihre Selektionskriterien ein ❶. Werte zum Buchungskreis und das Geschäftsjahr werden automatisch aus den Benutzereinstellungen übernommen. In unserem Beispiel schränken wir die Auswahl nicht weiter ein und drücken den START-Button ❷. Es werden sodann die den Selektionskriterien entsprechenden Belege aufgelistet. Über das Zahnrad-Symbol unter dem START-Button ❸ können Sie die gewünschten Felder auswählen bzw. statt der Standard- eine bereits kundenspezifisch vordefinierte Anzeigevariante MIT_TEXT_DATUM ❹ auswählen. Sie sehen jetzt die von uns gemäß Szenario 2 gebuchten Belege und erkennen u. a., dass der Beleg *10004* durch den Beleg *10005* ❺ storniert wurde. Wollen Sie einen Beleg bearbeiten, klicken Sie einfach auf die Belegnummer ❻ oder das Symbol [>] ❼. Möchten Sie einen oder mehrere Belege stornieren, so markieren Sie diese ❽ mittels Haken vor der Belegnummer und drücken den Button STORNIEREN ❾.

Abbildung 3.65: App »Buchungsbelege verwalten«

App »Buchungsbeleganalyse«

Mit der App »Buchungsbeleganalyse« wird eine Anwendung aufgerufen, die auf einer mehrdimensionalen Berichtstechnik aufbaut (siehe Abbildung 3.66). Hier geben Sie zunächst die Felder entsprechend Ihren Selektionskriterien ein und drücken dann **Start**.

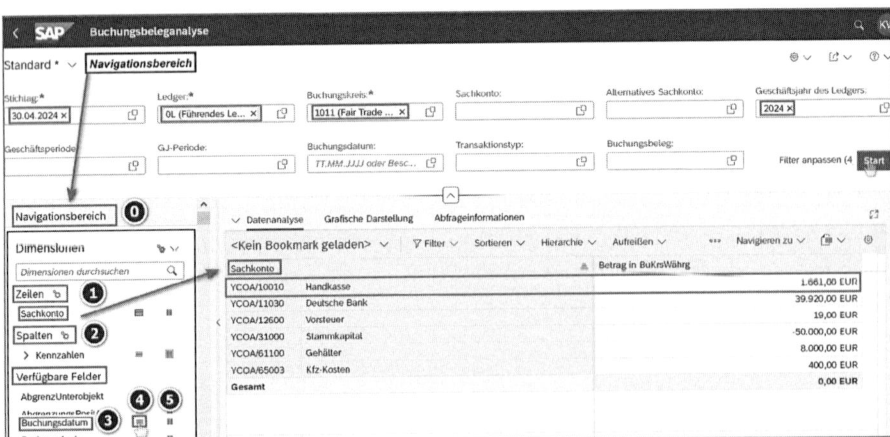

Abbildung 3.66: App »Buchungsbeleganalyse« – nach Sachkonto

In der dargestellten Sicht sehen Sie die gebuchten Beträge je Sachkonto. Der Saldo des Kontos *10010 Handkasse* beträgt *1.661 EUR*.

Der Vorteil dieses App-Typs liegt in den vielfältigen Navigationsmöglichkeiten. Der NAVIGATIONSBEREICH ⓿ erscheint automatisch bzw. kann bei einer älteren Version dieses App-Typs durch eine Drucktaste eingeblendet werden. Die dargestellte Ansicht ergibt sich daraus, dass in den ZEILEN ❶ das SACHKONTO und den SPALTEN ❷ die KENNZAHLEN ausgewählt sind.

Sie finden eine Vielzahl verfügbarer Felder, die Sie in Ihren mehrdimensionalen Bericht aufnehmen können. Wollen Sie beispielsweise das Feld BUCHUNGSDATUM ❸ zusätzlich einblenden, können Sie es durch Anklicken des jeweiligen Symbols in die Zeilen ❹ oder Spalten ❺ aufnehmen.

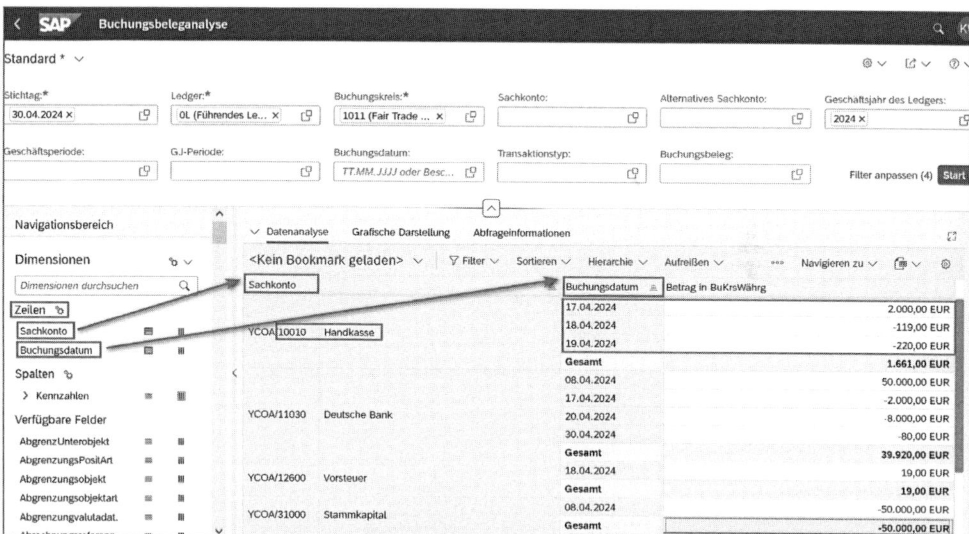

Abbildung 3.67: Buchungsbeleganalyse nach Konten und Buchungsdatum

Wenn Sie neben dem Buchungsdatum auf das Zeilensymbol klicken, ändert sich die Anzeige in gebuchte Beträge je Konto und BUCHUNGS-

DATUM (siehe Abbildung 3.67). Sie können auf diese Weise erkennen, dass sich der Saldo des SACHKONTOS *10010 Handkasse* in Höhe von *1.661 EUR* aus einem Kasseneingang von *2.000 EUR* am *17.04.2024* und Kassenausgängen von *119 EUR* am *18.04.2924* sowie *220 EUR* am *19.04.2024* zusammensetzt.

App »Einzelposten im Hauptbuch anzeigen«

Nach Aufruf der App »Einzelposten im Hauptbuch anzeigen« (siehe Abbildung 3.68) geben Sie zunächst die Selektionskriterien ❶ ein. Achten Sie darauf, im Feld STATUS ❷ nicht nur die offenen, sondern alle Posten auszuwählen und den richtigen Zeitraum im Feld BUCHUNGSDATUM ❸ anzugeben. Dann klicken Sie auf den START-Button ❹. Um die Anzeige bis zur Belegebene aufzureißen, klicken Sie zunächst auf das Symbol links vom BUCHUNGSKREIS ❺ und dann nochmals auf das gleiche Symbol links vom gewünschten SACHKONTO ❻. Daraufhin zeigt Ihnen das System unter ❼ alle auf diesem Konto und in diesem Zeitraum gebuchten Belege an.

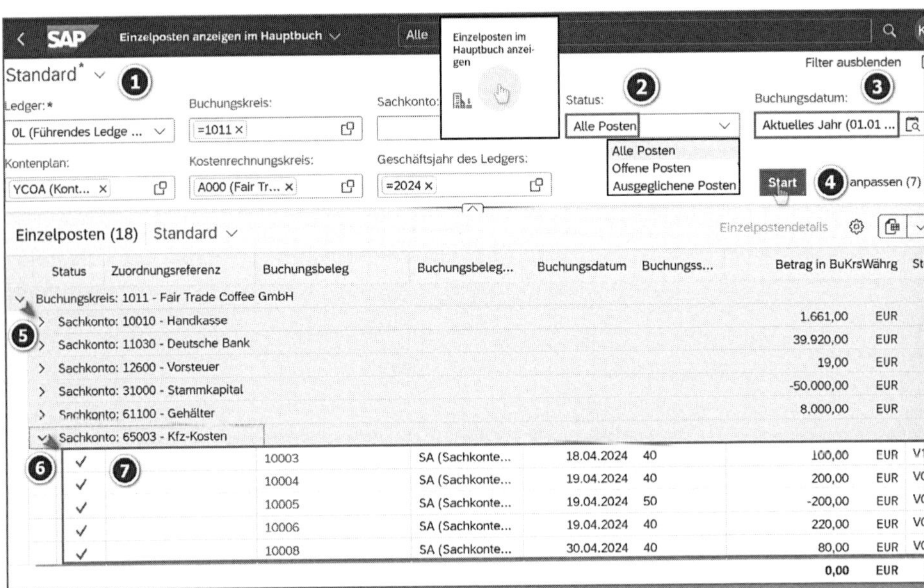

Abbildung 3.68: App »Einzelposten anzeigen im Hauptbuch«

3.3.3 Analyse auf Sachkontenebene

Wenn Sie ein einzelnes Sachkonto analysieren möchten, rufen Sie die App »Sachkontensalden« auf (siehe Abbildung 3.69).

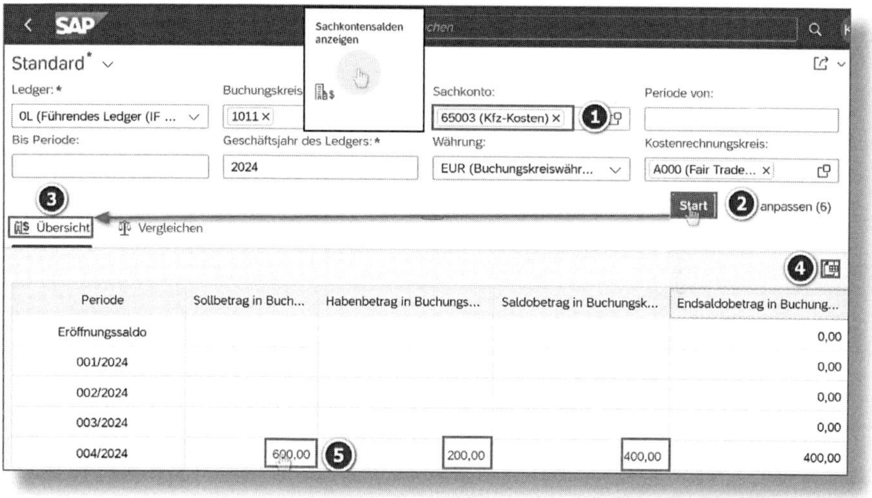

Abbildung 3.69: App »Sachkontensalden anzeigen«

Sie geben Ihre Selektionskriterien ❶ ein (in unserem Beispiel das Konto *65003*) und klicken auf den Button START ❷. Sodann erscheinen in einer ÜBERSICHT ❸ die gebuchten Beträge pro Monat getrennt nach SOLLBETRAG, HABENBETRAG, SALDOBETRAG und ENDSALDOBETRAG. Über das Symbol (im rechten Bereich) ❹ lässt sich die Übersicht als Excel-File herunterladen. In unserem Beispiel wird für *04.2024* ein gebuchter Sollsaldo von *600 EUR* ❺ angezeigt. Durch einen Klick auf diesen Betrag können Sie die dahinterliegenden Einzelposten sehen.

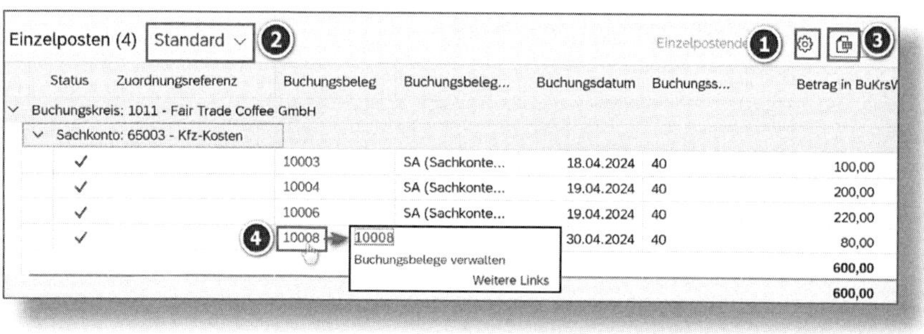

Abbildung 3.70: Einzelposten zum Konto 65003 Kfz-Kosten

In der aufgerufenen Einzelpostenanzeige (siehe Abbildung 3.70) können Sie wieder die gewünschten Felder einblenden ❶, eine andere Anzeigevariante auswählen ❷ oder die Einzelposten nach Excel herunterladen ❸. Mit Klick auf eine Belegnummer (in unserem Beispiel auf *10008* ❹) können Sie in die Beleganzeige springen oder eine andere App aufrufen.

Wollen Sie eine Saldenliste erstellen, rufen Sie die App »Summen- und Saldenliste« auf. Diese funktioniert ähnlich wie die App »Buchungsbeleganalyse«. Nach entsprechender Selektion und Anpassung sieht das Ergebnis wie in Abbildung 3.71 dargestellt aus.

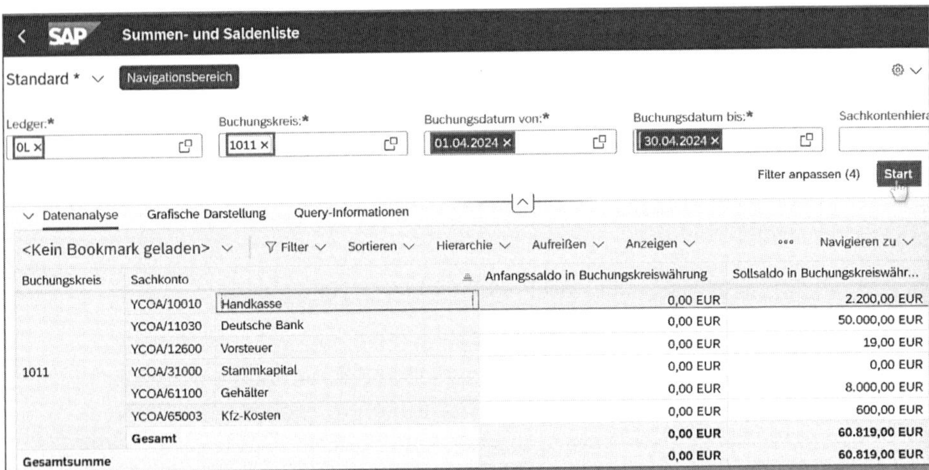

Abbildung 3.71: Summen- und Saldenliste

3.3.4 Analyse auf Bilanzebene

Die wichtigsten Auswertungen in der Hauptbuchhaltung sind die Bilanz sowie die GuV. Beide bilden in SAP eine Einheit und werden durch ein Programm aufgerufen. Im weiteren Verlauf werde ich daher den Begriff Bilanz/GuV verwenden. Sie öffnen dazu die App »Bilanz/GuV« (siehe Abbildung 3.72) und geben die Selektionskriterien ein ❶.

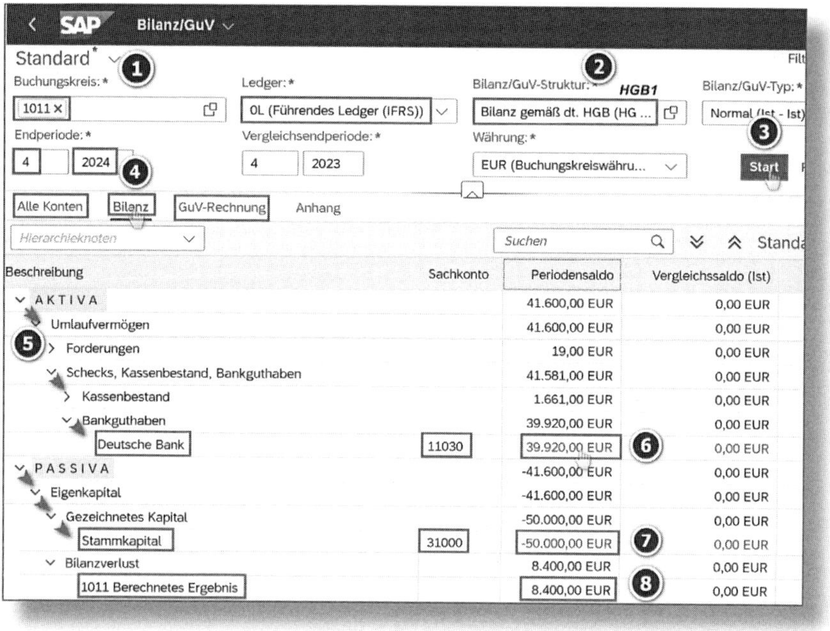

Abbildung 3.72: Bilanz anzeigen

In das Feld BILANZ/GUV-STRUKTUR tragen Sie die gewünschte Struktur ein. Für unsere deutsche Beispielfirma wollen Sie eine Darstellung der GuV nach dem Gesamtkostenverfahren gemäß deutschem HGB. Sie verwenden daher die Struktur *HGB1* ❷. Nach Drücken des Buttons **Start** ❸ werden die komplette Bilanz sowie die GuV angezeigt. Wollen Sie nur die Bilanz betrachten, klicken Sie auf BILANZ ❹. Wir sehen, dass die AKTIVA und PASSIVA der »Fair Trade Coffee GmbH« je *41.600 EUR* aufweisen.

Wir können die Bilanz in die einzelnen Bilanzpositionen aufreißen ❺ und auf der untersten Ebene auch die einzelnen Sachkonten anzeigen. Hier sehen wir ein Guthaben bei der DEUTSCHEN BANK von *39.920 EUR* ❻, ein STAMMKAPITAL von *50.000 EUR* ❼ und darüber hinaus auch ein derzeit BERECHNETES ERGEBNIS von *8.400 EUR* ❽. Dieser Betrag stellt einen Verlust dar, der sich durch einen Klick auf die GUV-RECHNUNG gut erklären lässt.

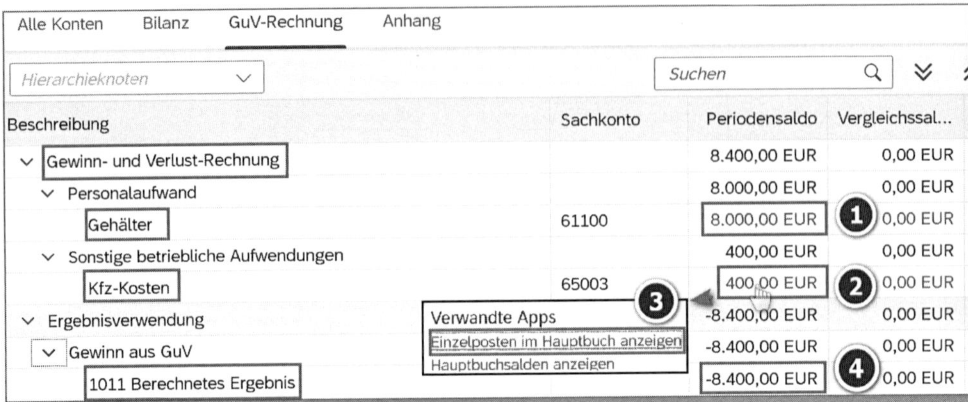

Abbildung 3.73: Gewinn- und Verlustrechnung anzeigen

Denn auch in der Gewinn- und Verlustrechnung (siehe Abbildung 3.73) kommen wir zum selben Ergebnis von *8.400 EUR*. Dieses entsteht durch Aufwandsbuchungen für GEHÄLTER in Höhe von *8.000 EUR* ❶ und für KFZ-KOSTEN von *400 EUR* ❷. Wollen Sie die Gehälter oder die Kfz-Kosten näher analysieren, können Sie auf jede in Blau dargestellte Zahl durch Anklicken in weitere Apps ❸ springen. Das Ergebnis von *8.400 EUR* ❹ wird auch in der GuV unter BERECHNETES ERGEBNIS ausgewiesen.

4 Zentraler Geschäftspartner

In diesem Kapitel stelle ich Ihnen das Konzept des zentralen Geschäftspartners vor. Anschließend legen wir für die Lieferanten und Kunden der »Fair Trade Coffee GmbH« Geschäftspartner an und ordnen diesen unterschiedliche Rollen zu.

4.1 Konzept des zentralen Geschäftspartners

Jedes Unternehmen unterhält vielfältige Geschäftsbeziehungen zu anderen Unternehmen oder Personen. Ein Geschäftspartner (engl.: Business Partner) kann ein Lieferant, ein Kunde, ein Interessent oder auch die Hausbank sein und eine oder mehrere Rollen innehaben. So ist es z. B. möglich, dass ein bestimmter Geschäftspartner für den Einkauf die Rolle des Lieferanten, für den Vertrieb diejenige des Kunden und für die Buchhaltung die des Kreditors bzw. des Debitors wahrnimmt.

In SAP S/4HANA ersetzt der *zentrale Geschäftspartner* den herkömmlichen Ansatz von getrennten Kreditoren- und Debitorenstammsätzen. Unabhängig davon, ob ein bestimmter Geschäftspartner sowohl Kunde als auch Lieferant des Unternehmens ist, wird ihm eine eindeutige Geschäftspartnernummer zugewiesen, und diese Nummer kann gleichzeitig auch seine Kreditoren- und Debitorennummer sein.

In diesem Zusammenhang ist es wichtig, die SAP-Begriffe *Geschäftspartnertyp, Geschäftspartnerrolle* und *Geschäftspartnergruppierung* zu verstehen (siehe Abbildung 4.1).

Anhand des **Geschäftspartnertyps** wird der Geschäftspartner als Person, Organisation oder Gruppe klassifiziert. Ist der Geschäftspartner beispielsweise

- die Privatperson Max Maier, dann wird er als Person angelegt,
- die Firma Huber GmbH, dann wird er als Organisation angelegt,

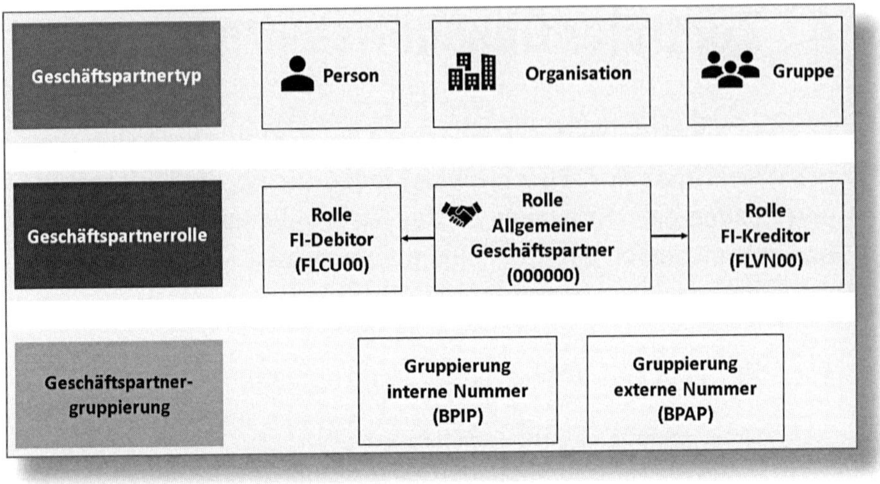

Abbildung 4.1: Geschäftspartner mit Typ, Rolle und Gruppierung

- das Ehepaar Sabine und Franz Müller, ist der Geschäftspartnertyp »Gruppe« zu wählen (wobei die Verwendung von Gruppen im Zusammenhang mit dem Rechnungswesen in SAP eher selten ist).

Der Geschäftspartnertyp bestimmt, welche Datenfelder anzugeben sind. Bei Personen geben Sie Vor- und Nachnamen, bei Organisationen hingegen Rechtsform und Branche des Geschäftspartners ein.

Wie eingangs schon erwähnt, kann ein Geschäftspartner unterschiedliche **Rollen** haben, die in verschiedenen Modulen zum Einsatz kommen. Ein Geschäftspartner kann Kreditor und Debitor für das Finanzwesen (FI), Lieferant für die Materialwirtschaft (MM), Interessent oder Kunde für den Vertrieb (SD) sein. Der große Vorteil des zentralen Geschäftspartners in SAP S/4HANA ist, dass allgemeine Daten wie Name und Adresse nur einmal in der zentralen Rolle angelegt bzw. bei Änderungen nur einmal angepasst werden müssen. Legen Sie einen neuen Geschäftspartner an, wird diesem Geschäftspartner dabei automatisch die Rolle »Allgemeiner Geschäftspartner« zugeordnet. Ordnen Sie dem neuen Geschäftspartner im Weiteren die Rolle des FI-Kreditors für einen oder mehrere Buchungskreise zu und speichern ihn, wird im Hintergrund automatisch ein Kreditorenstammsatz angelegt. Die Synchronisierung der Stammdaten erfolgt systemseitig durch eine im Customizing voreingestellte *Customer-Vendor-Integration (CVI)*.

Die **Geschäftspartnerrollen** lassen sich auch **gruppieren**. Dies dient der Gruppenbildung (bzw. Gliederung) Ihrer Geschäftspartner. Mit der Gruppierung ist stets ein bestimmter Nummernkreis verbunden. Die Nummernvergabe kann intern oder extern erfolgen. »Interne Nummernvergabe« bedeutet, dass ein neuer Geschäftspartner die nächste freie Nummer des Intervalls zugewiesen bekommt. Welche Gruppierungen Sie verwenden können, wird in den SAP-Systemeinstellungen festgelegt. Dies könnten »Geschäftspartner mit interner Nummerierung«, »Geschäftspartner mit externer alphanumerischer Nummerierung« oder »Lieferant zentral« sein.

Interne Geschäftspartnernummer

Lassen Sie die Geschäftspartnernummer intern vergeben, und wählen Sie keine Intervalle, die mit sehr langen Nummern verknüpft sind. Es ist wesentlich einfacher, 30001 als 30000001 als Geschäftspartnernummer einzugeben.

Für unsere Beispielfirma verwende ich zur besseren Übersicht einen externen Nummernkreis, und meinen Geschäftspartnern weise ich die externen Nummern BP-01, BP-02 usw. für Business Partner 01 bzw. 02 zu.

Bei der »Fair Trade Coffee GmbH« gehen wir beispielsweise davon aus, dass die Firma Müller GmbH aus München Lieferant und Kreditor für den deutschen und amerikanischen Buchungskreis ist. Die Müller GmbH wird als Organisation mit der externen Nummer BP-01 angelegt, und unter dieser Nummer werden dieser Firma die Rolle des allgemeinen Geschäftspartners, die des MM-Lieferanten und des FI-Kreditors zugewiesen. Die Rolle des MM-Lieferanten ist dann auf Ebene der Einkaufsorganisation und die des FI-Kreditors auf Buchungskreisebene genauer zu spezifizieren, wo beispielsweise unterschiedliche Zahlwege oder Buchhaltungssachbearbeiter eingegeben werden können.

Die deutsche Firma 1011 könnte ihre Verbindlichkeiten an die Firma Müller GmbH mittels SEPA-Überweisung, die amerikanische Firma 1710 hingegen denselben Lieferanten per Scheck bezahlen (siehe Abbildung 4.2).

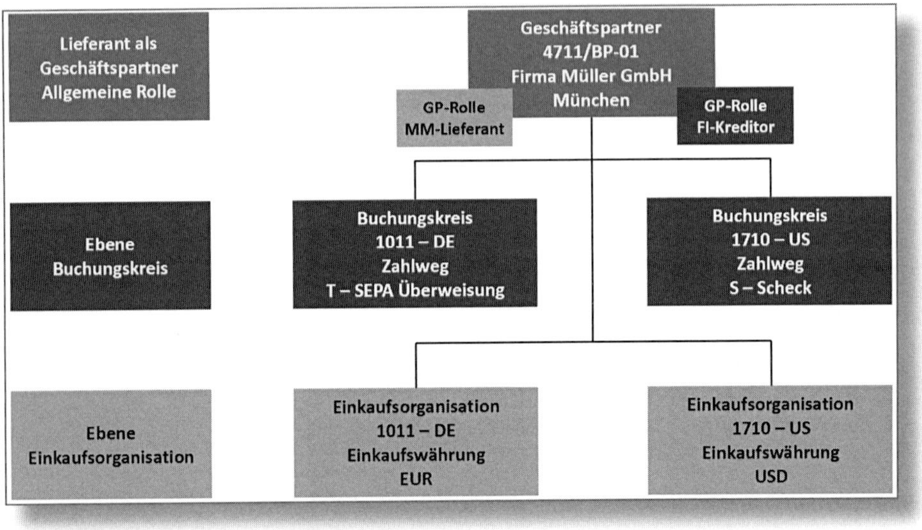

Abbildung 4.2: Geschäftspartner mit den Rollen MM-Lieferant und FI-Kreditor

Gelingt es Ihnen, den Lieferanten Müller GmbH auch als Kunden zu gewinnen, sind die allgemeinen Daten wie Name, Adresse und Telefonnummer bereits in der allgemeinen Geschäftspartnerrolle gespeichert, und Sie müssen der Firma Müller GmbH nur zusätzlich die Rollen des SD-Kunden und des FI-Debitors zuweisen (siehe Abbildung 4.3). Die buchhaltungsspezifischen Daten wie das Mahnverfahren und der Buchhaltungssachbearbeiter werden auf Ebene des Buchungskreises gepflegt, wohingegen Verkaufs- und Lieferinformationen, wie die Kundengruppe oder Lieferpriorität, auf Vertriebsbereichsebene hinterlegt werden. Ein *Vertriebsbereich* ist die Kombination von Verkaufsorganisation, Vertriebsweg und Sparte.

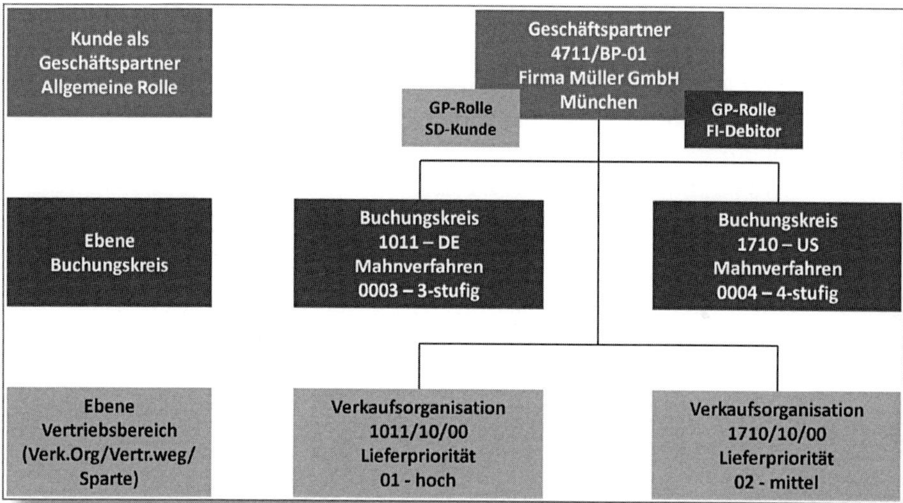

Abbildung 4.3: Geschäftspartner mit den Rollen SD-Kunde und FI-Debitor

In Szenario 3 unserer Beispielfirma »Fair Trade Coffee GmbH« legen wir nachfolgend mehrere Lieferanten und Kunden als Geschäftspartner an und ordnen diesen Geschäftspartnern verschiedene Rollen zu (siehe Abbildung 4.4). Konkret sind dies zwei Geschäftspartner, denen wir neben der allgemeinen GP-Rolle die Rolle des FI-Kreditors bzw. Lieferanten (FI) und FI-Debitors bzw. Kunden (FI) zuordnen. Die Rollen »FI-Kreditor« und »Lieferant (FI)« stellen dabei nur unterschiedliche Bezeichnungen für die gleiche Funktion dar. Im Abschnitt 5.2 beschränken wir uns auf die Sicht des Kreditors und im Abschnitt 8.2 auf die Sicht des Debitors.

Nr.	Abschnitt	Konto	Bezeichnung	Rollen
1	4.2.1	BP-01	Müller GmbH	Lieferant (FI), Kunde (FI)
2	4.2.2	BP-02	Arabica Kaffee GmbH	Lieferant (FI), Kunde (FI)
3	5.2	BP-03	Autohaus Ford Maier GbbH	Lieferant (FI)
4		BP-04	Computer und Büro Huber GmbH	Lieferant (FI)
5		BP-05	UNO Versicherung AG	Lieferant (FI)
6	8.2	BP-06	Aladi AG	Kunde (FI)
7		BP-07	Migrosso AG	Kunde (FI)

Abbildung 4.4: Szenario 3 – Anlage Geschäftspartner und Rollen

4.2 Anlage eines Geschäftspartners in SAP S/4HANA

Ich stelle Ihnen zwei allgemeine Apps vor, mit denen Sie unabhängig vom Modul und den zuzuweisenden Rollen einen Geschäftspartner anlegen können.

Abbildung 4.5: Apps für die Anlage von Geschäftspartnern

Die App »Geschäftspartner pflegen« ❶ ist die ältere Anwendung und entspricht der SAP-GUI-Transaktion »BP – Geschäftspartner« (siehe Abbildung 4.5). Die App »Geschäftspartnerstammdaten verwalten« ❷ wurde für Fiori neu entwickelt und ist die modernere Anwendung. Die anwendungsspezifische App »Lieferantenstammdaten verwalten« ❸ stelle ich Ihnen in Kapitel 5 vor.

Für unser Beispiel nehmen wir an, dass unsere ersten beiden Geschäftspartner sowohl Lieferant als auch Kunde sind, und weisen daher nachfolgend unseren Geschäftspartnern BP-01 (Abschnitt 4.2.1) und BP-02 (Abschnitt 4.2.2) sowohl die allgemeine Geschäftspartnerrolle als auch die Rollen des FI-Kreditors und des FI-Debitors zu.

4.2.1 App »Geschäftspartner pflegen«

Rufen Sie die App »Geschäftspartner pflegen« auf, so erscheint die in Abbildung 4.6 dargestellte Eingabemaske.

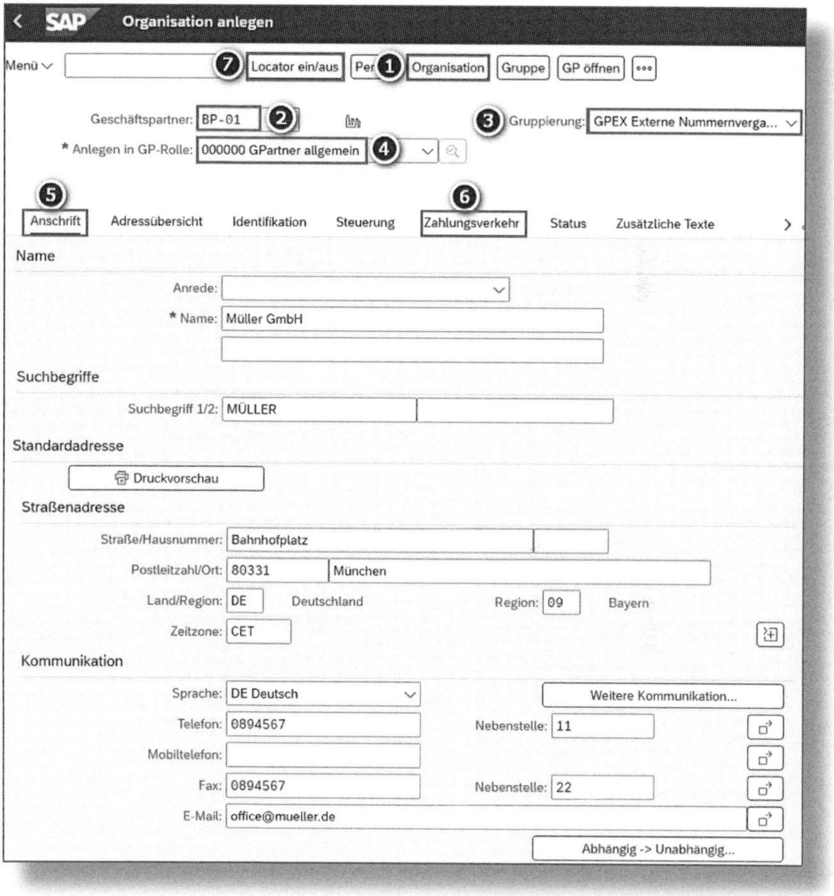

Abbildung 4.6: Geschäftspartner BP-01 – allgemeine Rolle mit Anschrift anlegen

Da wir für die »Fair Trade Coffee GmbH« eine andere Firma als Geschäftspartner anlegen wollen, wählen Sie die Drucktaste ORGANISATION ❶. Dann müssen Sie eine GRUPPIERUNG ❸ auswählen: Wir entscheiden uns für *GPEX Externe Nummernvergabe*, woraufhin wir eine

Nummer manuell eingeben müssen (bei interner Nummernvergabe würde beim Speichern die nächste freie Nummer automatisch zugewiesen werden). Für die Firma Müller GmbH als unserem ersten Geschäftspartner geben wir unter GESCHÄFTSPARTNER ❷ die Geschäftspartnernummer BP-01 ein. Zunächst legen wir den Geschäftspartner in der ROLLE *000000 Geschäftspartner (allg.)* ❹ an. Unter dem Reiter ANSCHRIFT ❺ erfassen wir folgende Daten:

- Name
- Suchbegriff (zur leichteren Suche)
- Anschrift (Straße, Hausnummer, PLZ, Ort, Land, Region)
- Sprache, Telefon, Fax und E-Mail (für die Kommunikation mit dem Geschäftspartner)
- ... weitere Felder nach Bedarf

Auf den anderen Reitern können wir weitere allgemeine Daten zum Geschäftspartner hinterlegen. In den Systemeinstellungen (Customizing) kann jedes Feld als Muss-, Kann-, Anzeige- oder ausgeblendetes Feld definiert werden. Davon hängt es ab, welche Felder Sie eingeben können oder sogar müssen bzw. welche Felder gar nicht auf dem Bildschirm erscheinen.

Optimaler Feldstatus bei allen Stammdatenfeldern

Blenden Sie alle Felder aus, die Sie nicht benötigen. Dadurch machen Sie die Stammdatenpflege übersichtlicher.

Definieren Sie alle wichtigen Felder als Muss-Felder, um sicherzustellen, dass nachfolgende Prozesse korrekt abgewickelt werden können.

Von besonderer Bedeutung für Geschäftspartner, mit denen ein Zahlungsverkehr ausgeführt werden soll, ist der Reiter ZAHLUNGSVERKEHR ❻. Die Schaltfläche LOCATOR AN/AUS (oben links) ❼ können Sie verwenden, um im linken Bildschirmbereich einen Arbeitsvorrat oder eine Suchhilfe einzublenden.

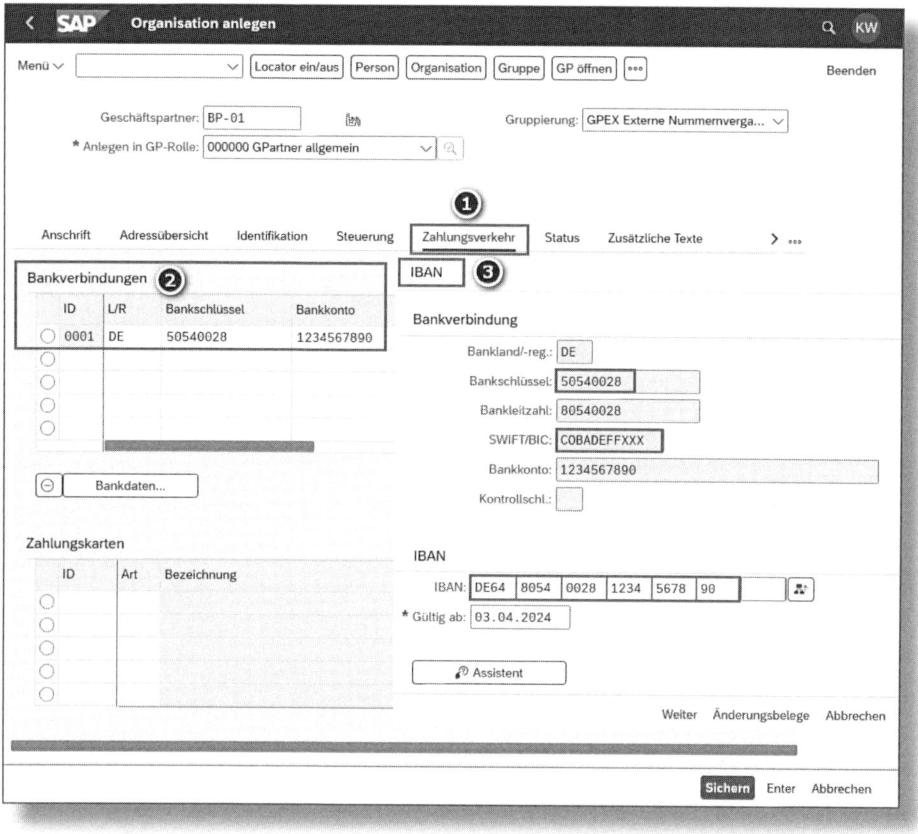

Abbildung 4.7: Geschäftspartner BP-01 in allgemeiner Rolle mit Zahlungsverkehrsdaten

Da wir die Rechnungen des Kreditors überweisen wollen, springen wir (dargestellt in Abbildung 4.7) zum Karteikartenreiter ZAHLUNGSVERKEHR ❶ und hinterlegen die Bankverbindung des Kreditors ❷. Die Maske ist standardmäßig so aufgebaut, dass Sie das LAND der BANK, den BANKSCHLÜSSEL und die Bankkontonummer in das Feld BANKKONTO eingeben und sich aus beiden dann die IBAN ❸ als Vorschlag ermitteln lässt.

In diesem Beispiel ist der Bankschlüssel die Bankleitzahl. Sie könnten aber auch den SWIFT/BIC-Code als Schlüssel der Bank hinterlegen, die

IBAN in zusammenhängenden Viererblöcken direkt eintragen und auf die Angabe der Bankleitzahl verzichten.

Anschließend drücken Sie SICHERN, um den Geschäftspartner in der allgemeinen Rolle anzulegen.

Als Nächstes weisen wir dem Geschäftspartner die Rolle des FI-Kreditors zu. Wenn Sie nach dem Speichern im Anzeigemodus sind, müssen Sie erst über die Drucktaste UMSCHALTEN ❶ vom Anzeige- in den Änderungsmodus wechseln (siehe Abbildung 4.8). Dort wählen Sie im Feld ÄNDERN IN GP-ROLLE ❷ die Rolle *FLVN00 Lieferant (neu)* und drücken den Button BUCHUNGSKREIS ❸.

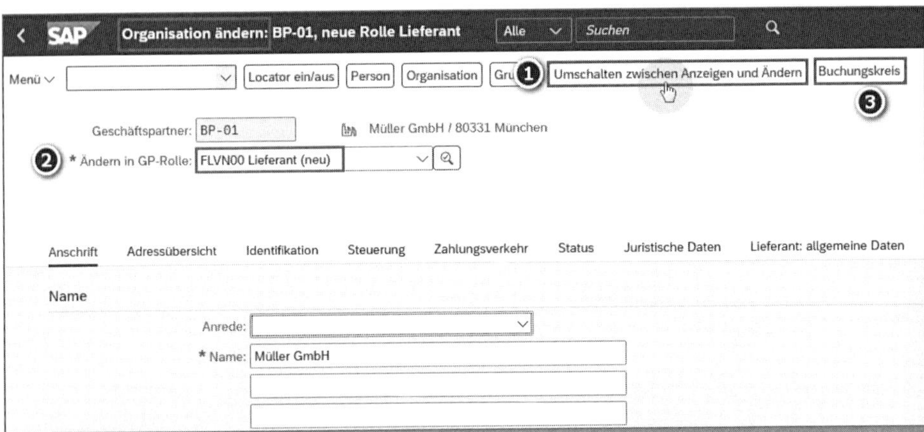

Abbildung 4.8: Geschäftspartner BP-01 in der Rolle FI-Kreditor bzw. Lieferant (Finanzbuchhaltung) anlegen

Im nächsten Eingabebildschirm (siehe Abbildung 4.9) wählen Sie den gewünschten BUCHUNGSKREIS ❶ (in unserem Fall den Buchungskreis *1011*) aus und geben dann unter den jeweiligen Reitern die Daten des Kreditors ein. Unter dem Reiter LIEFERANT: KONTOFÜHRUNG ❷ ordnen Sie ein (bestehendes) Hauptbuchkonto als ABSTIMMKONTO für Kreditoren zu. Die wichtigsten Felder unter LIEFERANT: ZAHLUNGSVERKEHR ❸ sind die ZAHLUNGSBEDINGUNG und der ZAHLWEG.

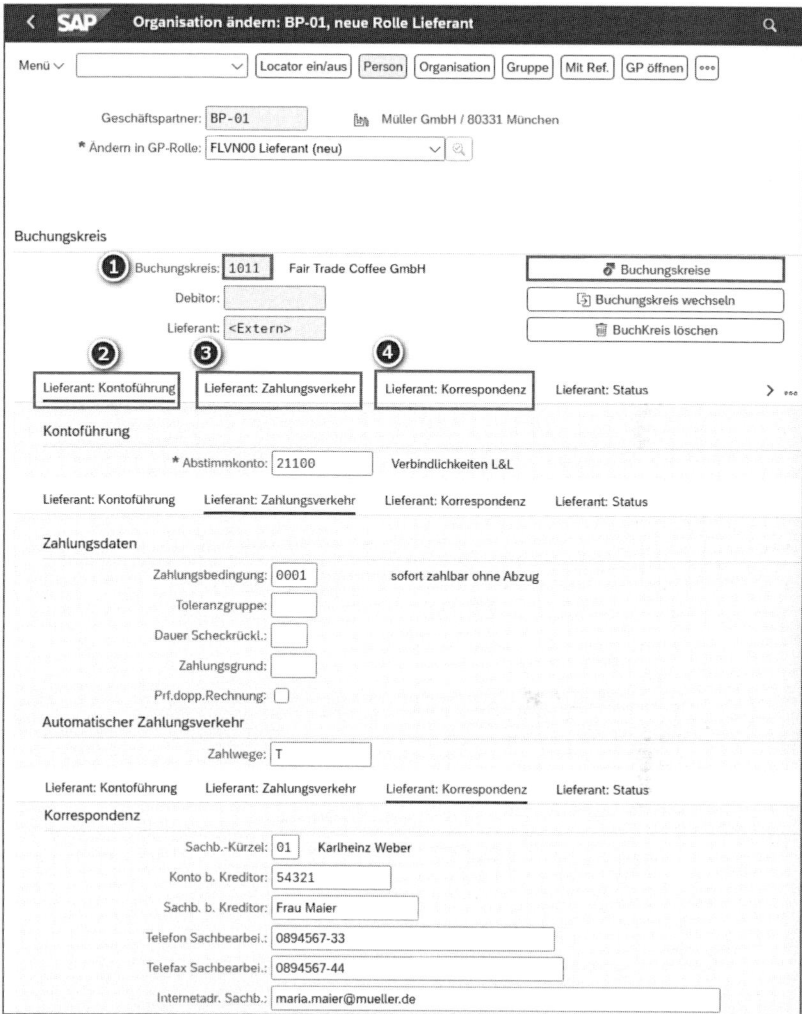

Abbildung 4.9: Geschäftspartner BP-01 in der Rolle FI-Kreditor anlegen – Detaildaten

Als ZAHLUNGSBEDINGUNG ordnen wir *0001* für SOFORT ZAHLBAR OHNE SKONTO und unter ZAHLWEG *T* für »SEPA-Überweisung« zu. Für beide sind die Schlüssel und deren Verwendung in den Systemeinstellungen kundenspezifisch konfigurierbar. Unter LIEFERANT: KORRESPONDENZ ❹ sind Informationen für die Korrespondenz mit dem Lieferanten einzugeben. Hier weisen wir zusätzlich einen Sachbearbeiter aus der Buchhaltung für die Abwicklung der Korrespondenz zu. Auch Sachbearbeiter sind vorab in den Systemeinstellungen zu hinterlegen. Im Beispiel verwenden wir den Schlüssel *01 – Karlheinz Weber* für unseren Buchhalter und ergänzen dann die Daten des Buchhalters dieses Lieferanten.

Pflegen Sie Ihre Benutzerstammdaten

Pflegen Sie in den Benutzerstammdaten Ihre Telefonnummer und E-Mail-Adresse. Diese Daten werden in verschiedenen Standardkorrespondenzarten automatisch in die Korrespondenz übernommen.

Da der Lieferant Müller GmbH auch ein Kunde der »Fair Trade Coffee GmbH« ist, weisen Sie ihm zusätzlich die Rolle »FI-Debitor« bzw. »Kunde (Finanzbuchhaltung)« zu (siehe Abbildung 4.10). Sie wählen dazu unter ÄNDERN IN GP-ROLLE ❶ die Rolle *FLCU00 Debitor (neu)* aus und klicken dann auf BUCHUNGSKREIS ❷.

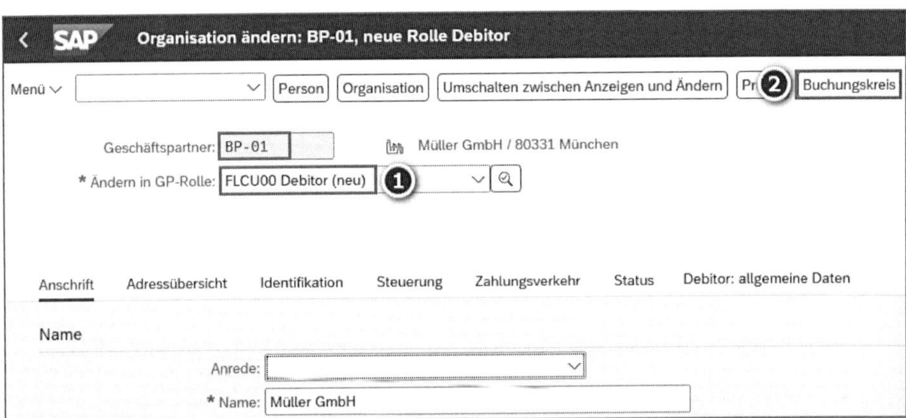

Abbildung 4.10: Ändern Geschäftspartner BP-01 in die Rolle Debitor bzw. Kunde (Finanzbuchhaltung)

Unter ❶ in Abbildung 4.11 wählen Sie (falls dieser nicht bereits vorbelegt ist) den BUCHUNGSKREIS und geben unter den entsprechenden Karteikarten die gewünschten zusätzlichen Informationen ein. Die wichtigsten Daten wie das Abstimmkonto oder das Mahnverfahren geben Sie in jene Felder ein, die sich unter den Reitern DEBITOR: KONTOFÜHRUNG ❷ bzw. DEBITOR: KORRESPONDENZ ❸ befinden.

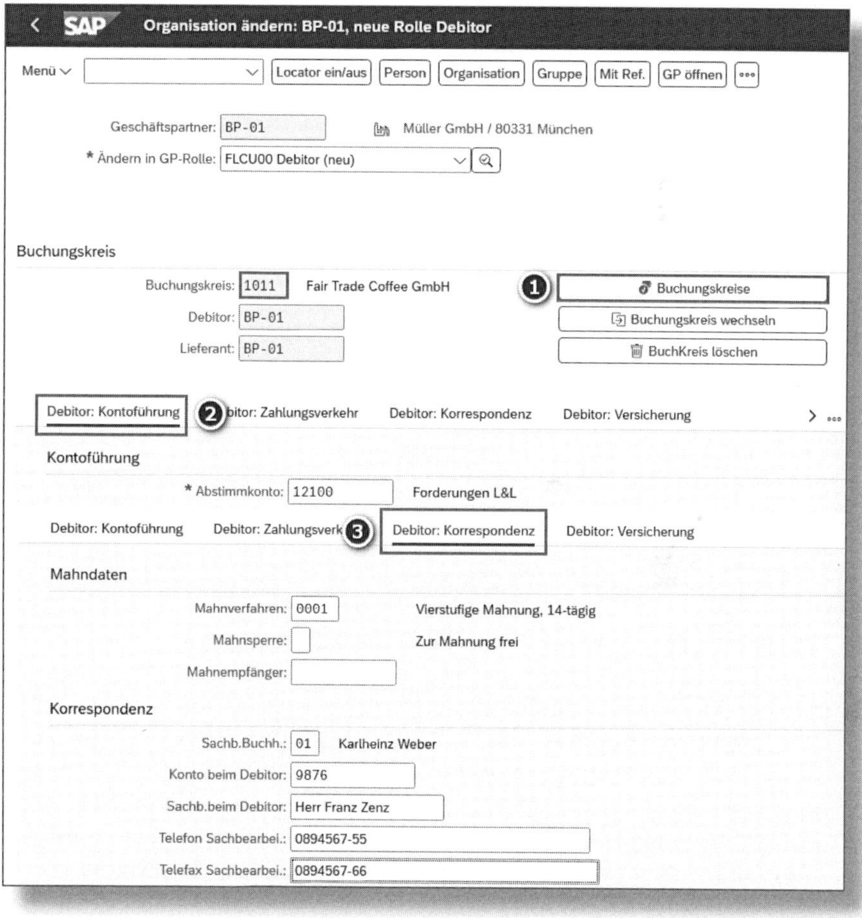

Abbildung 4.11: Geschäftspartner BP-01 in der Rolle Debitor mit Kontoführung und Korrespondenz anlegen

4.2.2 App »Geschäftspartnerstammdaten verwalten«

Mit der neu entwickelten App »Geschäftspartnerstammdaten verwalten« können Sie eine Übersicht über bestehende Geschäftspartner erstellen, die Daten dieser Geschäftspartner ändern oder auch einen neuen Geschäftspartner anlegen (siehe Abbildung 4.12).

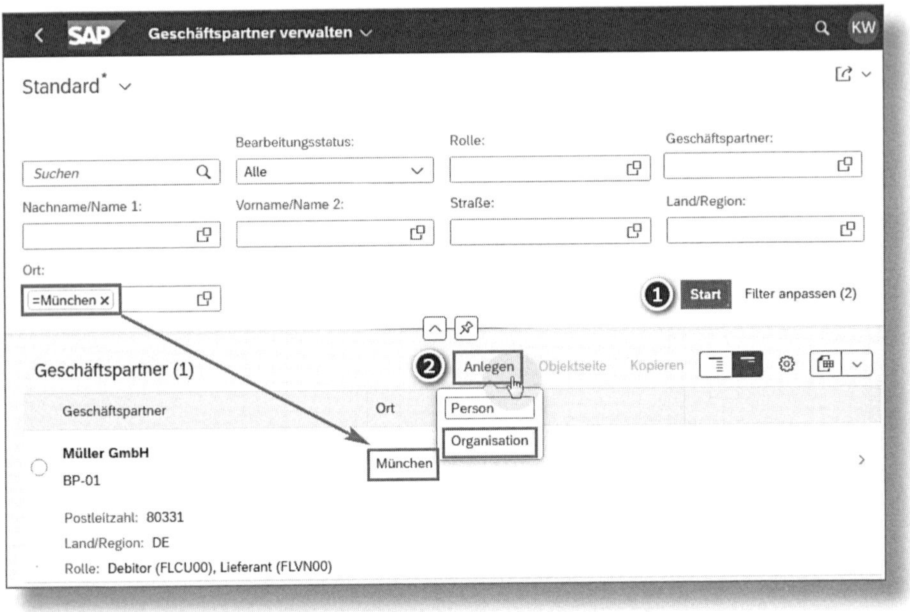

Abbildung 4.12: Anlegen Geschäftspartner BP-02

Für das Bearbeiten eines bestehenden Geschäftspartners geben Sie im oberen Bildschirmbereich die gewünschten Selektionskriterien ein und drücken dann den START-Button ❶. In unserem Beispiel habe ich *München* eingetragen, und die zuvor angelegte Müller GmbH wird angezeigt. Wir wollen jedoch den neuen Geschäftspartner Arabica Kaffee GmbH anlegen, drücken daher auf ANLEGEN ❷ und wählen ORGANISATION als Geschäftspartnertyp aus.

Es erscheint eine neue Eingabemaske (siehe Abbildung 4.13), in die wir (nur bei externer Nummernvergabe) die GP-Nummer in das Feld GESCHÄFTSPARTNER ❶ eingeben und die richtige GRUPPIERUNG ❷ auswählen. Bei interner Nummernvergabe wird dem neuen Geschäftspartner beim Speichern automatisch die nächste freie Nummer zugewiesen.

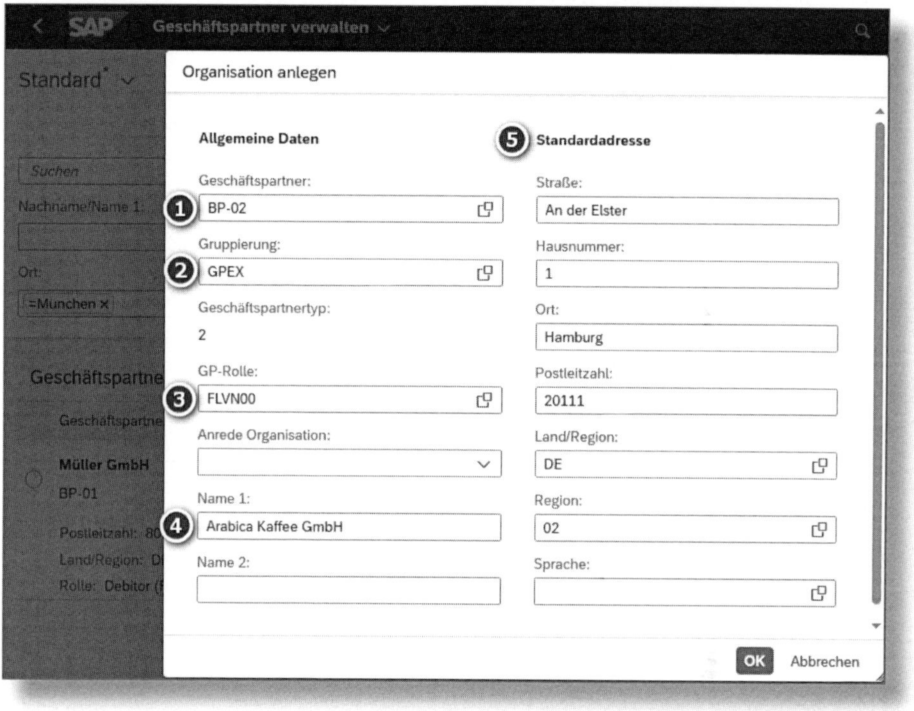

Abbildung 4.13: Anlegen Geschäftspartner BP-02 – Allgemeine Daten

Als GP-ROLLE können Sie die ROLLE *FLVN00* ❸ – Lieferant (FI) bzw. Kreditor auswählen; die allgemeine Geschäftspartnerrolle wird beim Speichern automatisch angelegt. Zusätzlich füllen Sie das Feld NAME 1 ❹ und die zur STANDARDADRESSE ❺ gehörenden Felder aus und drücken dann den OK-Button.

In der nächsten Eingabemaske (siehe Abbildung 4.14) sind die zuvor eingegebenen Daten übernommen, und weitere Daten lassen sich nun ergänzen. Unter ALLGEMEINE INFORMATIONEN habe ich beispielsweise noch die RECHTSFORM hinzugefügt und unter STANDARDKOMMUNIKATION außerdem SPRACHE, TELEFON, FAX sowie E-MAIL eingegeben.

Scrollen Sie einfach nach unten, um zusätzliche Felder auszufüllen, oder wählen Sie den entsprechenden Reiter aus.

Abbildung 4.14: Geschäftspartner BP-02 – allgemeine Rolle, Kommunikationsdaten

Wenn Sie außerdem Bankdaten erfassen wollen, klicken Sie auf den Reiter BANKKONTEN ❶ und anschließend auf die Schaltfläche *Anlegen* ❷ (siehe Abbildung 4.15). Sie geben unter ❸ das BANKLAND, die KONTONUMMER sowie den BANKSCHLÜSSEL ein und drücken dann auf das [>]-Symbol ❹. Daraufhin wird die IBAN vom System automatisch ermittelt. Sie können aber auch gleich auf das [>]-Symbol klicken und die IBAN direkt eingeben.

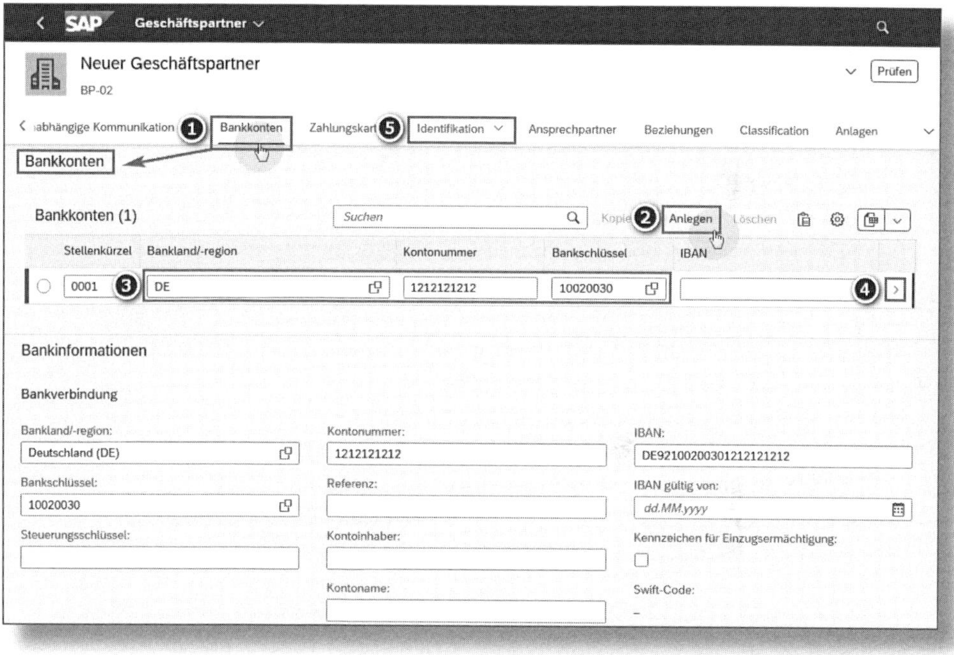

Abbildung 4.15: Geschäftspartner BP-02 – allgemeine Rolle, Bankdaten

Als zusätzliche Information ist meist auch die Umsatzsteuer-ID wichtig. Um diese zu hinterlegen, klicken Sie auf den Reiter (bzw. die Schaltfläche) IDENTIFIKATION und geben die Umsatzsteuer-ID in das Feld STEUERNUMMER mit dem passenden STEUERTYP ein (siehe Abbildung 4.16). Unter diesem Reiter können Sie auch weitere Identifikationsdaten wie beispielsweise die Handelsregisternummer in Deutschland bzw. die Firmenbuchnummer in Österreich erfassen.

Abbildung 4.16: Geschäftspartner BP-02 – allgemeine Rolle, Umsatzsteuer-ID

Als Nächstes wollen wir die Rolle des Kreditors in der Finanzbuchhaltung mit den gewünschten Informationen hinterlegen (siehe Abbildung 4.17). Dazu klicken wir auf den Button ROLLEN ❶ und sehen im Feld GESCHÄFTSPARTNERROLLE ❷ bereits die Rolle *FLVN00* Lieferant (FI) vorbelegt, weil beim Anlegen des Geschäftspartners mit dieser speziellen Rolle begonnen wurde (siehe Abbildung 4.13). Wir klicken anschließend auf das [>]-Symbol ❸ und auf die Schaltfläche BUCHUNGSKREISE ❹. In dem sich unterhalb öffnenden Eingabebereich füllen wir die wichtigen Felder SACHBEARBEITER, ZAHLUNGSBEDINGUNGEN und ABSTIMMKONTO ❺ aus und drücken auf das [>]-Symbol ❻.

Es erscheint ein Detailbildschirm (siehe Abbildung 4.18), in dem wir die Buchhaltungsdaten unter den Reitern ALLGEMEINE DATEN ❶, KORRESPONDENZ ❷ und FINANZEN ❸ eintragen. Wichtige Felder sind SACHBEARBEITER, ABSTIMMKONTO, ZAHLWEGE und ZAHLUNGSBEDINGUNGEN.

Doppelte Rechnung prüfen

Markieren Sie das Kennzeichen DOPPELTE RECHNUNG PRÜFEN, um zu vermeiden, dass eine Eingangsrechnung versehentlich doppelt verbucht werden kann.

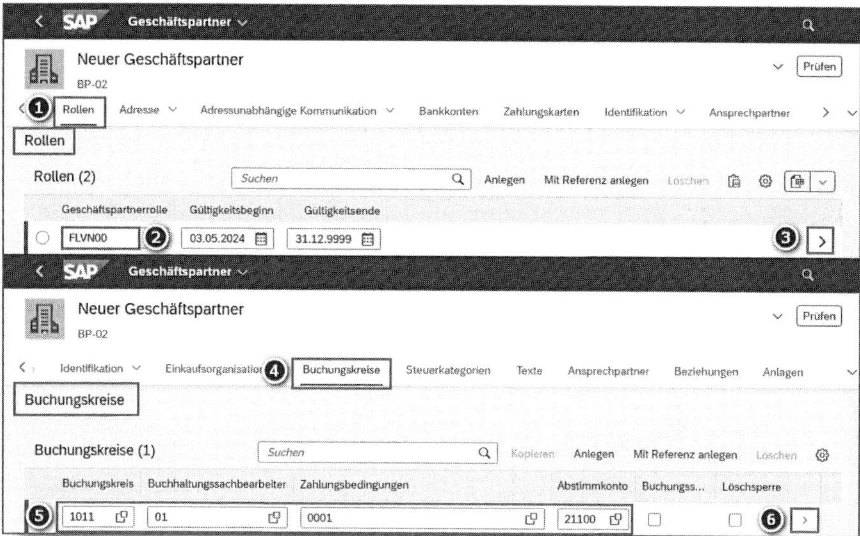

Abbildung 4.17: Geschäftspartner BP-02 – Rolle Kreditor

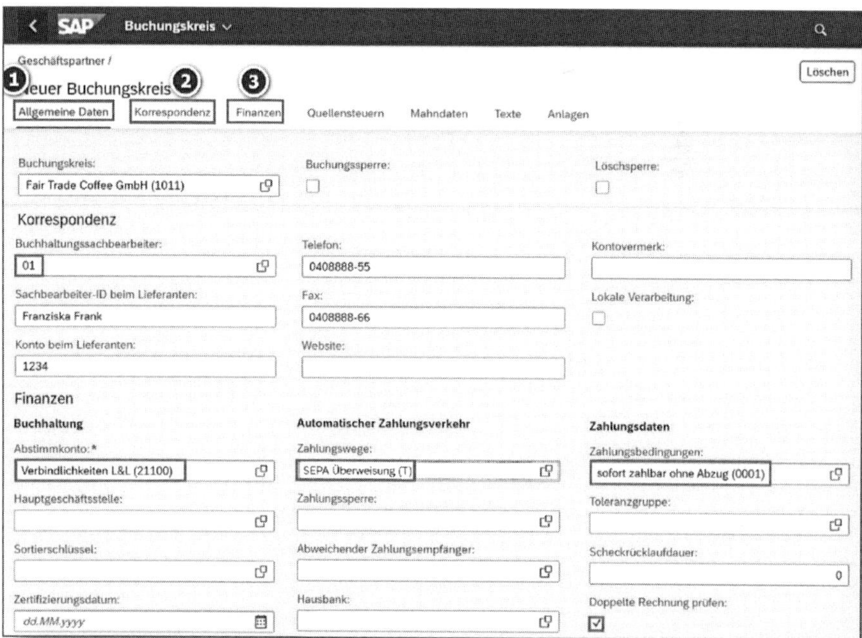

Abbildung 4.18: Geschäftspartner BP-02 Rolle Kreditor – Details

Um das Beispiel zu vervollständigen, legen wir auch diesen Geschäftspartner zusätzlich als Debitor an (siehe Abbildung 4.19). Dazu klicken wir auf die Drucktaste ROLLEN ❶ und wählen die GESCHÄFTSPARTNERROLLE *FLCU00* – Debitor bzw. Kunde (FI) ❷ aus. Die Rolle *FLVN00* – Kreditor wurde ja schon angelegt. Bei der Anlage kann auch ein Gültigkeitszeitraum eingegeben werden. Standardmäßig ist das Datum GÜLTIG AB mit dem Tagesdatum und das Datum GÜLTIG BIS mit dem *31.12.9999* vorbelegt. Wir klicken anschließend auf das [>]-Symbol ❸ und gehen im Weiteren vor wie bei der Kreditorenrolle: Wir drücken auf die Schaltfläche BUCHUNGSKREISE ❹, geben die wichtigen Felder ABSTIMMKONTO, BUCHHALTUNGSSACHBEARBEITER und ZAHLUNGSBEDINGUNGEN ❺ ein und drücken abschließend auf das [>]-Symbol ❻.

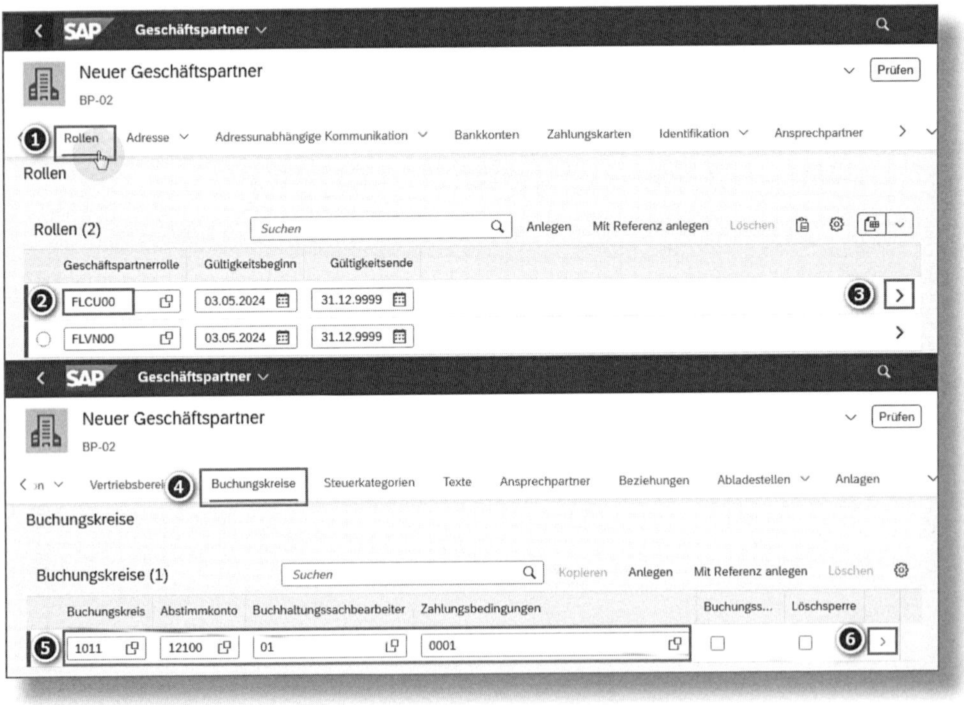

Abbildung 4.19: Geschäftspartner BP-02 Rolle Debitor

Im dann erscheinenden Detailbild (siehe Abbildung 4.20) ergänzen Sie noch die fehlenden Daten zur KORRESPONDENZ ❶ sowie zu den FINANZEN ❷ und drücken den Button ÜBERNEHMEN ❸. Vergessen Sie nicht, mit dem SICHERN-Button die eingegebenen Daten zu speichern!

Abbildung 4.20: Geschäftspartner BP-02 Rolle Debitor – Details

Nachdem Sie die beiden Geschäftspartner BP-01 und BP-02 angelegt und ihnen die Rollen des FI-Kreditors sowie des FI-Debitors zugewiesen haben, können Sie den jeweiligen Geschäftspartner unter demselben Schlüssel sowohl in der Kreditoren- als auch in der Debitorenbuchhaltung verwenden.

5 Kreditorenbuchhaltung

Dieses Kapitel startet zunächst mit einem Überblick über die Komponente Kreditorenbuchhaltung (FI-AP) und beschreibt nochmals kurz den Kreditorenstammsatz. Für unsere Beispielfirma legen wir noch fehlende Lieferanten an, verbuchen und bezahlen diverse Eingangsrechnungen und führen anschließend den Monatsabschluss durch. Die entsprechenden Analyse- bzw. Auswertemöglichkeiten runden das Kapitel ab.

Zur Vertiefung empfehle ich Ihnen unser »Praxishandbuch Kreditorenbuchhaltung in SAP S/4HANA (FI-AR)« (Karlheinz Weber/Christine Frühwirth, Espresso Tutorials, 2021: *https://es-tu.de/tDFn*).

5.1 Überblick Kreditorenbuchhaltung

In der Kreditorenbuchhaltung werden alle Geschäftsprozesse, die buchhaltungsrelevant sind und im Zusammenhang mit Lieferanten stehen, abgebildet. Die Kreditorenbuchhaltung stellt eine *Nebenbuchhaltung* zur Hauptbuchhaltung dar.

Eine Nebenbuchhaltung ist traditionell so konzipiert, dass hier die betroffenen Geschäftsvorfälle im Detail und in der Hauptbuchhaltung nur summarisch dargestellt werden. Jedes Lieferantenkonto in der Kreditorenbuchhaltung ist mit der Hauptbuchhaltung über das *Abstimmkonto* verknüpft.

Kreditorenbuchhaltung als Nebenbuch zum Hauptbuch

Ein Unternehmen schuldet dem Lieferanten Huber 500 EUR und dem Lieferanten Maier 1.000 EUR. Diese Details werden in der Kreditorenbuchhaltung abgebildet, während in der Hauptbuchhaltung unter dem Sachkonto »Verbindlichkeiten aus Lieferungen und Leistungen« die Gesamtverbindlichkeit von 1.500 EUR ausgewiesen wird.

Im Universal Journal von SAP S/4HANA sind nicht nur die Buchhaltung und Kostenrechnung, sondern auch die Haupt- und Nebenbuchhaltung vereint (siehe Abschnitt 2.6). Bei jeder Buchung auf einem Kreditor werden im Universal Journal das Kreditorenkonto und das Abstimmkonto fortgeschrieben. Sie haben daher die Möglichkeit, bei Analysen im Hauptbuch das Abstimmkonto für Lieferverbindlichkeiten nach Kreditoren aufzugliedern, ohne dafür einen eigenen Bericht im Nebenbuch aufrufen zu müssen.

5.2 Kreditorenstammsatz

In SAP S/4HANA ist ein Kreditor ein Geschäftspartner, dem die Rolle des FI-Kreditors bzw. Lieferanten (FI) zugewiesen wurde.

Das Konzept des Geschäftspartners und die allgemeinen Apps, die Sie für die Anlage eines Geschäftspartners, unabhängig von der Art der Geschäftsverbindung, verwenden können, habe ich Ihnen bereits in Kapitel 4 vorgestellt. Falls Sie bei der Lektüre dieses Buches direkt in die Kreditorenbuchhaltung eingestiegen sind, empfehle ich Ihnen, sich vorher ebendieses Kapitel durchzulesen.

Mit der App »Lieferantenstammdaten verwalten« (siehe Abbildung 5.1) können Sie einen Geschäftspartner, der für Sie als Lieferant tätig ist, sowohl aus Sicht des Einkaufs als auch der Buchhaltung anlegen und ihm entsprechend die Rolle des MM-Lieferanten bzw. des FI-Kreditors zuweisen. In unserem Fallbeispiel wollen wir uns auf die Buchhaltungssicht beschränken.

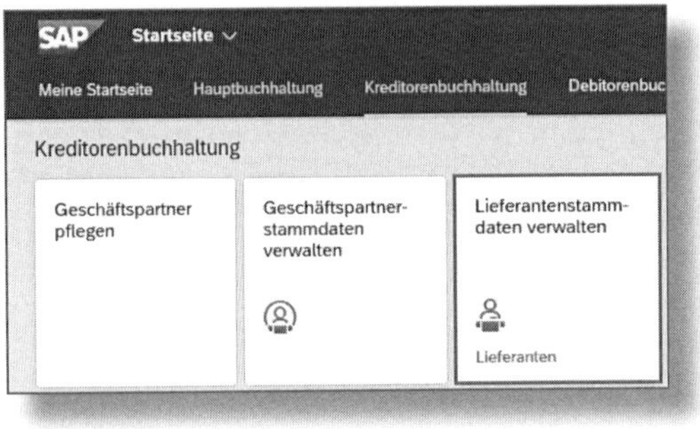

Abbildung 5.1: App »Lieferantenstammdaten verwalten«

Mit dieser App können Sie auch bestehende Lieferanten bearbeiten und dazu im oberen Bildschirmbereich die Auswahl nach bestimmten Selektionskriterien einschränken. Für unser Fallbeispiel habe ich die zuvor angelegte Variante *Geschäftspartner BP* verwendet (siehe Abbildung 5.2) und die Anzeige auf alle Geschäftspartner eingeschränkt, die das Kürzel BP in der Geschäftspartnernummer enthalten. Drücken wir jetzt auf den Button START ❶, so werden die bereits hinterlegten Geschäftspartner BP-01 und BP-02 aufgeführt. Nun wollen wir das Autohaus Ford Maier GmbH als weiteren Geschäftspartner (mit der Rolle »Lieferant«) anlegen. Dazu drücken wir die Schaltfläche ANLEGEN ❷ und wählen ORGANISATION aus.

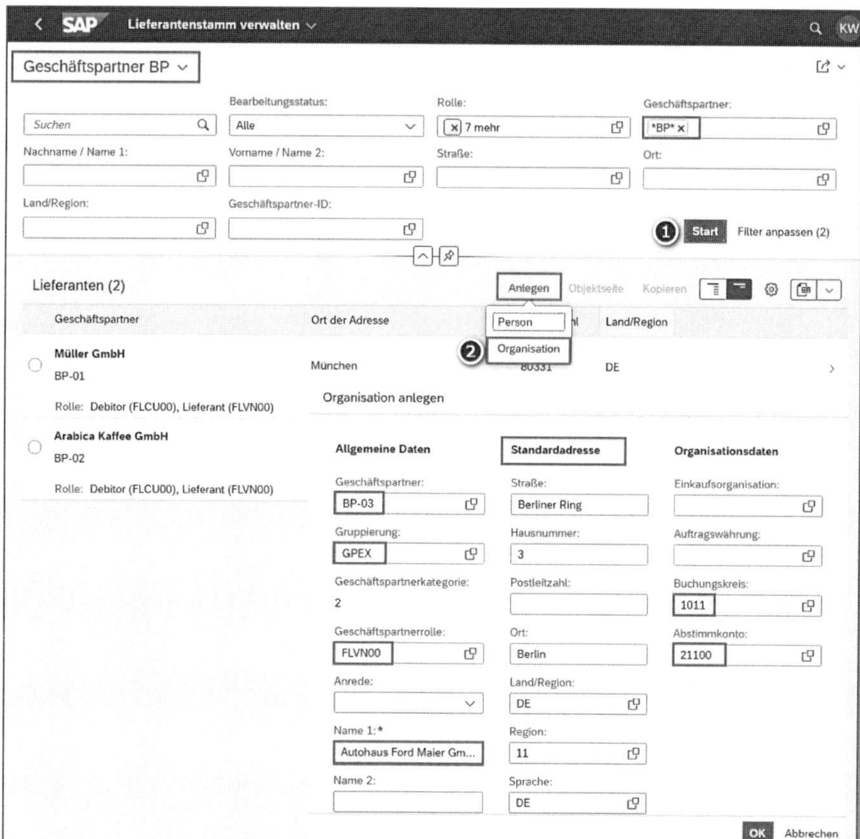

Abbildung 5.2: Neuen Lieferanten als Geschäftspartner BP-03 anlegen

Es erscheint unterhalb ein Pop-up, in das Sie unter Geschäftspartner *BP-03* eingeben, bei Gruppierung *Externe alphan. Nummer* und unter Geschäftspartnerrolle *FLVN00* – Lieferant (FI) auswählen. Anschließend geben Sie Name 1 und die Standardadresse ein. Sie wählen den gewünschten Buchungskreis sowie das zu bebuchende Abstimmkonto aus und drücken dann die Taste OK.

Im nächsten Schritt kümmern wir uns um die noch zu ergänzenden Daten unter den Reitern Adresse ❶, Bankkonten ❷, Identifikation ❸ und Buchungskreise ❹ (siehe Abbildung 5.3) und schließen unsere Eingaben durch Drücken von Anlegen ❺ ab.

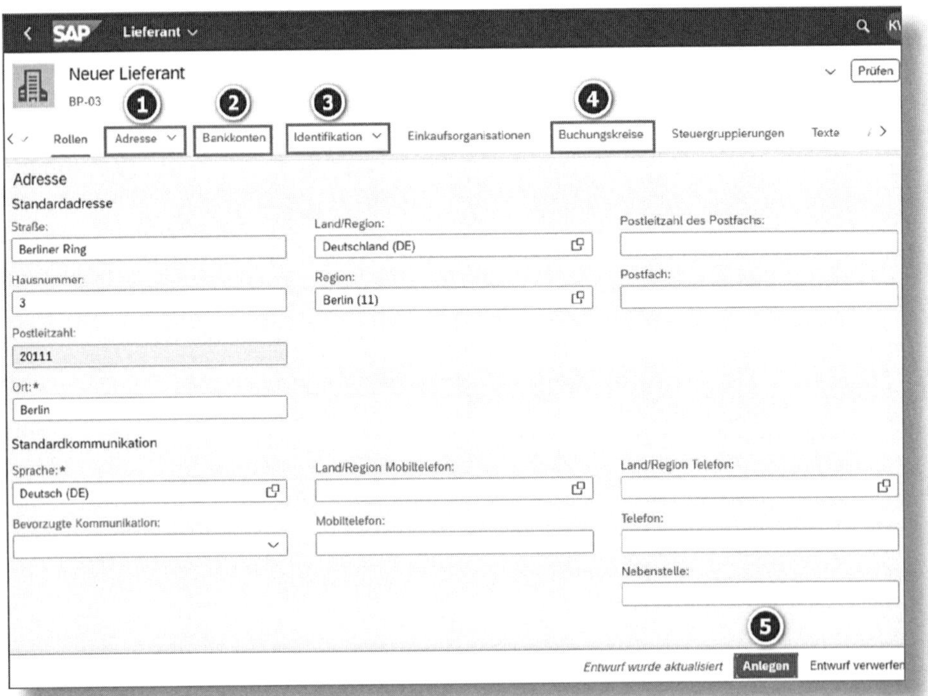

Abbildung 5.3: Lieferant BP-03 – Adressdaten

Nachdem wir die Nummern für Telefon und Fax sowie die E-Mail-Adresse eingegeben haben, ergänzen wir noch die Bankdaten sowie die Umsatzsteuer-ID (siehe Abbildung 5.4).

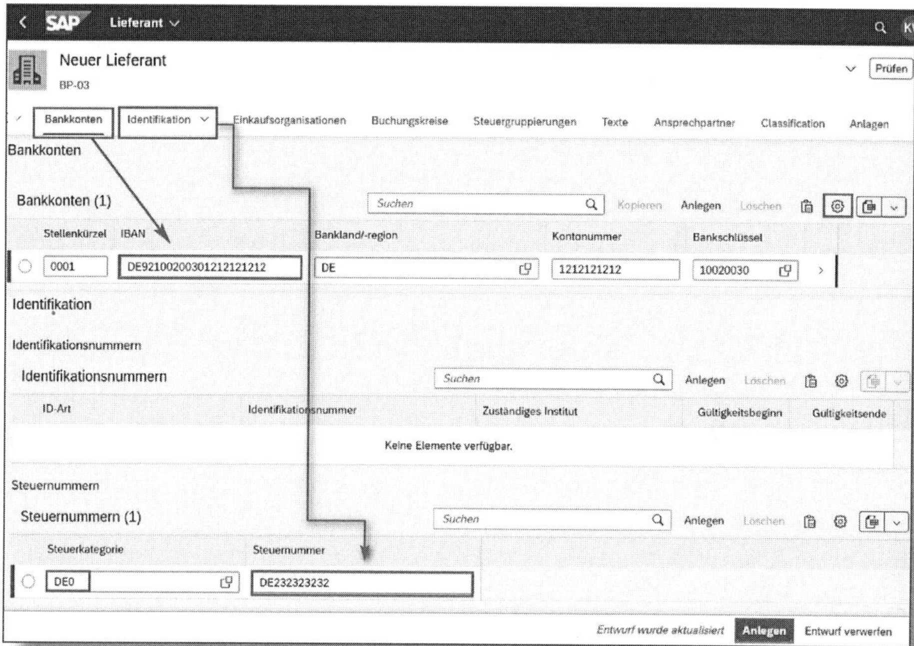

Abbildung 5.4: Lieferant BP-03 – Bankdaten

Als Bankverbindung können wir bei entsprechender Eingabevariante direkt die IBAN eintragen, woraufhin automatisch das Bankland, die Kontonummer und die Bankleitzahl vom System ermittelt werden.

☛ Einblenden der IBAN

Mithilfe des Zahnradsymbols (rechts oben) können Sie bestimmen, welche Eingabefelder in welcher Reihenfolge auf dem Bildschirm erscheinen. Wenn Sie primär mit IBAN arbeiten, blenden Sie sich die IBAN als zweites Eingabefeld direkt nach der ID ein.

Jetzt fehlen noch die buchungskreisspezifischen Daten des Lieferanten. Um diese anzulegen, drücken Sie auf die Schaltfläche BUCHUNGSKREISE.

In der nächsten Eingabemaske (siehe Abbildung 5.5) sollten der BUCHUNGSKREIS und das ABSTIMMKONTO mit den vorher eingegebenen Werten vorbelegt sein. Sie tragen den SACHBEARBEITER und die ZAHLUNGSBEDINGUNGEN ein und drücken dann das [>]-Symbol. Es lassen sich weitere Daten zur KORRESPONDENZ und andere zusätzliche Informationen ergänzen, etwa die ZAHLWEGE. Die möglichen Zahlwege können in den Systemeinstellungen festgelegt werden. In unserem Beispiel verwenden wir den Zahlweg *T* für SEPA-Überweisungen. Abschließend drücken wir die Tasten ÜBERNEHMEN und SICHERN.

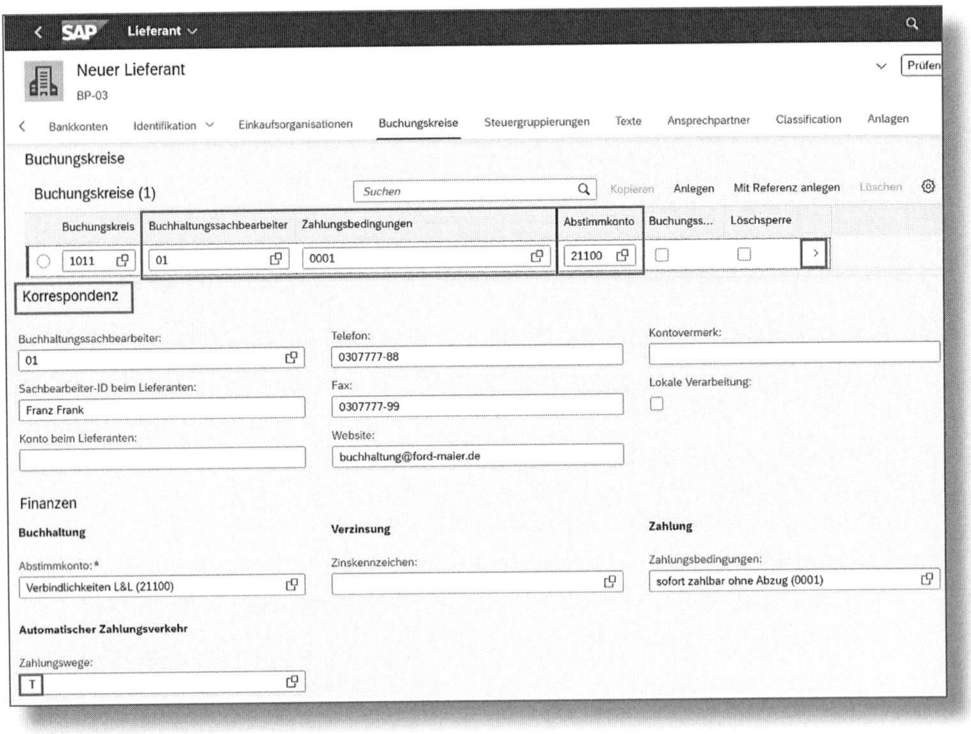

Abbildung 5.5: Lieferant BP-03 – Buchungskreisdaten anlegen

Eine arbeitssparende Option bei der Neuanlage eines Lieferanten ist das Kopieren eines bestehenden Lieferanten. Dazu markieren Sie in der Übersicht den gewünschten Lieferanten und drücken auf die Schaltfläche KOPIEREN (siehe Abbildung 5.6). In unserem Beispiel werden das Abstimmkonto, der Sachbearbeiter und der Zahlweg kopiert.

Individuelle Datenfelder (wie Name, Adresse und Telefonnummer) bleiben jedoch leer.

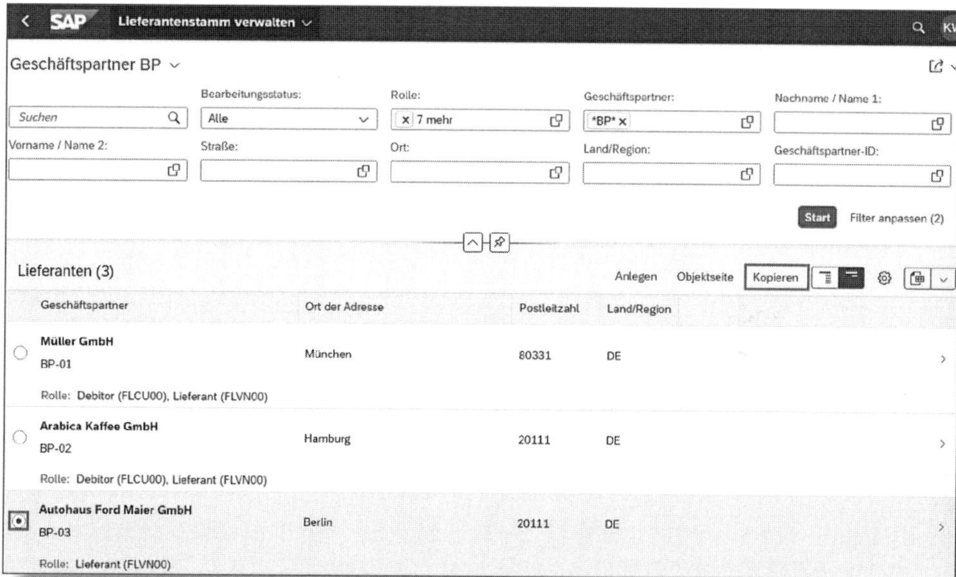

Abbildung 5.6: Kopieren Lieferantenstamm

Überprüfung kopierter Daten

Wenn Sie Stammdaten kopieren, überprüfen Sie genau, ob alle kopierten Felder mit den Originaldaten übereinstimmen, und ändern Sie diese bei Bedarf.

Mit der App »Kreditorenlisten anzeigen« können Sie sich nach unterschiedlichen Selektionskriterien eine Übersicht über Ihre Kreditoren ausgeben lassen (siehe Abbildung 5.7). Wenn Sie die Übersicht öfter nach denselben Selektionskriterien erstellen, bietet es sich an, diese unter einer *Selektionsvariante* ❶ abzuspeichern. In dem Beispiel verwende ich die Selektionsvariante *BK1011*, in der ich über den BUCHUNGSKREIS *1011* einschränke. Zusätzlich können Sie die anzuzeigenden Felder über das ZAHNRAD-Symbol auswählen und diese Auswahl unter einer *Anzeigevariante* ❷ abspeichern. In diesem Beispiel habe ich die Felder KREDITOR, NAME DES KREDITORS, POSTLEITZAHL, ORT, ABSTIMMKONTO, ZAHLWEGE und IBAN ausgewählt.

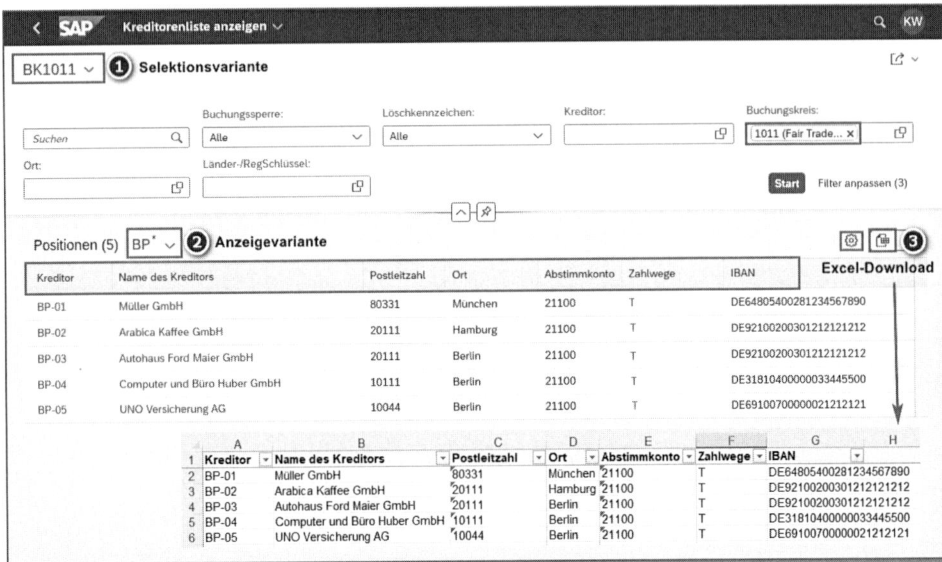

Abbildung 5.7: App »Kreditorenliste anzeigen«

Um die angezeigten Daten nach Excel zu exportieren, klicken Sie auf das Symbol ❸.

Wenn es in Ihrem Unternehmen wichtig ist, können Sie bestimmte Felder des Kreditors als *sensible Felder* definieren und so die Kontrolle dem *Vier-Augen-Prinzip* unterwerfen. Ist beispielsweise die IBAN als sensibles Feld festgelegt und ändert ein Buchhaltungsmitarbeiter die IBAN eines Kreditors, bleibt dieser Kreditor im Zahllauf gesperrt, bis ein anderer Buchhaltungsmitarbeiter seine Änderung bestätigt hat.

5.3 Purchase-to-Pay – Einkaufsprozess

Der Prozess *Purchase-to-Pay* (auch Procure-to-Pay, P2P oder schlicht Einkaufsprozess genannt) umfasst alle Geschäftsvorgänge, die sich mit der Beschaffung von Waren und Dienstleistungen bis hin zu deren Bezahlung beschäftigen. In SAP S/4HANA besteht eine enge Verzahnung der Module MM (Materialwirtschaft) und FI (Finanzbuchhaltung). Dies beginnt mit der gemeinsamen Verwendung des Lieferantenstammsatzes und setzt sich im Beschaffungsprozess fort.

Purchase-to-Pay besteht, vereinfacht dargestellt, aus den folgenden Prozessschritten bzw. Aktivitäten (siehe Abbildung 5.8):

- Bestellanforderung (BANF)
- Bestellung
- Wareneingang
- Rechnungsprüfung
- Zahlung

		MM	FI
1	**Bestellanforderung**	MM-Beleg: Menge 50 kg	X
2	**Bestellung**	MM-Beleg: Menge 50 kg Preis 20 €	X
3	**Wareneingang**	MM-Beleg: Menge +50 kg	FI-Beleg: Bestand HW 1.000 € WE/RE -1.000 €
4	**Rechnung** (Eingang)	MM-Beleg: Betrag 1.070 €	FI-Beleg: WE/RE 1.000 € Vorsteuer 70 € Kreditor -1.070 €
5	**Zahlung** (Ausgang)	X	FI-Beleg: Kreditor 1.070 € Bank -1.070 €

Abbildung 5.8: Prozess »Purchase-to-Pay«

Die ersten vier Prozessschritte werden mithilfe des Moduls Materialwirtschaft (MM) abgewickelt:

❶ Die Bestellanforderung (BANF) und

❷ die Bestellung erzeugen nur einen MM-Beleg und keinen FI-Beleg.

❸ Beim Verbuchen des Wareneingangs (meist durchgeführt von einem Lagermitarbeiter) wird bei bestandsgeführten Materialien die gelieferte Menge dem Lager zugebucht und ein MM-Beleg (mit Mengen) erstellt. Gleichzeitig wird auf Basis einer im System definierten Kontenfindung automatisch auch ein FI-Beleg (mit Beträgen) erstellt. In unserem Beispiel wird der Zugang auf dem Konto *HW-Vorrat* (Handelswaren-Vorrat) gebucht. Die Gegenbuchung erfolgt auf dem WE/RE-Konto, dem Wareneingangs-/Rechnungseingangs-Verrechnungskonto, das als Zwischenkonto verwendet wird, um den zeitlichen Unterschied zwischen Wareneingang und Rechnungseingang in der Buchhaltung korrekt abbilden zu können.

❹ Obwohl die bestellbezogene Rechnungsprüfung meist von der Kreditorenbuchhaltung durchgeführt wird, ist auch dieser Prozessschritt Bestandteil des MM-Moduls. Er erzeugt je einen MM- und FI-Beleg. Im FI-Beleg werden das WE/RE-Konto sowie die Vorsteuer im Soll und der Kreditor im Haben gebucht. Nach diesem Schritt gleichen sich die beiden Buchungen auf dem WE/RE-Konto wieder aus.

❺ Bei der Zahlung, die im Modul FI abgewickelt wird, erzeugt das System eine Buchung und einen FI-Beleg, bei der der Kreditor im Soll sowie das Bankkonto (bzw. Bankverrechnungskonto) im Haben bebucht werden und der offene Kreditorenposten ausgeglichen wird.

Da ein tieferes Eingehen auf die Integration zwischen Materialwirtschaft (MM) und Finanzbuchhaltung (FI) den Rahmen des Buches sprengen würde, werde ich mich im Weiteren auf die Prozessschritte »Rechnungseingang« (ohne Integration zum MM-Modul) und »Zahlungsausgang« mittels manueller bzw. automatischer Zahlung konzentrieren (siehe Abbildung 5.9).

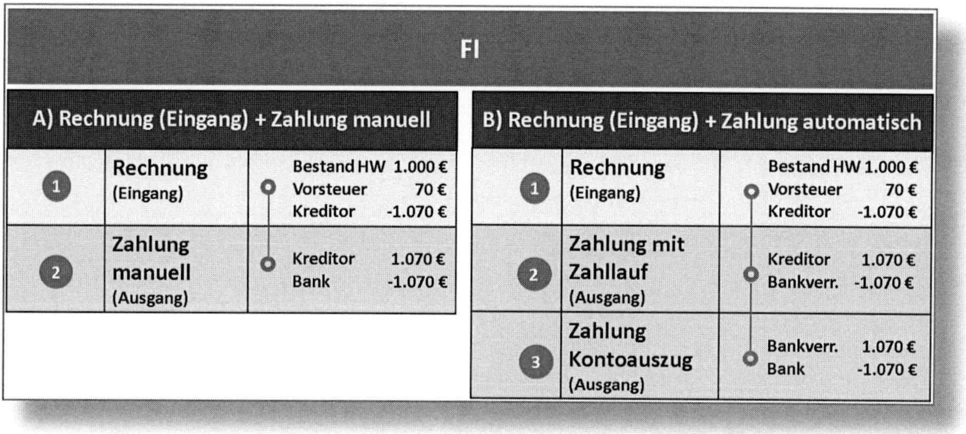

Abbildung 5.9: Prozess »Rechnung (Eingang)« und »Zahlung in FI«

In diesem Beispiel wird kein WE/RE-Konto benötigt, die Bestandsbuchung wird stattdessen mit der Rechnung verbucht. Beim Rechnungseingang wird auf das Konto BESTAND HW (Handelsware) im Soll und auf das Konto KREDITOR im Haben gebucht. Bei der manuellen Zahlung (siehe Abbildung 5.9 – Prozessvariante A) werden der offene Kreditorenposten bei der Buchung des Kontoauszugs ausgeglichen und das Bankkonto im Haben bebucht. Beim automatischen Zahllauf (siehe Abbildung 5.9 – Prozessvariante B) wird der Kreditorenposten automatisch ausgeglichen und im Haben auf ein Bankverrechnungskonto gebucht. Erst bei der Buchung des Kontoauszugs wird das Bankverrechnungskonto ausgeglichen und im Haben auf das Bankkonto gebucht.

Zur Veranschaulichung wollen wir im nun folgenden Szenario 4 (siehe Abbildung 5.10) in unserer Firma »Fair Trade Coffee GmbH« die Rechnungen für Kaffee und Miete sowie die Vorschreibung der Versicherungsprämie verbuchen und anschließend eine manuelle sowie eine automatische Zahlung vornehmen.

Nr.	Abschnitt	Datum	Geschäftsfall	Konto	Bezeichnung	Soll	Haben
1	5.3.1	01.06.2024	Rechnung Kaffee Spezial (ER 24/01)	13600	Bestand Handelsware	1 000,00 €	
				12600	Vorsteuer	70,00 €	
				21100	Kreditor BP-02/Verbindl. L&L		1 070,00 €
2	5.3.1	01.06.2024	Rechnung Miete (ER 24/03)	13600	Miete	800,00 €	
				12600	Vorsteuer	152,00 €	
				21100	Kreditor BP-01/Verbindl. L&L		952,00 €
3	5.3.1	01.06.2024	Rechnung Kaffee Standard (ER 24/03)	63005	Miete	5 000,00 €	
				12600	Vorsteuer	350,00 €	
				21100	Kreditor BP-02/Verbindl. L&L		5 360,00 €
4	5.3.1	01.06.2024	Vorschreibung Versicherung (ER 24/04)	63004	Versicherungen	500,00 €	
				21000	Kreditor BP-05/Verbindl. L&L		500,00 €
5	5.3.3	14.06.2024	Zahlung Versicherung (DB 24/01)	21100	Kreditor BP-05/Verbindl. L&L	500,00 €	
				11031	Verrechn.konto Deutsche Bank		500,00 €
6	5.3.4	28.06.2024	Zahlung Kaffee Spezial (DB 24/02)	21100	Kreditor BP-02/Verbindl. L&L	1 070,00 €	
				11031	Verrechn.Kto Deutsche Bank		1 070,00 €

Abbildung 5.10: Szenario 4 – Buchungen in der Kreditorenbuchhaltung

5.3.1 Buchen der Eingangsrechnung (Kreditorenrechnung)

Wenn Sie eine Kreditorenrechnung (bzw. eine Gutschrift) ohne Bestellbezug buchen wollen, stehen Ihnen dafür die Apps »Eingangsrechnungen anlegen« ❶ und »Lieferantenrechnung anlegen« ❷ zur Verfügung (Abbildung 5.11).

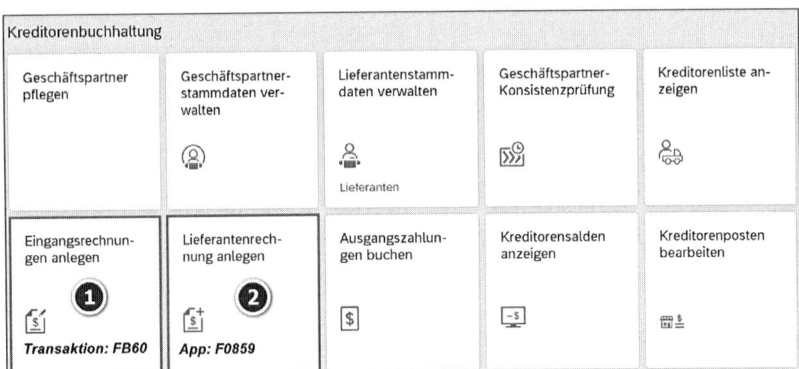

Abbildung 5.11: Apps für Buchung Eingangsrechnung

App »Eingangsrechnung anlegen«

Diese Anwendung wurde nicht neu entwickelt, sondern entspricht der SAP-Enjoy-GUI-Transaktion *FB60*.

Zunächst stelle ich Ihnen die in Abbildung 5.12 schematisch aufgeführten fünf Bildschirmbereiche vor und erkläre kurz deren Verwendung.

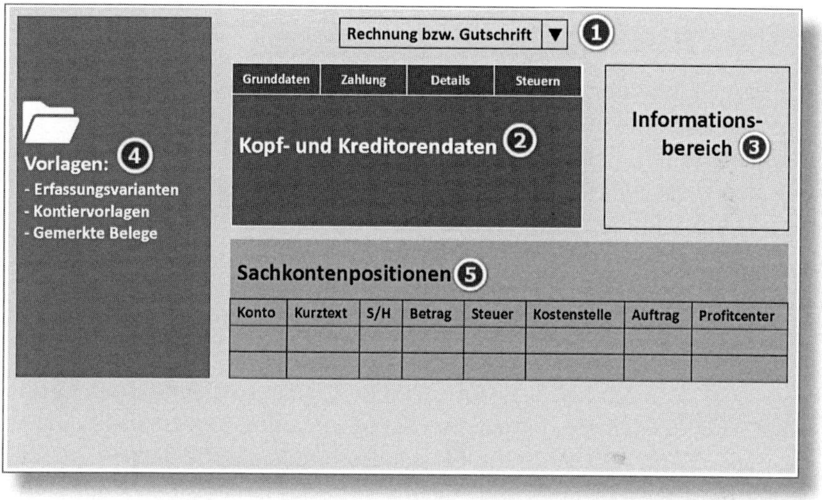

Abbildung 5.12: App »Eingangsrechnung anlegen« – Übersicht

❶ Ganz oben wählen Sie aus, ob Sie eine Rechnung oder eine Gutschrift verbuchen wollen. Ihre konkrete Buchung erfassen Sie in den Bildschirmbereichen ❷ und ❺.

❷ Hier geben Sie die Belegkopfdaten sowie die Daten für die Belegposition des Kreditors ein.

❸ Im Informationsbereich werden Ihnen die Details zum Kreditor angezeigt.

❹ Ganz links können Sie sich Vorlagen einblenden lassen und durch die Auswahl einer geeigneten Erfassungsvariante die Felder bestimmen, die Sie unter

❺ SACHKONTENPOSITIONEN erfassen können.

> **☛ Verwendung eigener Erfassungsvarianten**
>
> Überlegen Sie, welche Eingabefelder Sie bei der Buchung von Eingangsrechnungen benötigen, und lassen Sie sich von der IT-Abteilung eigene Erfassungsvarianten anlegen.

Buchen von Handelswaren auf Bestandskonto

Zu den wichtigsten Aufgaben unserer »Fair Trade Coffee GmbH« gehört der Einkauf von fair gehandeltem Kaffee bei sorgfältig ausgewählten Lieferanten. Für die ersten Lieferungen haben wir vom Lieferanten Arabica Kaffee GmbH zwei Eingangsrechnungen erhalten, die wir auf das Konto »Handelswarenvorrat« buchen.

Wenn Sie die App »Eingangsrechnungen anlegen« aufrufen, erscheint der in Abbildung 5.13 dargestellte Eingabebildschirm.

Zunächst blenden Sie sich auf der linken Bildschirmseite über ❶ die ARBEITSVORLAGEN ein und wählen die gewünschte ERFASSUNGSVARIANTE (hier *STANDARD_2_0100*) ❷ aus. Daraufhin erscheinen im unteren Bildschirmbereich genau die dieser Variante zugeordneten Eingabefelder. Nach Eingabe des KREDITORS im Kopfbereich werden rechts ❸ Details zum Kreditor, beispielsweise die Adresse oder Bankverbindung, angezeigt. Nach Eingabe der Kopfdaten ergänzen Sie im unteren Bildschirmbereich die Positionsdaten ❹.

> **☛ Verwenden Sie »*« und »+« in den Belegzeilen**
>
> Sie können den im oberen Bereich für die erste Belegzeile erfassten BETRAG sowie den TEXT durch das Eintragen der Zeichen »*« (Spalte BETRAG BELEGART) bzw. »+« (Spalte TEXT) in die im unteren Bereich dargestellten Belegzeile(n) kopieren.

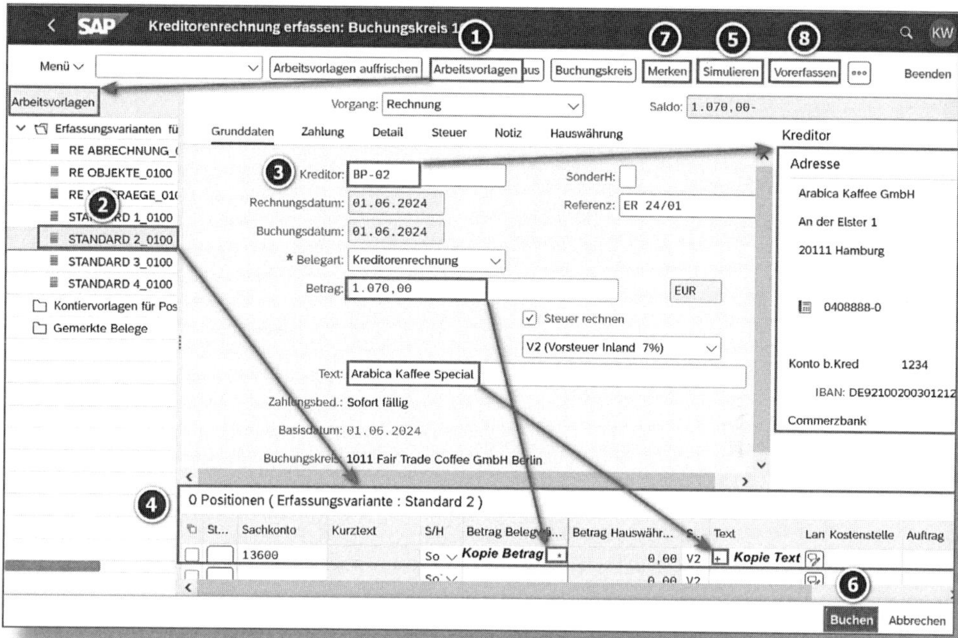

Abbildung 5.13: Kreditorenrechnung erfassen – Übersicht

Haben Sie den Beleg vollständig erfasst, können Sie die Buchung SIMULIEREN ❺ und, wenn alles korrekt ist, diesen Beleg auch BUCHEN ❻. Wollen Sie den Beleg jedoch nur zwischenspeichern, können Sie ihn MERKEN ❼ oder VORERFASSEN ❽. Mithilfe von *Merken* wird ein Beleg unter einem beliebigen Merkbegriff gespeichert, mittels *Vorerfassen* wird beim Speichern bereits die Belegnummer vergeben. Gemerkte und vorerfasste Belege müssen nicht vollständig sein und können vor dem Buchen jederzeit noch verändert werden.

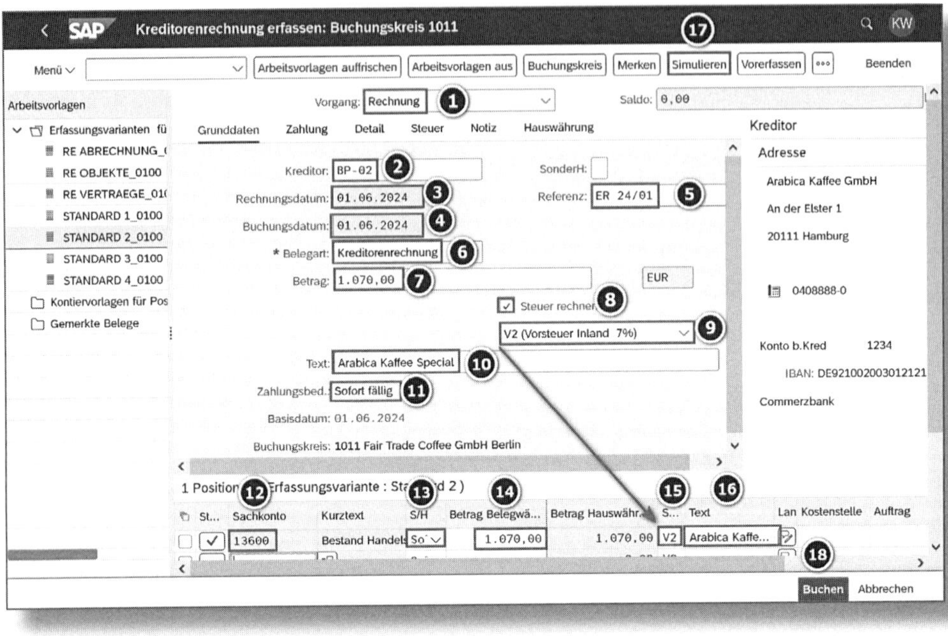

Abbildung 5.14: Kreditorenrechnung – Details

In Abbildung 5.14 habe ich die wichtigsten Felder hervorgehoben. Im Feld VORGANG ❶ ist *R Rechnung* bereits voreingestellt. Möchten Sie eine Gutschrift buchen, ist der Vorgang entsprechend zu ändern. Nach Eingabe des KREDITORS ❷ werden dessen Adresse und Bankverbindung angezeigt.

Schnelle Prüfung von Adresse und Bankverbindung

Werfen Sie beim Buchen der Eingangsrechnung einen schnellen Blick auf die Adressdaten und die Bankverbindung. Vergleichen Sie diese Daten mit der Ihnen vorliegenden Rechnung, und prüfen Sie, ob Sie den richtigen Kreditor ausgewählt oder sich die Bankdaten eventuell geändert haben.

Wenn Sie die Kreditorennummer nicht kennen, können Sie mithilfe der F4-Taste eine Eingabehilfe aufrufen und nach unterschiedlichen

Selektionskriterien die richtige Kreditorennummer finden. Über das RECHNUNGSDATUM (Belegdatum) ❸ und BUCHUNGSDATUM ❹ haben wir im Zusammenhang von Buchungen auf Sachkonten im Abschnitt 3.2 schon gesprochen. In das Feld REFERENZ ❺ geben Sie die Rechnungsnummer des Lieferanten ein. Nehmen wir an, die Rechnung des Lieferanten Arabica Kaffee GmbH im Jahr 2024 hat die Rechnungsnummer 24/01. Dann geben Sie *24/01* oder *ER 24/01* ein (in der Praxis sind die zu verbuchenden Eingangsrechnungsnummern natürlich nicht mit 19/01, 19/02 etc. fortlaufend nummeriert; diese werden hier nur beispielhaft verwendet). Die BELEGART ❻ kann und sollte ebenfalls bereits voreingestellt sein. Weiterhin ergänzen Sie den BETRAG ❼. Als Nächstes markieren Sie das Kennzeichen STEUER RECHNEN ❽ und wählen das passende Steuerkennzeichen ❾ aus. In unserem Beispiel wählen wir *V2* für *7 % Vorsteuer* als reduzierten Steuersatz für Kaffee (Lebensmittel) aus.

☛ Vorbelegung des Kennzeichens »Steuer rechnen«

Anstatt bei jeder Buchung das Kennzeichen »Steuer rechnen« zu markieren, können Sie dies in Ihren Benutzereinstellungen (für die konkrete Vorgehensweis siehe Abbildung 2.17) hinterlegen. Dann ist dieses Feld bereits als Vorschlagswert markiert.

☛ Default-Steuerkennzeichen für Kreditorenrechnung

Für die Anwendung »Kreditorenrechnung« kann in den Systemeinstellungen festgelegt werden, welche Steuerkennzeichen zulässig sind und welches als Vorschlagswert erscheinen soll. Ist beispielsweise das Kennzeichen *V1 Vorsteuer Inland 19 %* das am häufigsten verwendete Kennzeichen, sollte dieses hinterlegt werden.

Schreiben Sie in das Feld TEXT ❿ eine aussagekräftige Beschreibung des Geschäftsvorfalls. Die Eingabe kann bis zu 50 Zeichen umfassen. Die ZAHLUNGSBEDINGUNG ⓫ wird aus dem Stammsatz des Kreditors übernommen und kann bei Bedarf über den Reiter ZAHLUNG angepasst werden. Bei den Belegpositionen geben Sie das SACHKONTO ⓬, den

BETRAG ⓮ und den TEXT ⓰ ein, oder Sie übernehmen, wie oben beschrieben, BETRAG (mit »*«) und TEXT (mit »+«) aus den Kopfdaten. Das Kennzeichen *Soll* für Sollbuchung im Feld S/H ⓭ ist schon voreingestellt, und das Steuerkennzeichen *V2* ⓯ wurde automatisch aus der Kreditorenposition übernommen. Sobald Sie alle Eingaben vorgenommen haben, können Sie den Beleg SIMULIEREN ⓱ oder direkt BUCHEN ⓲.

Um zu prüfen, wie der Buchungsbeleg aussähe, drücken Sie SIMULIEREN. Der Beleg zeigt (siehe Abbildung 5.15) die Kreditorenposition mit dem eingegebenen Betrag von *–1.070 EUR* als Habenposition an. Die Steuer von 7 Prozent wird vom System berechnet, was dazu führt, dass auf der Sollseite der Nettobetrag von *1.000 EUR* auf dem Bestandskonto und die Steuer von *70 EUR* auf dem Vorsteuerkonto gebucht werden. Nach Drücken von BUCHEN erscheint die Systemmeldung, dass der Beleg unter der Belegnummer *20001* gebucht wurde.

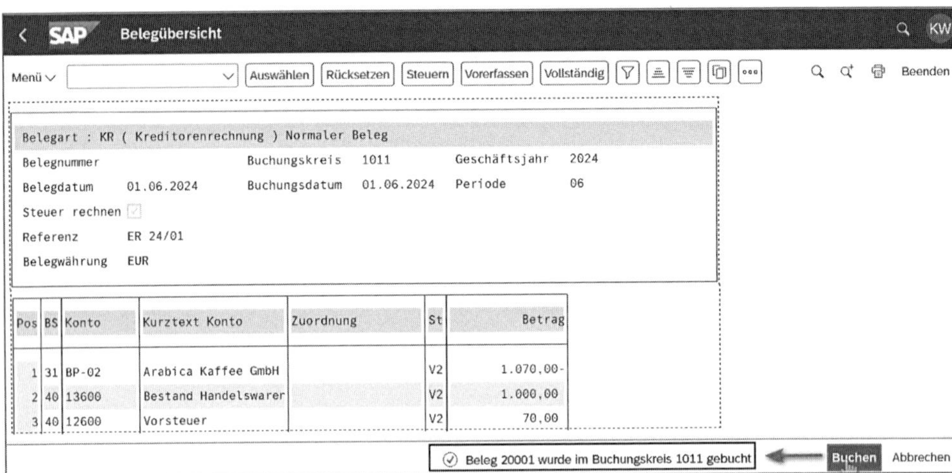

Abbildung 5.15: Kreditorenrechnung simulieren

Eine zweite Eingangsrechnung über 5.950 EUR von demselben Kreditor wird über die App »Lieferantenrechnung anlegen« verbucht.

Buchen einer Aufwandsrechnung (Miete oder Versicherungsprämie) auf eine Kostenstelle

Unsere Beispielfirma hat ein Geschäftslokal gemietet. Wir wollen die erste vom Vermieter geschickte Mietrechnung verbuchen. Die dazu notwendigen (Buchungs-)Informationen erfassen wir in der Buchungsmaske (siehe Abbildung 5.16).

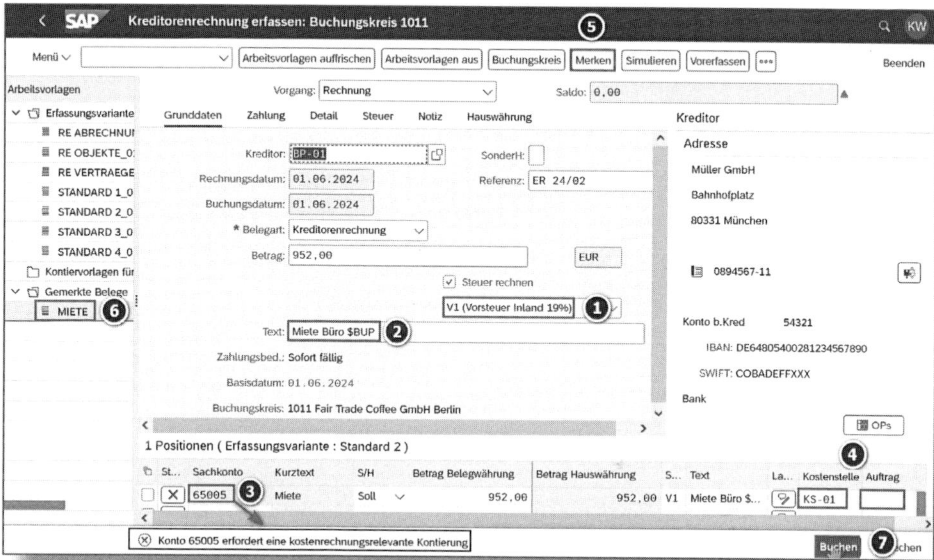

Abbildung 5.16: Kreditorenrechnung des Vermieters

Das vorgeschlagene STEUERKENNZEICHEN *V1* ❶ kann beibehalten werden. Im Text ❷ kann alternativ auf eine bestehende Variable oder auf vorher definierte Texte zugegriffen werden. *$BUP* steht für Buchungsperiode/Jahr und sollte im April 2024 durch 04/2024 ersetzt werden. Da wir auf ein Aufwandskonto ❸ buchen, das als »primäre Kostenart« angelegt wurde, müssen wir ein CO-Kontierungsobjekt eingeben, wie eine KOSTENSTELLE oder einen AUFTRAG – in unserem Fall die Kostenstelle *KS-01* für *Verwaltung* ❹. Beim Buchen erzeugt das System zwar einen FI-Beleg und einen künstlichen CO-Beleg, die Informationen von Buchhaltung und Kostenrechnung (Controlling) werden jedoch im Universal Journal in demselben Datensatz abgelegt.

Lassen Sie mich noch kurz die Funktion »Beleg merken« erklären: Wenn wir nicht genau wissen, auf welche Kostenstelle die Miete gebucht werden soll, können wir über die Schaltfläche MERKEN ❺ die Eingaben unter einem beliebigen Begriff (im Beispiel einfach MIETE) zwischenspeichern. Sie lassen sich unter diesem Begriff ❻ später wieder aufrufen, bei Bedarf ändern und, wenn alles geklärt ist, auch BUCHEN ❼.

Wollen Sie zukünftig weitere Rechnungen des Vermieters buchen, so können Sie den soeben erstellten Beleg über MEHR • SPRINGEN • BUCHEN MIT VORLAGE ❶ oder mittels der Tastenkombination [⇧] + [F9] als Vorlage verwenden (siehe Abbildung 5.17).

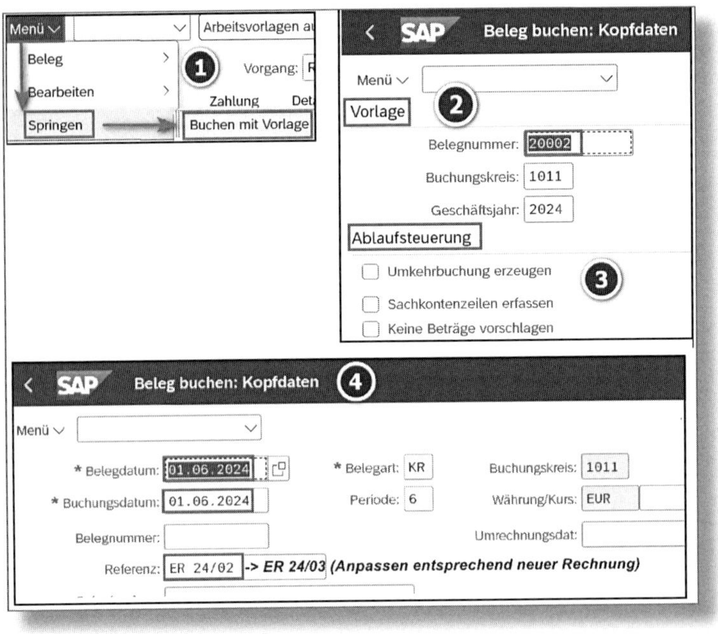

Abbildung 5.17: Buchen mit Vorlage

Der zuletzt gebuchte Beleg *20002* wird als VORLAGE ❷ vorgeschlagen. Über die ABLAUFSTEUERUNG ❸ lassen sich noch zusätzliche Einstellungen vornehmen. Mit [Enter] werden Ihnen die Inhalte des Vorlagebelegs als Eingabewerte ❹ des neuen Belegs vorgeschlagen. Passen Sie diese nach Bedarf an.

> **Verwendung von Dauerbuchungs- oder Vorlagebelegen**
>
> Sie haben einen Mietvertrag oder Versicherungsvertrag abgeschlossen und müssen jeden Monat die gleiche Buchung wie im Vormonat vornehmen. Statt alle Daten neu einzugeben, können Sie den letzten Beleg als Vorlage verwenden oder die entsprechende Buchung anhand eines *Dauerbuchungsurbelegs* und eines *Dauerbuchungslaufs* vornehmen.

App »Lieferantenrechnung anlegen«

Mit dieser für die Materialwirtschaft (MM) in SAP S/4HANA neu entwickelten App können Sie sowohl Rechnungen mit als auch solche ohne Bezug zu einer Bestellung buchen.

In unserem Fallbeispiel werden Sie eine Rechnung über gelieferten Kaffee (zum Vergleich mit der App »Kreditorenrechnung«, siehe Abbildung 5.14) und anschließend eine nicht bestellbezogene, steuerfreie Versicherungsprämie buchen.

Nach Aufruf der App (siehe Abbildung 5.18) geben Sie zunächst die relevanten Daten in das Feld ALLGEMEINE INFORMATIONEN ❶ ein. Der VORGANG ist bereits mit *Rechnung* ❷ und der BUCHUNGSKREIS mit *1011* ❸ vorbelegt. Sie tragen das RECHNUNGSDATUM ❹ und das BUCHUNGSDATUM ❺ ein und geben als RECHNUNGSSTELLER den Geschäftspartner *BP-02 (Arabica Kaffee GmbH)* ❻, als BRUTTOBETRAG *5.350 EUR* ❼ sowie als REFERENZ die Rechnungsnummer des Lieferanten *ER 24/03* ❽ an.

Wenn für die Rechnung eine im Modul MM erstellte Bestellung vorliegt, geben Sie unter EINKAUFSBELEGREFERENZEN ❾ in das Feld BESTELLUNG/LIEFERPLAN die Bestellnummer ein.

Da in unserem Beispiel keine MM-Bestellnummer vorliegt, wählen Sie stattdessen SACHKONTENPOSITIONEN ❿. Das SOLL/HABEN-KENNZEICHEN ist mit *Soll* ⓫ auch schon vorbelegt. Sie erfassen als SACHKONTO ⓬ *13600* für den Bestand an Handelswaren, als BETRAG (diesmal jedoch ohne Steuer) *5.000* EUR ⓭, den POSITIONSTEXT *Arabica Kaffee Standard* ⓮, als STEUERKENNZEICHEN *V2* ⓯ und drücken dann SIMULIEREN ⓰.

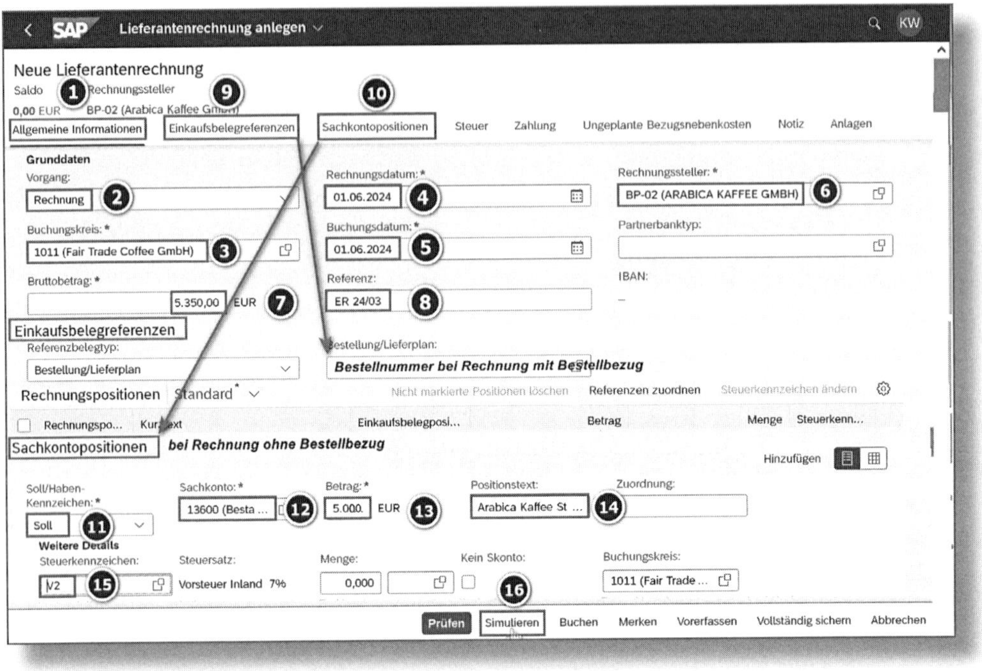

Abbildung 5.18: Lieferantenrechnung für Kaffee

Als Simulationsergebnisse (siehe Abbildung 5.19) werden Ihnen im SOLL *5.000 EUR* auf dem Konto *13600* und *350 EUR* auf dem Konto *12600* sowie im HABEN *5.350 EUR* auf dem Konto *21100* dargestellt. Wenn die angezeigten Daten korrekt sind, drücken Sie BUCHEN.

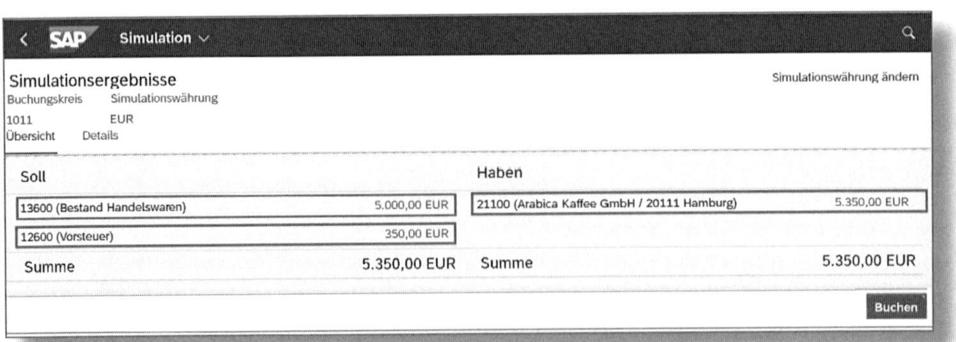

Abbildung 5.19: Lieferantenrechnung für Kaffee – Simulation

Für die Buchung der Versicherungsprämie (siehe Abbildung 5.20) geben Sie zunächst wieder die relevanten Daten für den Bereich ALLGEMEINE INFORMATIONEN ❶ ein. Unter RECHNUNGSSTELLER ❷ wählen Sie den Geschäftspartner *BP-05 (Uno Versicherung AG)* aus. Anschließend nehmen Sie die Angaben zu den SACHKONTENPOSITIONEN ❸ vor. Da das SACHKONTO ❹ *65004 (Versicherungen)* einerseits steuerfrei und andererseits auch Kostenart ist, ordnen Sie ihm das STEUERKENNZEICHEN *V0* und die verursachende KOSTENSTELLE *KS-02* zu.

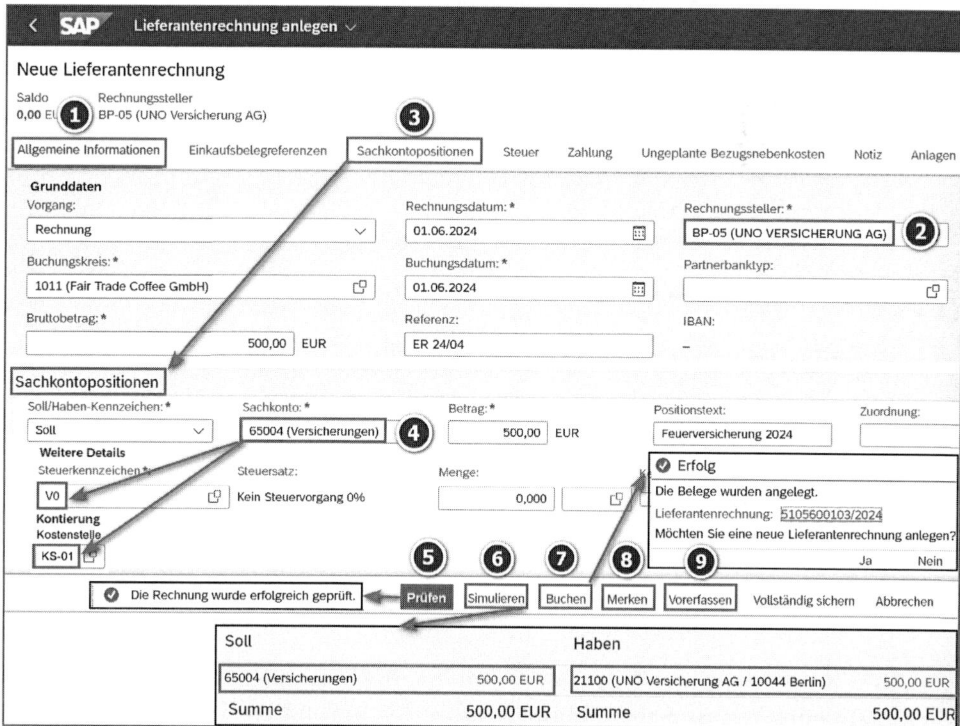

Abbildung 5.20: Lieferantenrechnung für eine Versicherung

Nachdem Sie alle Daten eingegeben haben, können Sie diese über das Feld PRÜFEN ❺ nachvollziehen, als Buchung via SIMULIEREN ❻ darstellen, mithilfe der Drucktasten MERKEN ❽ oder VORERFASSEN ❾ zwischenspeichern oder, wenn alles stimmt, mittels BUCHEN ❼ finalisieren.

5.3.2 Kreditorenposten bearbeiten

Eine wichtige Aufgabe in der Kreditorenbuchhaltung ist die Bearbeitung der gebuchten Kreditorenposten. SAP S/4HANA bietet Ihnen mit der neu entwickelten Fiori-App »Kreditorenposten bearbeiten« eine Anwendung, aus der Sie viele Aufgaben direkt erledigen können, wofür früher noch mehrere Transaktionen aufgerufen werden mussten (siehe Abbildung 5.21). Sie ermöglicht es Ihnen beispielsweise, einen oder mehrere Posten zu markieren und diese mit einer *Zahlsperre* ❶ zu versehen und/oder nach Excel herunterzuladen ❷ sowie eine Korrespondenz ❸ anzulegen und so dem Lieferanten einen Kontoauszug oder eine Aufstellung der offenen Posten direkt zu mailen.

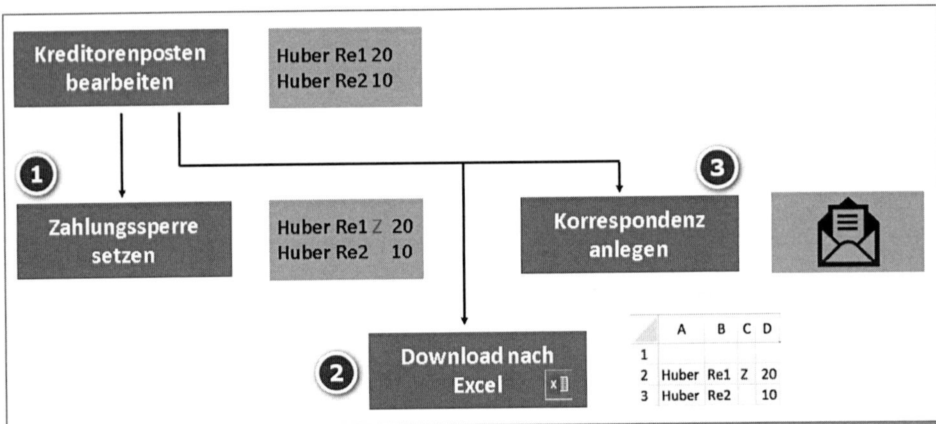

Abbildung 5.21: Funktionen in der App »Kreditorenposten bearbeiten«

Nach Aufruf der App »Kreditorenposten bearbeiten« (siehe Abbildung 5.22) geben Sie zunächst unter ❶ Ihre Selektionskriterien für die zu bearbeitenden Kreditorenposten ein.

Standardmäßig ist das Feld STATUS ❷ mit *Offene Posten*, das Feld OFFEN AM STICHTAG ❸ mit dem Tagesdatum und ART DER POSTEN ❹ mit *Normale Posten* vorbelegt. Als STATUS wären auch *Ausgeglichene Posten* oder *Alle Posten* und bei ART DER POSTEN alternativ *Sonderhauptbuchvorgänge, Merkposten, Voreff. Posten* oder *Debitorenposten* auswählbar. Sie können jederzeit noch weitere Filter über die Drucktaste

FILTER ANPASSEN ❺ definieren. Da der BUCHUNGSKREIS bereits vorbelegt ist und Sie eine Übersicht über alle offenen Posten haben wollen, lassen Sie das Feld KREDITOR frei und drücken auf den START-Button. Meist werden Sie jedoch die Posten auf einen Kreditor einschränken.

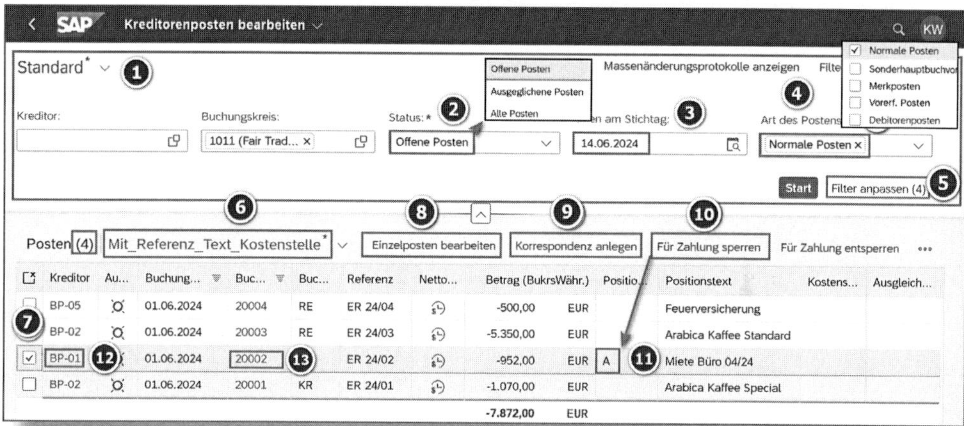

Abbildung 5.22: App »Kreditorenposten bearbeiten«

Mit Auswahl der zuvor angelegten Anzeigevariante *Mit_Referenz_Text_Kostenstelle* ❻ werden die den Selektionskriterien entsprechenden Posten mit den gewünschten Feldern angezeigt und stehen Ihnen für eine Weiterbearbeitung zur Verfügung.

Neben den Datenfeldern gibt es auch grafische Symbole. In der Spalte AUSGLEICHSSTATUS bedeutet ein rotes Symbol, dass der Beleg »offen« ist, und ein grünes Symbol, dass er bereits »ausgeglichen« ist. In der Spalte NETTOFÄLLIG (SYMBOL) zeigt das rote Uhr-Symbol »überfällig« und das grüne Uhr-Symbol »nicht fällig« an, während das Symbol mit dem Ausrufezeichen »fällig« bedeutet. In unserem Fallbeispiel ist noch keine Eingangsrechnung bezahlt, aufgrund dessen werden unsere vier gebuchten Rechnungen als offene Posten mit einer Gesamtsumme von *7.872 EUR* angezeigt. Diesen Wert weist auch der Saldo des entsprechenden Abstimmkontos im Hauptbuch aus.

Sie markieren den oder die Kreditorenposten ❼, die Sie bearbeiten wollen, und drücken dann die gewünschte Schaltfläche, wie z. B. EINZELPOSTEN BEARBEITEN ❽, KORRESPONDENZ ANLEGEN ❾ oder FÜR ZAH-

LUNG SPERREN ❿. In unserem Beispiel wollen Sie die Mietrechnung für die Zahlung sperren, weil vom Vermieter noch Mängel am Mietobjekt zu beheben sind. Wir markieren daher den entsprechenden Posten und klicken auf die Schaltfläche ZAHLUNG SPERREN. In der Übersicht der offenen Posten ist diese Änderung ⓫ sofort ersichtlich.

Neben dem Anklicken einer der genannten Schaltflächen können Sie aber auch auf jeden in blauer Farbe dargestellten Feldinhalt klicken, um eine andere App aufzurufen und eine damit verbundene Aufgabe auszuführen. Klicken Sie etwa auf die blaue Kreditorennummer *BP-01* ⓬, sehen Sie die Adresse des Kreditors und können beispielsweise in die App »Zahlungsausgang buchen« springen. Mit einem Klick auf die in Blau dargestellte Belegnummer *190002* ⓭ können Sie sich diesen Beleg im Detail anzeigen lassen.

5.3.3 Manuelle Ausgangszahlung

Bei der manuellen Ausgangszahlung wird der tatsächliche Zahlungsvorgang nicht in SAP S/4HANA ausgelöst. Meist erfolgt die Zahlung der offenen Rechnungen durch eine Banküberweisung, die Sie mithilfe Ihrer Bankensoftware veranlassen. Erst wenn anschließend der Kontoauszug über die erfolgten Zahlungen vorliegt, buchen Sie in SAP die Ausgangszahlung auf das Bankkonto im Haben und gleichen den offenen Kreditorenposten durch eine Buchung im Soll aus.

Da wir in unserem Fallbeispiel den automatischen Zahllauf (noch) nicht eingerichtet haben (dessen Verwendung erkläre ich Ihnen im nächsten Abschnitt), verbuchen wir die Bezahlung und den Ausgleich der ersten Eingangsrechnung manuell.

Dazu verwenden Sie die App »Ausgangszahlung buchen« (siehe Abbildung 5.23). Der BUCHUNGSKREIS ❶ und die BUCHUNGSBELEGART ❷ sind idealerweise bereits vorbelegt. Nach Eingabe des BUCHUNGSDATUMS ❸ und BUCHUNGSBELEGDATUMS ❹ geben Sie in das Feld REFERENZ ❺ die Kontoauszugsnummer ein: in unserem Beispiel *DB 24/01* für den ersten Kontoauszug der Deutschen Bank im Jahr 2024. In das

Feld SACHKONTO ❻ tragen Sie die Sachkontonummer Ihres Bankkontos (in unserem Beispiel *11030* Deutsche Bank) ein und in das Feld BETRAG ❼ den vom Bankkonto abgebuchten Betrag. Das Feld HAUSBANK/KONTO wird automatisch mit *DB* gefüllt. Zur Selektion der bezahlten Rechnung und zum Ausgleich des offenen Kreditorenpostens belassen Sie die KONTOART/KONTO-ID auf *Kreditoren* und ergänzen die Nummer des Kreditors ❽ (in unserem Beispiel *BP-02*). Anschließend drücken Sie die Schaltfläche POSTEN ANZEIGEN ❾.

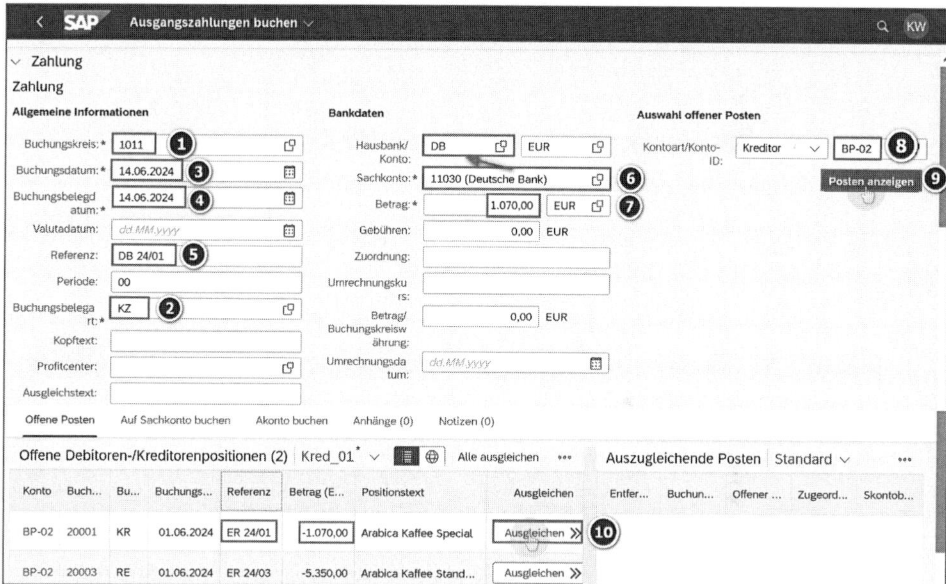

Abbildung 5.23: App »Ausgangszahlung buchen«

Im unteren Bildschirmbereich erscheinen daraufhin die zwei offenen Posten des Kreditors. Da der erste Posten genau den zuvor veranschlagten BETRAG von *1.070 EUR* ausweist, klicken Sie neben diesem Betrag auf die Schaltfläche AUSGLEICHEN ❿. Dadurch wird der ausgewählte und auszugleichende Betrag von *1.070 EUR* zusätzlich im rechten Bildschirmbereich (siehe Abbildung 5.24) in den Spalten OFFENER BETRAG ❶ und ZUGEORDNET ❷ dargestellt. Da kein Skonto vereinbart wurde, wird ein SKONTOBETRAG ❸ von *0* EUR ausgewiesen.

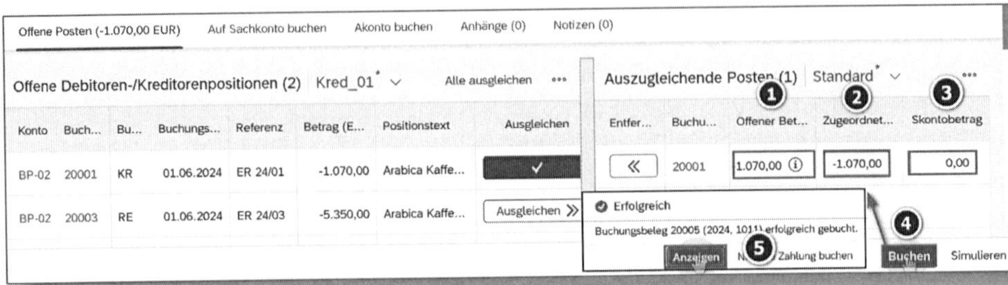

Abbildung 5.24: Auswahl und Ausgleich der offenen Posten

Im rechten Bildschirmbereich könnten Sie theoretisch diesen zugeordneten Betrag bzw. auch den des Skontos noch abändern. Da dies in unserem Beispiel nicht notwendig ist, drücken Sie gleich auf den Button BUCHEN ❹. Es erscheint die Meldung, dass der Beleg erfolgreich gebucht wurde. Wenn Sie ANZEIGEN ❺ klicken, können Sie sich den Beleg darstellen lassen oder eine NEUE ZAHLUNG BUCHEN.

Der gebuchte Beleg wird in Abbildung 5.25 dargestellt.

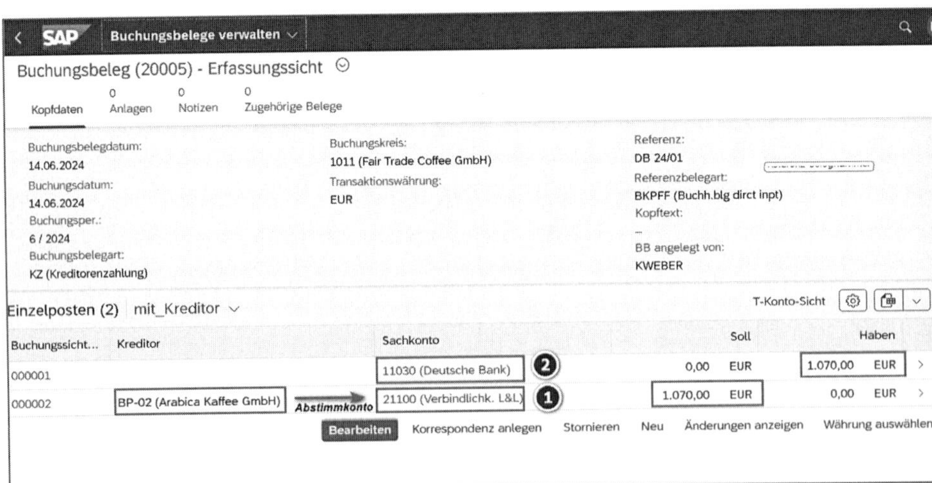

Abbildung 5.25: Buchungsbeleg für Ausgangszahlung

Im Soll werden der Kreditor ❶ sowie das im Kreditorenstamm hinterlegte Abstimmkonto und im Haben das Bankkonto ❷ jeweils mit 1.070 EUR bebucht.

5.3.4 Automatischer Zahllauf

Mithilfe des *automatischen Zahllaufs* können Sie die Abwicklung Ihrer Ausgangszahlungen weitgehend automatisieren.

Der Prozess wird in fünf Schritten ausgeführt (siehe Abbildung 5.26):

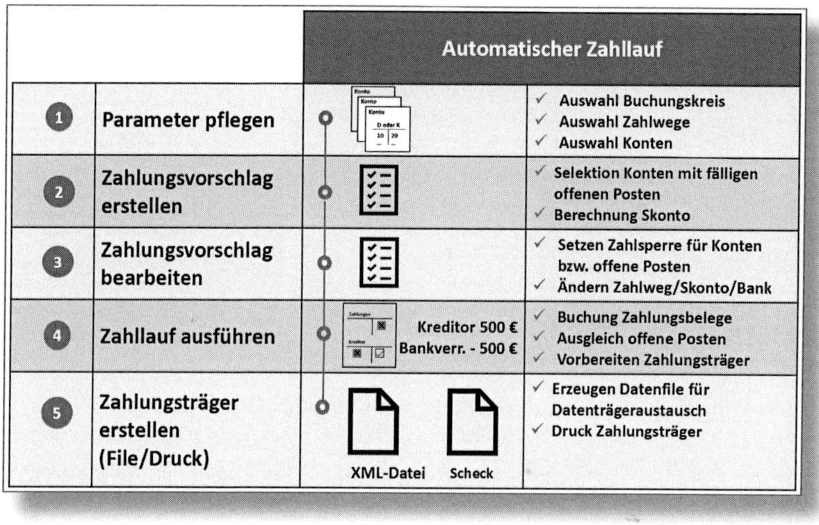

Abbildung 5.26: Automatischer Zahllauf

➊ Zunächst legen Sie einen Zahllauf mit einem eindeutigen Schlüssel (ID + Datum) an und pflegen die Parameter. In den Parametern bestimmen Sie, welche Kreditorenrechnungen bezahlt werden sollen.

➋ Dann erstellen Sie einen Zahlungsvorschlag.

➌ Diesen können Sie anschließend bearbeiten und verändern.

➍ Sobald Sie den Zahllauf ausführen, wird die Zahlung verbucht und die offenen Kreditorenposten werden ausgeglichen.

➎ Bei der Erstellung des Zahlungsträgers können Sie je nach Zahlweg einen Datenfile (z. B. SEPA XML-File) und bei Bedarf Zahlungsavise erstellen oder den bzw. die Datenträger (z. B. Schecks) ausdrucken.

In unserem Fallbeispiel hat unser SAP-Berater inzwischen den automatischen Zahllauf eingerichtet, sodass wir diesen für die nächsten Zahlungen nutzen wollen.

Um einen neuen Zahllauf anzulegen, rufen Sie die App »Automatische Zahlungen verwalten« auf (siehe Abbildung 5.27) und drücken auf die Schaltfläche PARAMETER ANLEGEN ❶.

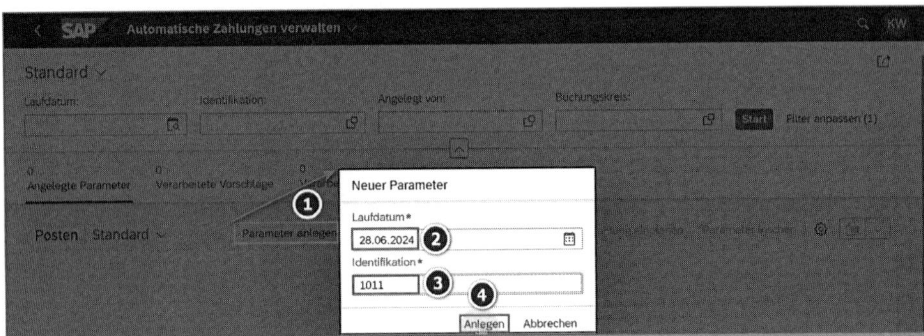

Abbildung 5.27: App »Automatische Zahlungen verwalten«

Geben Sie das Tagesdatum (im Beispiel *28.06.2024*) als LAUFDATUM ❷ sowie eine eindeutige IDENTIFIKATION ❸ (im Beispiel die Buchungskreisnummer *1011*) ein, und drücken Sie den Button ANLEGEN ❹.

☛ Buchungskreisnummer als Identifikation des Zahllaufs

Überlegen Sie sich eine Namenskonvention für die Anlage von Zahlläufen (bzw. auch Mahnläufen). Ich habe gute Erfahrungen gemacht, die Buchungskreisnummer als Identifikation zu verwenden.

Zunächst müssen Sie die Parameter dieses Zahllaufs pflegen (siehe Abbildung 5.28).

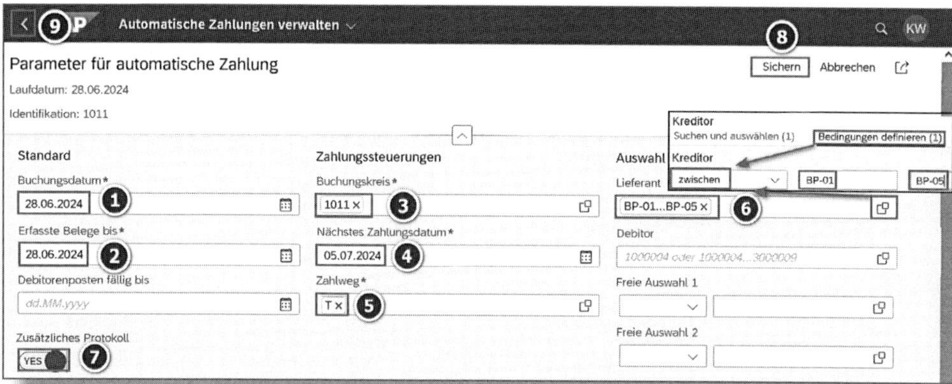

Abbildung 5.28: Zahllauf – Parameter pflegen

Da Sie den Zahllauf sofort ausführen wollen, befüllen Sie die Felder BUCHUNGSDATUM ❶ und ERFASSTE BELEGE BIS ❷ mit dem aktuellen Tagesdatum. Nach Auswahl des gewünschten BUCHUNGSKREISES ❸ geben Sie das Datum des kommenden Zahllaufs als NÄCHSTES ZAHLUNGSDATUM ❹ ein. Anhand dieses Datums wird bestimmt, ob eine demnächst fällige Rechnung noch mit dem aktuellen oder dem nächsten Zahllauf beglichen wird. Im Feld LIEFERANT ❺ wählen Sie die Kreditoren aus, die Sie bezahlen möchten (in unserem Beispiel das Intervall *BP-01* bis *BP-99*).

☛ Auswahl aller oder bestimmter Kreditoren für den Zahllauf

Um für den Zahllauf alle oder auch bestimmte Kreditoren auszuwählen, drücken Sie im Feld LIEFERANT auf SELEKTION, anschließend auf BEDINGUNGEN und INTERVALL und geben das Intervall *1* bis *ZZZ* für alle Kreditoren bzw. den gewünschten Nummernkreis ein.

Nachdem Sie die Parameter angelegt und gespeichert haben, drücken Sie auf die Schaltfläche START ❶ (siehe Abbildung 5.29).

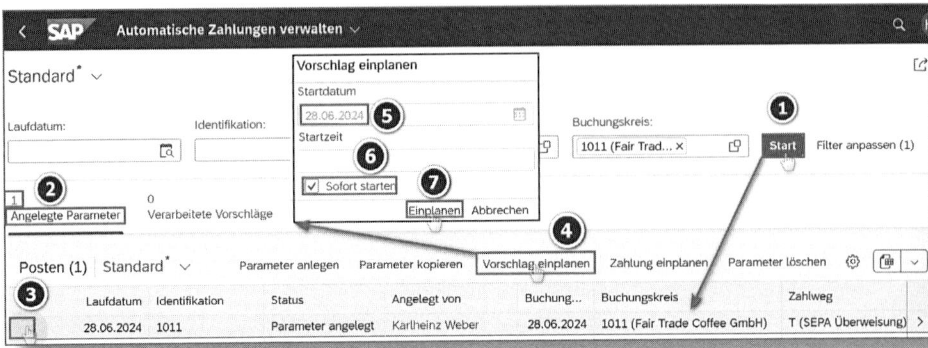

Abbildung 5.29: Zahllauf – Vorschlag einplanen

Unter ANGELEGTE PARAMETER ❷ wird *1* angezeigt. Sie markieren den gewünschten Zahlweg ❸ und klicken auf VORSCHLAG EINPLANEN ❹. Im sich öffnenden Pop-up ist das STARTDATUM ❺ mit dem Tagesdatum schon vorbelegt. Sie markieren das Kennzeichen SOFORT STARTEN ❻ und bestätigen hier nochmals mit EINPLANEN ❼.

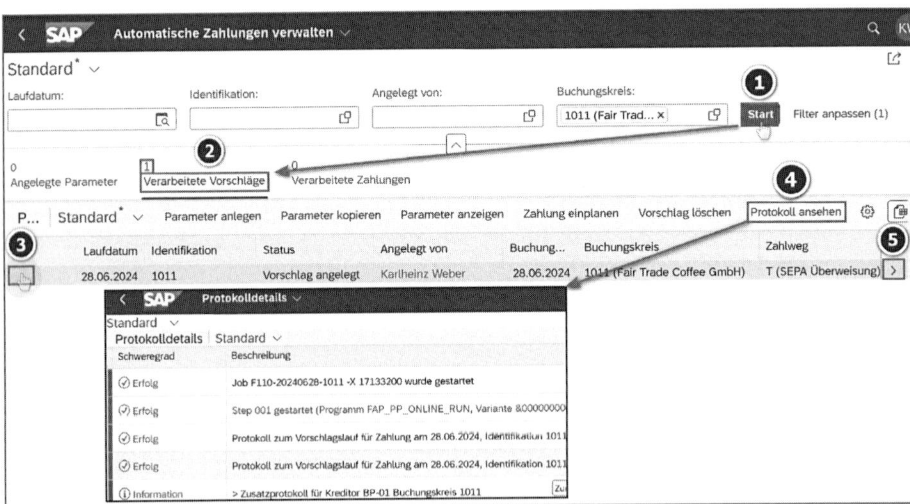

Abbildung 5.30: Zahllauf – Vorschlag bearbeiten

Wie in Abbildung 5.30 dargestellt, wird Ihnen mit Klick auf START ❶ unter VERARBEITETE VORSCHLÄGE ❷ ein Treffer angezeigt. Nachdem

Sie den Zahllauf ❸ markiert haben, können Sie sich das PROTOKOLL ANSEHEN ❹ oder über das Symbol [>] ❺ in die Details springen.

> **! Änderungen im Zahllauf – nur für diesen Zahllauf gültig**
>
> Änderungen, die Sie direkt im Zahllauf vornehmen, gelten nur für diesen Zahllauf und werden weder im Kreditorenstammsatz noch im Beleg fortgeschrieben.

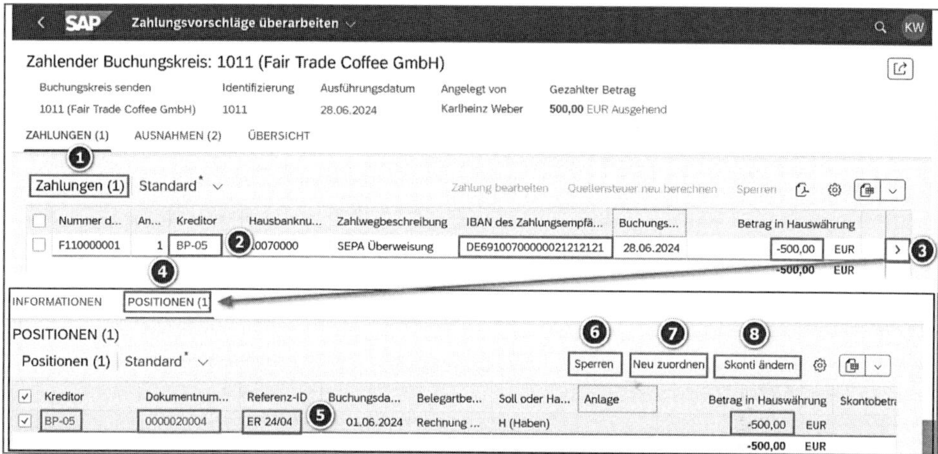

Abbildung 5.31: Zahllauf – Vorschlag überarbeiten

Nachdem Sie die Details zu diesem Zahllauf aufgerufen haben, sehen Sie unter ZAHLUNGEN (1) (siehe ❶ in Abbildung 5.31) den zur Überweisung auf das Bankkonto des KREDITORS *BP-05* ❷ vorgeschlagenen BETRAG IN HAUSWÄHRUNG von *–500 EUR*. Drücken Sie auf das Symbol > ❸, so sehen Sie unter POSITIONEN ❹ alle zur Zahlung vorgeschlagenen offenen Posten. In unserem Fall ist dies die unter der REFERENZ-ID *ER 24/04* ❺ in Rechnung gestellte Versicherungsprämie von *500 EUR*.

Der erstellte Zahlungsvorschlag lässt sich nachträglich bearbeiten und gemäß Ihren Anforderungen verändern. Bei Bedarf können Sie diesen Posten für die Zahlung SPERREN ❻, ihn NEU ZUORDNEN ❼ oder vorgeschlagene SKONTI ÄNDERN ❽.

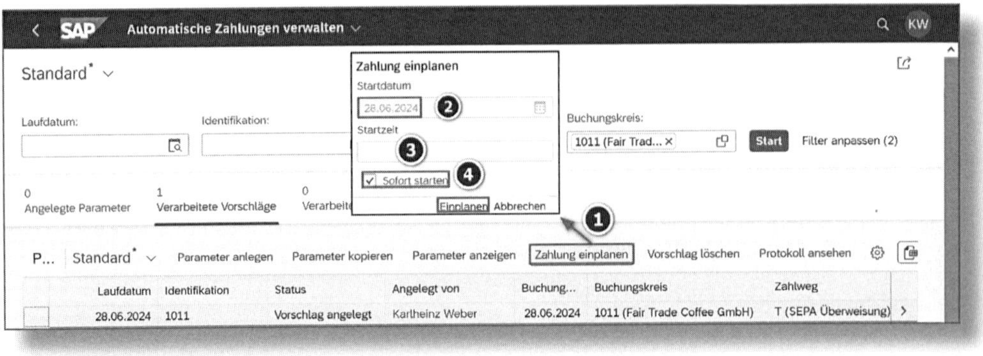

Abbildung 5.32: Zahllauf einplanen

Wenn Sie mit dem Vorschlag einverstanden sind, drücken Sie ZAHLUNG EINPLANEN ❶ (siehe Abbildung 5.32). Im sich öffnenden Pop-up-Feld ist das STARTDATUM ❷ bereits mit dem Tagesdatum vorbelegt. Sie markieren das Kennzeichen SOFORT STARTEN ❸ und bestätigen hier nochmals mit EINPLANEN ❹.

Drücken Sie anschließend wieder auf **Start** ❶ (siehe Abbildung 5.33).

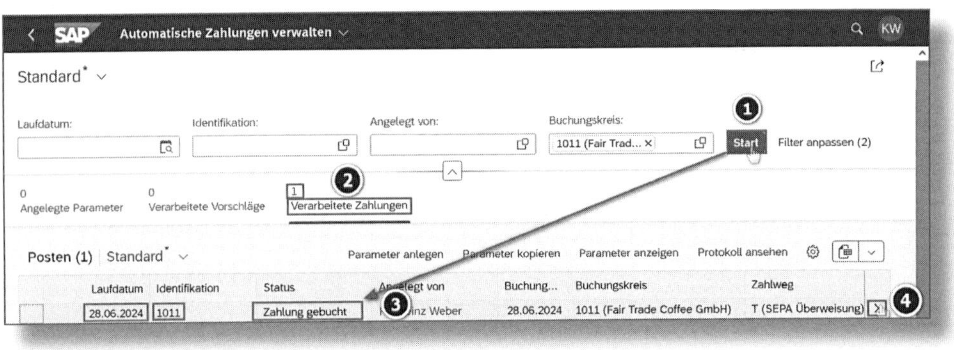

Abbildung 5.33: Zahllauf – verarbeite Zahlung

Wurde der Zahllauf erfolgreich ausgeführt, so sehen Sie unter VERARBEITETE ZAHLUNGEN ❷ den Wert *1*, der Zahllauf hat den STATUS *Zahlung gebucht* ❸. Das zeigt Ihnen, dass durch den Zahllauf ein Datenträger und ein Buchungsbeleg erstellt wurden.

Wenn Sie rechts unten auf das [>]-Symbol ❹ klicken, werden Ihnen Details zu diesem Zahllauf angezeigt.

Abbildung 5.34: Zahllauf – Buchungsbeleg

Sie sehen dort unter ZAHLUNGEN • ZAHLUNGSBELEGNUMMER *10009* ❶ den gebuchten FI-Beleg (siehe Abbildung 5.34). Der Kreditor und das Abstimmkonto werden im SOLL mit je *500 EUR* ❷ bebucht, der offene Kreditorenposten wird zusätzlich ausgeglichen und das Bankverrechnungskonto wird im Haben mit dem gleichen Betrag ❸ bebucht. Wie üblich, werden Ihnen mit Klick auf das Symbol [>] ❹ weitere Details angezeigt.

Mit dem Zahllauf hat das System nicht nur den FI-Beleg, sondern gleichzeitig auch einen Zahlungsträger erzeugt.

Um den Zahlungsträger herunterzuladen, rufen Sie die App »Zahlungsträger verwalten« auf (siehe Abbildung 5.35).

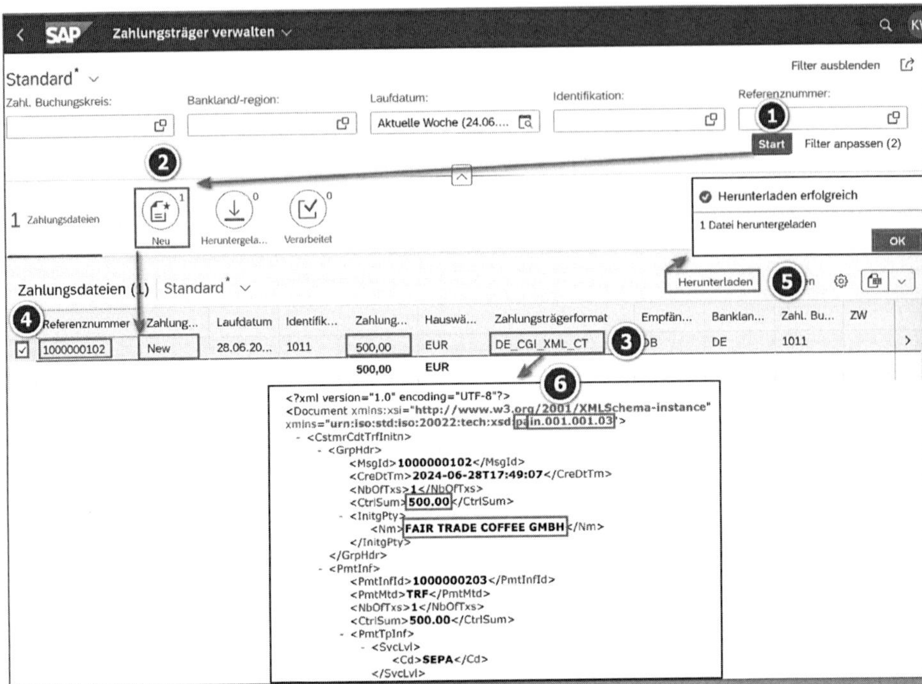

Abbildung 5.35: App »Zahlungsträger verwalten«

Nach Anklicken des Buttons START ❶ wird Ihnen unter NEU ❷ die erstellte Zahlungsdatei über die ZAHLUNG von *500 EUR* im ZAHLUNGSTRÄGERFORMAT *DE_CGI_XML_CT* ❸ angezeigt. Wählen Sie die gewünschte REFERENZNUMMER ❹ aus und klicken Sie auf HERUNTERLADEN ❺. In unserem Beispiel wurde ein Datenfile in einem vordefinierten XML-Format (*pain.001.001.03*) mit einer SEPA-Überweisung (SEPA CT = SEPA Credit Transfer) über *500 EUR* erstellt ❻.

Anschließend importieren Sie dieses File in Ihre Bankensoftware, und die dafür berechtigte Person gibt die Überweisung frei.

Wenn wir in unserem Fallbeispiel nach Durchführung der manuellen und automatischen Zahlung nochmals die App »Kreditorenposten bearbeiten« aufrufen, erscheint das in Abbildung 5.36 dargestellte Bild.

Abbildung 5.36: Kreditorenposten nach Zahlungen

Unter AUSGLEICHSSTATUS: AUSGEGLICHEN (grünes Symbol) sehen wir die durch die manuelle Buchung ❶ ausgeglichene Rechnung *ER 24/01* über *1.070 EUR* und die durch den Zahllauf ❷ ausgeglichene Rechnung *ER 24/04* über *500 EUR*. Unter AUSGLEICHSSTATUS: OFFEN ❸ (rotes Symbol) erscheinen die beiden noch nicht bezahlten Rechnungen.

5.4 Periodenabschluss Kreditoren

Am Ende eines Monats, Quartals oder Jahres sind in der Kreditorenbuchhaltung verschiedene Abschlussarbeiten durchzuführen. Diese sind teilweise durch den Gesetzgeber oder Wirtschaftsprüfer vorgegeben. Abbildung 5.37 gibt Ihnen einen Überblick über wichtige Abschlussaktivitäten in der Kreditorenbuchhaltung.

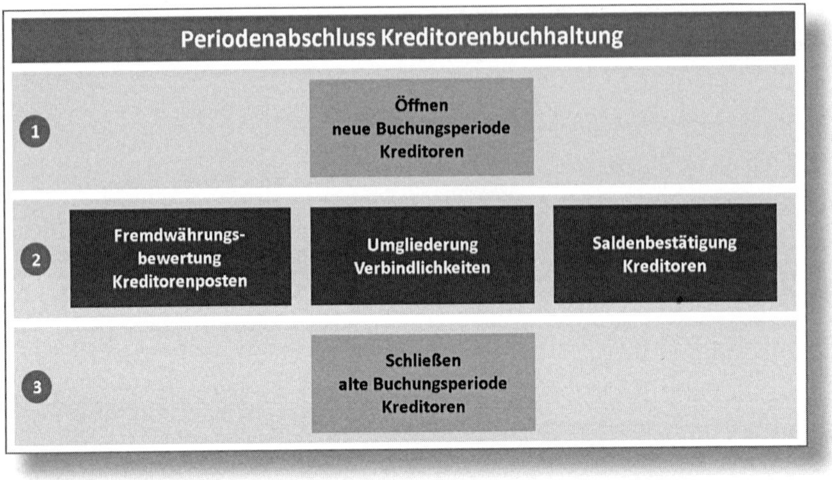

Abbildung 5.37: Periodenabschluss Kreditoren

In SAP S/4HANA können Sie *Buchungsperioden* für FI-Buchungen öffnen bzw. schließen ❶, und zwar getrennt nach Sachkonten, Kreditoren, Anlagen und Debitoren. Zu Beginn des Monats wird die neue *Buchungsperiode geöffnet*.

Anschließend werden die operativen Abschlussarbeiten in der Kreditorenbuchhaltung erledigt ❷:

- Eine *Fremdwährungsbewertung* ist dann durchzuführen, wenn es offene Kreditorenposten in Fremdwährungen gibt.
- Verschiedene Rechnungslegungsvorschriften verlangen eine *Umgliederung*, in der Lieferverbindlichkeiten nach der Restlaufzeit gegliedert und Kreditoren mit einem Sollsaldo im Konto »Debitorische Kreditoren« ausgewiesen werden.
- Wirtschaftsprüfer verlangen im Rahmen der Jahresabschlussprüfung meist, dass *Saldenbestätigungen* an alle oder ausgewählte Kreditoren verschickt werden.

Sind alle Abschlussaktivitäten erledigt, wird die alte *Buchungsperiode geschlossen* ❸.

! Buchungsperioden in FI/CO/MM

Buchungsperioden können nicht nur im Modul FI, sondern auch in den Modulen CO und MM geöffnet oder geschlossen werden. Falls Sie nicht buchen können und eine Meldung zur Buchungsperiode erhalten, liegt die Ursache möglicherweise nicht allein in der Finanzbuchhaltung.

Ein näheres Eingehen auf den Abschlussprozess Kreditoren im Rahmen unserer Beispielfirma würde den Rahmen des Buches sprengen.

Wer sich im Detail mit den Abschlussarbeiten in der Hauptbuchhaltung und den Nebenbüchern befassen möchte, dem empfehle ich mein Buch »Praxishandbuch Periodenabschluss in SAP S/4HANA Finance (FI)« (Espresso Tutorials, 2023: *https://es-tu.de/uXsR*).

6 Bankbuchhaltung

Banken und Bankkonten spielen für jede Buchhaltung eine wichtige Rolle. In diesem Kapitel gebe ich Ihnen einen kleinen Überblick über die Bankbuchhaltung (FI-BL), erkläre kurz einige Begriffe und Zusammenhänge und zeige Ihnen anhand unserer Beispielfirma, wie Sie ein neues Bankkonto in SAP verwenden können.

6.1 Überblick Bankbuchhaltung

Im Unterschied zur Kreditorenbuchhaltung ist die Bankbuchhaltung keine Nebenbuchhaltung zur Hauptbuchhaltung. In der Regel erfolgt für jedes unternehmenseigene Bankkonto bei der Hausbank (bzw. den Hausbanken) die Anlage eines Hauptbuchkontos sowie bei Bedarf auch zusätzlicher Bankverrechnungskonten.

Außerdem benötigen Sie einen Bankenstammsatz für jede Hausbank, und wenn Sie die »IBAN Only«-Funktion von SAP nicht nutzen, auch für jede Fremdbank Ihrer Lieferanten, Kunden oder Mitarbeiter, die im Rahmen von Zahlungsvorgängen im SAP-System eingesetzt werden. Wollen Sie die Rechnungen Ihres Lieferanten BP-02 mittels eines automatischen Zahllaufs ausgleichen, müssen Ihre *Hausbank* und Ihr *Hausbankkonto* sowie die Fremdbank des Lieferanten mit dessen Bankkonto im System hinterlegt sein.

Die SAP-Bankbuchhaltung bietet als weitere Funktion den *elektronischen Kontoauszug* an. Damit können Sie den von Ihrer Hausbank als Datei zur Verfügung gestellten Kontoauszug einlesen und vom SAP-System weitgehend automatisch verbuchen. Auch hierzu werden Hausbank und Hausbankkonto benötigt.

Abbildung 6.1: Apps der Bankbuchhaltung

In Abbildung 6.1 sehen Sie die in SAP S/4HANA verfügbaren Apps der Bankbuchhaltung. Ich möchte Ihnen im Weiteren nur einen kurzen Überblick über einige der wichtigsten Apps geben und beschreiben, wie wir für die »Fair Trade Coffee GmbH« in SAP eine neue Hausbank sowie ein neues Hausbankkonto anlegen.

Mit der App »Banken verwalten« ❶ legen Sie Ihre Hausbanken und mit der App »Bankkonten verwalten« ❷ die zu Ihren Hausbanken gehörenden Bankkonten an. Im Rahmen der elektronischen Kontoauszugsverarbeitung können mit weiteren Apps beispielsweise Kontoauszüge importiert und nachbearbeitet werden.

Unsere Beispielfirma hat sich für die Deutsche Bank als Hausbank entschieden und bei dieser ein neues Girokonto eröffnet. Um die Hausbank und dieses Konto in SAP verwenden zu können, ist zunächst die Bank (siehe Abschnitt 6.2) und im zweiten Schritt (siehe Abschnitt 6.3) das Bankkonto anzulegen.

6.2 Banken verwalten

Um die Deutsche Bank als Hausbank anzulegen, rufen Sie zunächst die App »Banken verwalten« auf und klicken auf den Button BANK ANLEGEN (siehe Abbildung 6.2).

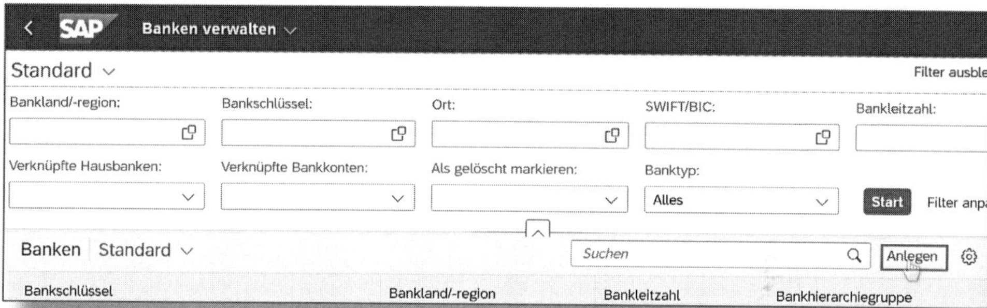

Abbildung 6.2 Neue Bank als Hausbank anlegen

Im nächsten Eingabebild (siehe Abbildung 6.3) erfassen Sie unter ALLGEMEINE DATEN als verpflichtende Felder das BANKLAND/-REGION ❶, den BANKSCHLÜSSEL ❷ und das GELDINSTITUT ❸. Als Bankschlüssel können Sie die Bankleitzahl oder idealerweise den SWIFT/BIC-Code verwenden ❹. Die Eingabe von Adressdaten ist optional. Anschließend drücken Sie Sichern ❺.

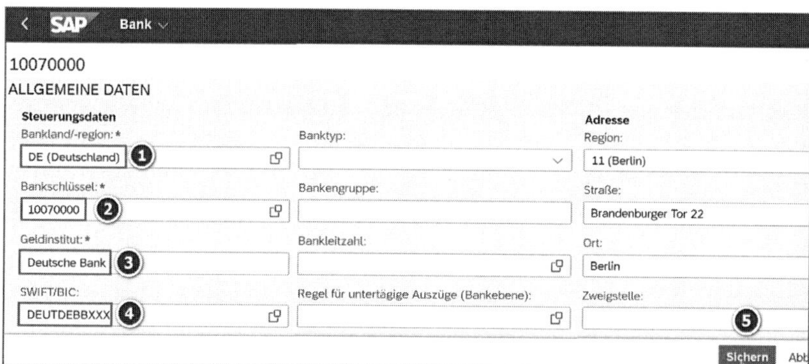

Abbildung 6.3: Allgemeine Bankdaten

Um diese Bank nun als Hausbank für den Buchungskreis unserer Beispielfirma zu definieren (siehe Abbildung 6.4), wählen Sie zunächst den Reiter HAUSBANKEN ❶, wechseln durch Drücken von BEARBEITEN ❷ in den Änderungsmodus und klicken dann auf ANLEGEN ❸.

Im nächsten Bildschirm erfassen Sie *1011* als BUCHUNGSKREIS ❹ sowie *DB* für die Deutsche Bank als Schlüssel der HAUSBANK ❺ und Sichern ❻ Ihre Eingaben.

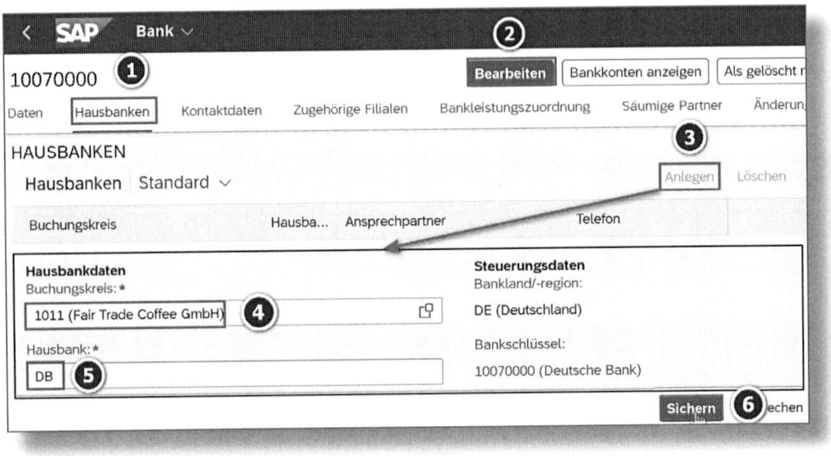

Abbildung 6.4: Bank als Hausbank definieren

6.3 Bankkonten verwalten

Während Sie die Bankkontodaten Ihrer Lieferanten bzw. Kunden im Stammsatz des Geschäftspartners pflegen, müssen Sie Ihr eigenes bzw. Ihre eigenen Bankkonten über die App »Bankkonten verwalten« anlegen.

Über diese App (siehe Abbildung 6.5) können Sie sowohl bestehende Bankkonten bei Ihrer Hausbank anzeigen und bearbeiten als auch, indem Sie auf den Button ANLEGEN ❶ drücken, für unsere Beispielfirma ein neues Bankkonto bei der Deutschen Bank anlegen. Es erscheint ein Pop-up, in das Sie den BUCHUNGSKREIS ❷ eingeben und eine KONTOART ❸ (beispielsweise *02* für Kontokorrentkonto) auswählen.

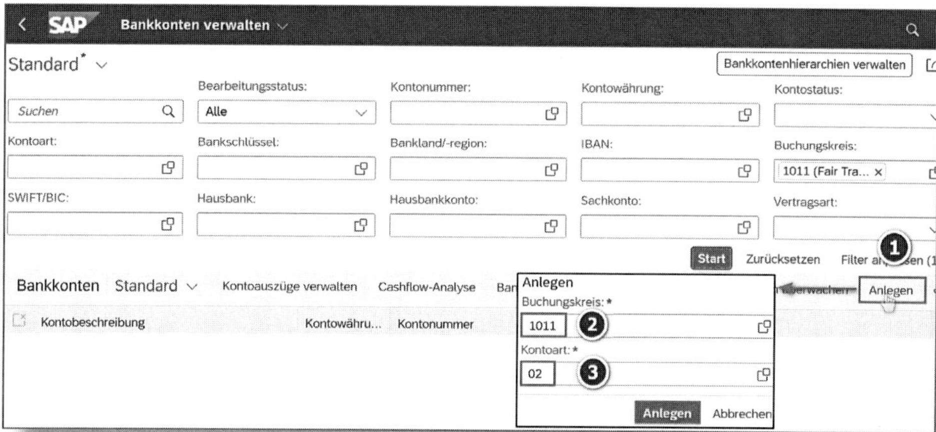

Abbildung 6.5: App »Bankkonten verwalten«

Im folgenden Eingabebild (siehe Abbildung 6.6) tragen Sie als KOPFDATEN ❶ die KONTOBESCHREIBUNG, die KONTONUMMER oder die IBAN, BANKLAND/-REGION, BANKSCHLÜSSEL und KONTOWÄHRUNG ein. Unter ALLGEMEINE DATEN ❷ wird die Verbindung zum BUCHUNGSKREIS gezeigt. Drücken Sie anschließend den Button INAKTIV SICHERN ❸.

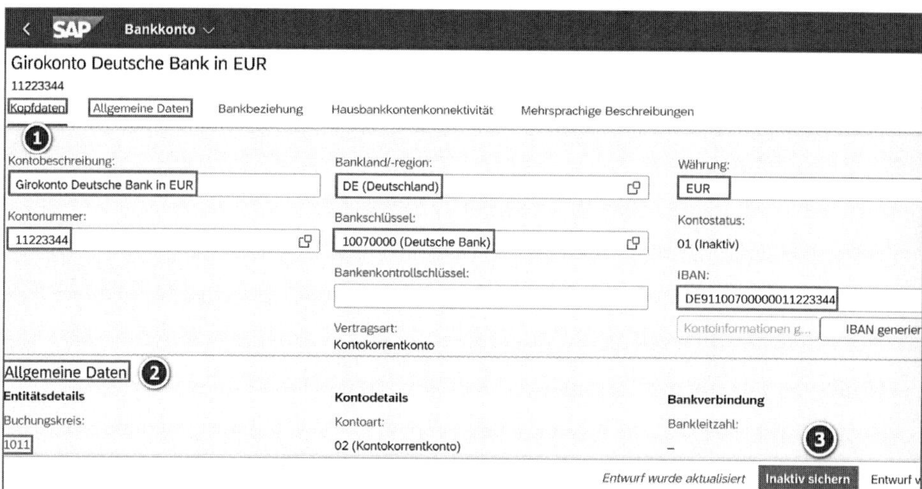

Abbildung 6.6: Bankkonto – Kopfdaten und allgemeine Daten

Im nächsten Erfassungsbild (siehe Abbildung 6.7) prüfen Sie nochmals Ihre Eingaben. Sofern alles in Ordnung ist, drücken Sie auf AKTIVIEREN ❶ und dann auf BEARBEITEN ❷, um über den Reiter HAUSBANKKONTENKONNEKTIVITÄT ❸ die Verbindung des Hausbankkontos mit dem zugehörigen Sachkonto des Buchungskreises herzustellen.

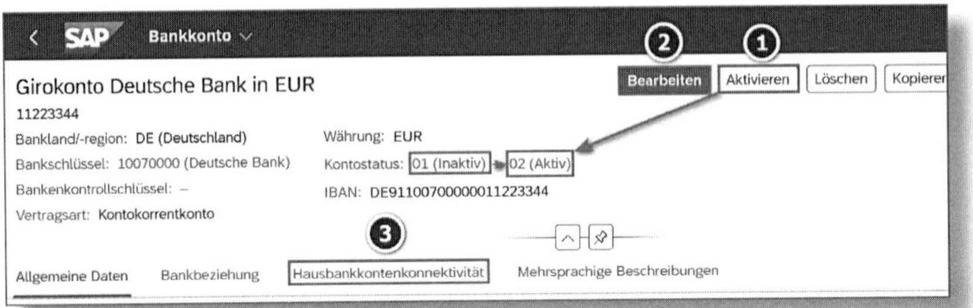

Abbildung 6.7: Bankkonto aktivieren

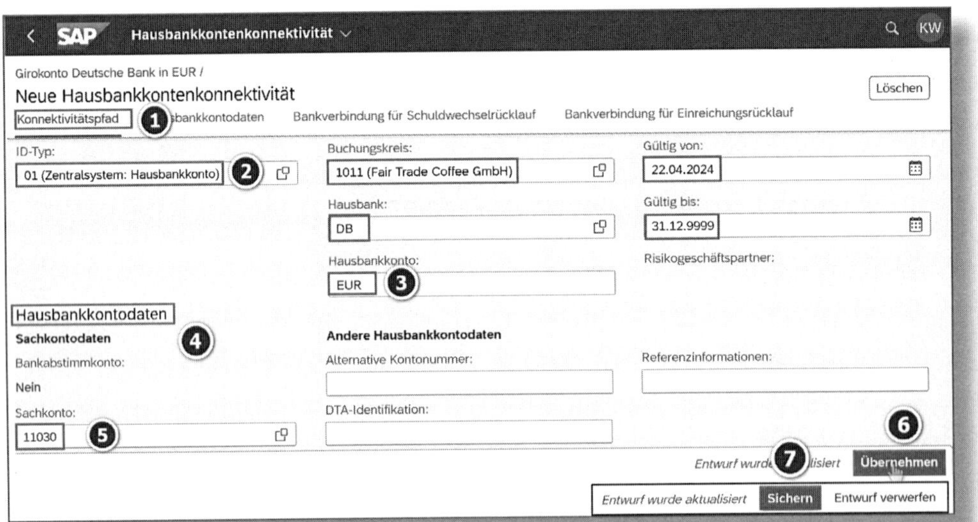

Abbildung 6.8: Bankkonto – Hausbankkontenkonnektivität

Die notwendigen Daten zum Konnektivitätspfad ❶ sehen Sie in Abbildung 6.8. Da die Hausbankkonten im selben SAP-System gespeichert werden, geben Sie als ID-TYP *01 (Zentralsystem: Hausbankkonto)* ❷ ein. Zusätzlich müssen Sie dem neu angelegten HAUSBANKKONTO ❸ einen Schlüssel zuweisen. Da es sich um ein in Euro geführtes Konto handelt, sollte das *EUR* sein. Unter dem Bereich HAUSBANKKONTODATEN ❹ stellen Sie durch Eingabe der Sachkontennummer (hier *11030*) die Verbindung zu diesem SACHKONTO ❺ her, gehen auf ÜBERNEHMEN ❻ und anschließend auf **Sichern** ❼.

Wenn Sie zum Einstiegsbild zurückkehren und den Button **Start** drücken, wird Ihnen in der Bankkontenübersicht das angelegte Bankkonto angezeigt (siehe Abbildung 6.9)

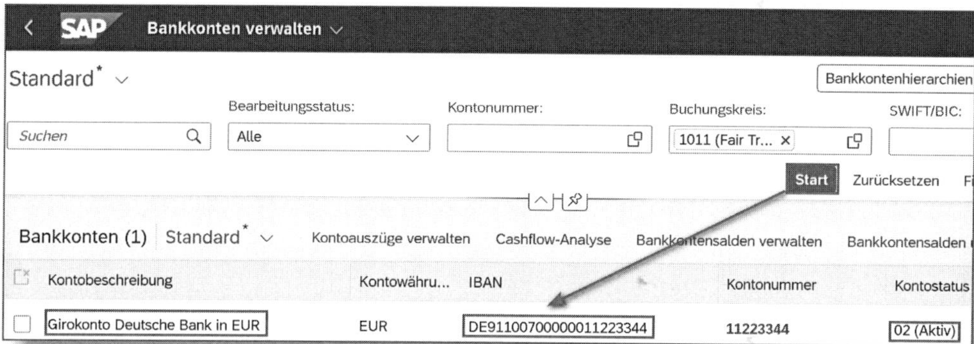

Abbildung 6.9: Bankkontenübersicht

7 Anlagenbuchhaltung

Jedes Unternehmen braucht verschiedenste Anlagen, um seinen Betriebszweck erfüllen zu können. Nach einem kurzen Überblick über die Anlagenbuchhaltung zeige ich Ihnen anhand unserer »Fair Trade Coffee GmbH«, die einen LKW und mehrere Computer erwirbt, wie diese Geschäftsvorfälle in der neuen Anlagenbuchhaltung (Modul FI-AA) in SAP S/4HANA abgebildet werden. Danach gehe ich kurz auf die Verschrottung eines Notebooks und auf Abschlusstätigkeiten wie den Abschreibungslauf ein. Die zur Anlagenbuchhaltung gehörenden Auswertungen runden das Kapitel ab.

7.1 Überblick Anlagenbuchhaltung

Die Anlagenbuchhaltung ist wie die Kreditorenbuchhaltung eine Nebenbuchhaltung zur Hauptbuchhaltung. Jede Anlage ist über die Kontenfindung mit einem Abstimmkonto in der Hauptbuchhaltung verknüpft, und bei jeder Buchung werden die Anlage und das Abstimmkonto gleichzeitig bebucht.

Das Besondere der Anlagenbuchhaltung ist, dass dort für die Anlagen je nach Bewertungszweck oder Bewertungsvorschrift für Buchhaltung bzw. Kostenrechnung unterschiedliche Wertansätze zu wählen sind. Folgende Bewertungsvorschriften bzw. -zwecke kommen dabei in Betracht und können sich ganz unterschiedlich auswirken:

- Handelsrecht/Unternehmensrecht
- Steuerrecht
- IFRS
- US-GAAP
- Konzernrichtlinien
- Bewertung für Zwecke der Kostenrechnung

Die Bewertungsansätze werden in SAP S/4HANA mithilfe von *Bewertungsbereichen* in einem *Bewertungsplan* dargestellt. Zu berücksichtigen sind hierbei die landesspezifischen Anforderungen und Bedarfe im Konzern. Häufig wird für jedes Land ein Bewertungsplan angelegt, und alle Buchungskreise eines Landes werden diesem Bewertungsplan zugeordnet.

Für jeden Bewertungsbereich wird festgelegt, wie der jeweilige Wert der Anlagen zu berechnen ist. So kann die Basis für die Abschreibung der Anschaffungs- oder Wiederbeschaffungswert sein und die Abschreibung linear oder degressiv berechnet werden. Ebenso kann die Nutzungsdauer variieren bzw. festgelegt werden, ob neben der Abschreibung auch kalkulatorische Zinsen zu berechnen sind.

Bewertungsplan XY - Bewertungsbereiche	AfA-Art	ND	Anschaff.-Wert	Abschreibung	Buchwert
01 Handelsrecht	Linear	4 Jahre	24.000 €	6.000 €	18.000 €
32 IFRS	Linear	5 Jahre	24.000 €	4.800 €	19.200 €
40 Kalkulation	Linear	5 Jahre	24.000 € + 1.000 €	5.000 €	20.000 €
50 Steuerrecht	Degr.	5 Jahre	24.000 €	7.200 €	16.800 €

Abbildung 7.1: Bewertungsplan XY mit unterschiedlicher Bewertung

In Abbildung 7.1 zeige ich Ihnen anhand des fiktiven Bewertungsplans XY die unterschiedlichen Wertansätze für einen LKW in vier verschiedenen Bewertungsbereichen. Für das Beispiel habe ich folgende Annahmen zugrunde gelegt:

- Bewertungsbereich *01 – Handelsrecht:* Die Anlage wird linear über sechs Jahre abgeschrieben.
- Bewertungsbereich *32 – IFRS:* Die Anlage wird linear über fünf Jahre abgeschrieben.

- Bewertungsbereich *40 – Kalkulation:* Die Anlage wird auf Basis von Wiederbeschaffungswerten ebenfalls über fünf Jahre abgeschrieben.
- Bewertungsbereich *50 – Steuerrecht:* Die Anlage wird mit den Faktoren 30, 20, 10, 10, 10 degressiv abgeschrieben.
  Je nach Bewertungsvorschrift hat der für 24.000 EUR gekaufte LKW am Jahresende einen Buchwert zwischen 16.800 EUR und 20.000 EUR.

Für jeden Bewertungsbereich ist außerdem festzulegen, ob überhaupt gebucht wird bzw. welche Buchungen in das Hauptbuch übertragen werden. Der Bewertungsplan XY mit vier Bewertungsbereichen könnte beispielsweise so aufgebaut sein, dass in den Bereichen Handelsrecht und IFRS die Anschaffungswerte und Abschreibungen, im kalkulatorischen Bereich dagegen nur die Abschreibungen gebucht werden und der steuerrechtliche Bereich lediglich zu Informationszwecken geführt wird (siehe Abbildung 7.2). In SAP S/4HANA ist die Anlagenbuchhaltung so in die Hauptbuchhaltung integriert, dass jede Buchung auf Ebene einer einzelnen Anlage zusätzlich mit dem jeweiligen Hauptbuchkonto im Universal Journal gespeichert wird und dadurch jegliche Abstimmnotwendigkeit zwischen Hauptbuch und Nebenbuch entfällt.

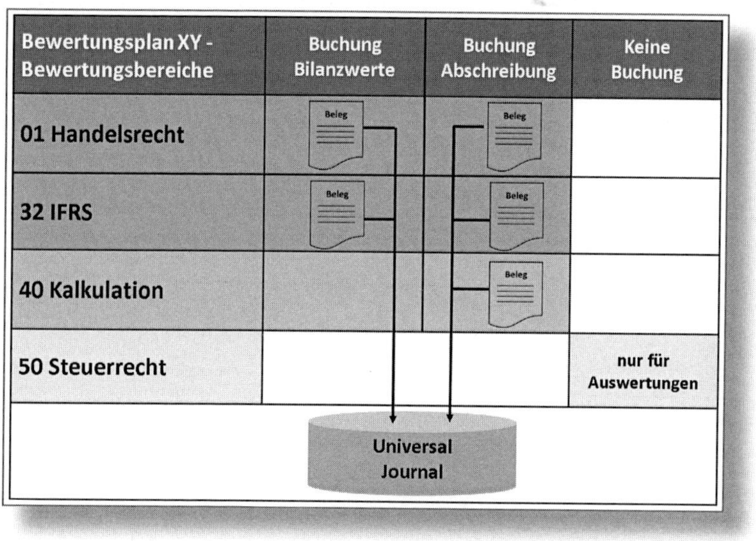

Abbildung 7.2: Bewertungsplan XY mit unterschiedlicher Buchungslogik

In unserem Beispiel werden wir den Bewertungsbereich ZDE1 verwenden, der Werte nach deutschem Handelsrecht und IFRS führt.

Mit den in Abbildung 7.3 dargestellten Apps der Anlagenbuchhaltung können Sie Stammdaten pflegen, Prozesse ausführen und Auswertungen erstellen. In diesem Kapitel stelle ich Ihnen die markierten Apps ❶–❻ näher vor.

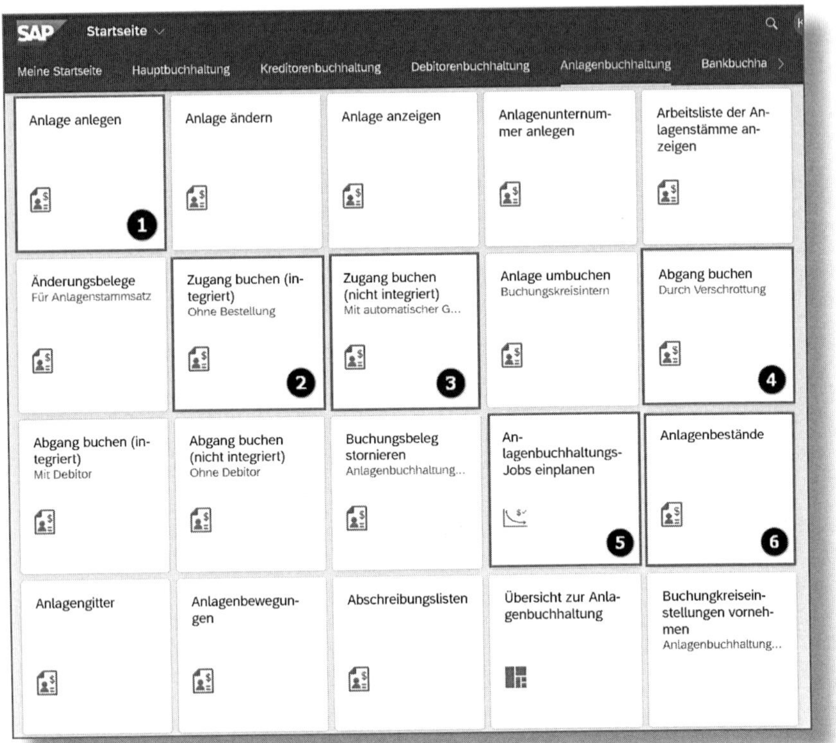

Abbildung 7.3: Apps der Anlagenbuchhaltung

7.2 Anlagenstammsatz

Gemäß geltenden Bilanzierungsregeln muss jedes Unternehmen zwischen Gegenständen des Anlage- und des Umlaufvermögens unterscheiden. Generell ist eine *Anlage* ein Objekt, das einem Unternehmen gehört und diesem langfristig zur Verfügung steht, wie etwa Grundstücke, Gebäude, Maschinen, Fahrzeuge oder Computer. Daher muss jede Anlage in SAP S/4HANA eindeutig einem bestimmten Buchungskreis zugeordnet werden, zusätzlich auch einer Kostenstelle oder einem Innenauftrag und wahlweise einem Profitcenter und einem Segment.

Die *Anlagenklasse* ist das wichtigste Gliederungsmerkmal und Steuerungskriterium der Anlagenbuchhaltung. Mit jeder Anlagenklasse sind wichtige Informationen verknüpft, wie die Kontenfindung, der Nummernkreis, der Bildaufbau und Einstellungen zur Bewertung (siehe Abbildung 7.4).

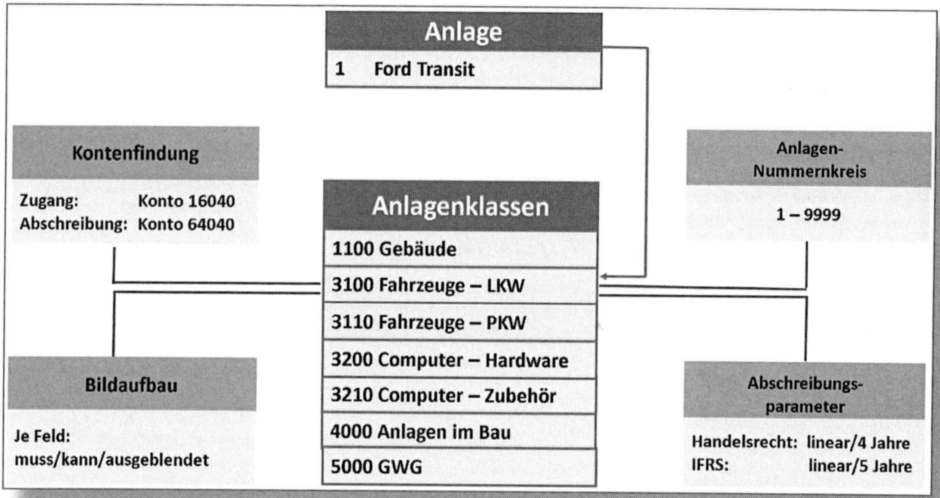

Abbildung 7.4: Steuerungsinformationen der Anlagenklasse

Da jede Anlage einer Anlagenklasse zugeordnet ist, werden die Steuerungsinformationen der Anlageklasse automatisch in die Anlage übernommen. Wird beispielsweise ein neuer Ford Transit erworben, dann wird dieser der Anlagenklasse 3100 Fahrzeuge – LKW zugeordnet. Damit ist gleichzeitig festgelegt, welche Felder einzugeben sind, dass der Anlagenzugang auf das Konto 16040 gebucht wird, die Nutzungsdauer laut Handelsrecht vier Jahre, nach IFRS jedoch fünf Jahre beträgt und die Anlagennummer durch die nächste freie Nummer aus dem Intervall 1 bis 9999 bestimmt wird.

! Keine nachträgliche Änderung der Anlagenklasse

Achten Sie darauf, beim Anlegen einer Anlage die richtige Anlagenklasse auszuwählen. Haben Sie eine Anlage mit einer bestimmten Anlagenklasse abgespeichert, können Sie diese Zuordnung nicht mehr ändern.

Der Anlagenstammsatz in SAP S/4HANA besteht aus zwei Teilen:

1. Im **allgemeinen Teil** sind generelle Informationen zur Anlage wie die Bezeichnung oder die Zuordnung zur Kostenstelle gespeichert.
2. Im **Bewertungsteil** wird definiert, wie die Anlage in den verschiedenen Bewertungsbereichen bewertet wird. Hier werden der Abschreibungsschlüssel und die Nutzungsdauer hinterlegt.

In den Systemeinstellungen kann über den Bildaufbau definiert werden, in welchen Feldern Eingaben möglich oder obligatorisch sind bzw. welche ganz ausgeblendet werden. Zusätzlich lassen sich die Reiter und die Zuordnung der Felder kundenspezifisch anpassen.

Arbeitserleichterung durch einfache Eingabemasken

Wenn Sie alle nicht benötigten Datenfelder ausblenden und die Anzahl der Karteikartenreiter reduzieren, können Sie Ihre Anlagenstammsätze wesentlich einfacher und effizienter anlegen und bearbeiten.

Mit der *Anlagenunternummer* können Sie eine Anlage noch weiter untergliedern. Haben Sie einen PC mit Bildschirm und Tastatur erworben, können Sie PC, Bildschirm und Tastatur unter einer Anlagenhauptnummer 4711-0 führen. Alternativ wäre es aber auch möglich, den PC als Hauptnummer und den Bildschirm als Unternummer 1 sowie die Tastatur als Unternummer 2 zu führen. Für den PC mit Zubehör wären demnach folgende Nummern angelegt:

- 4711-0 Personal Computer Dell 7060

- 4711-1 Bildschirm Dell 2100H
- 4711-2 Tastatur Dell 3500T

Im Weiteren werden wir keine Anlagenunternummern verwenden.

In Szenario 5 unserer Beispielfirma »Fair Trade Coffee GmbH« werden wir die Anlagenstammsätze für einen Ford Transit und zwei Notebooks anlegen (siehe Abbildung 7.5).

Nr.	Abschnitt	Anlage	Bezeichnung	Anlagenklasse
1	7.2	1	Ford Transit	Fahrzeuge (5000)
2	7.3.1	2	Lenovo Notebook T440	Computer (6000)
3	7.3.1	3	Lenovo Notebook T450	Computer (6000)

Abbildung 7.5: Szenario 5 – Anlage Anlagenstämme

Anlegen des Anlagenstamms – allgemeiner Teil

Um einen neuen Anlagenstammsatz zu erstellen, rufen Sie die App »Anlage anlegen« auf (siehe Abbildung 7.6).

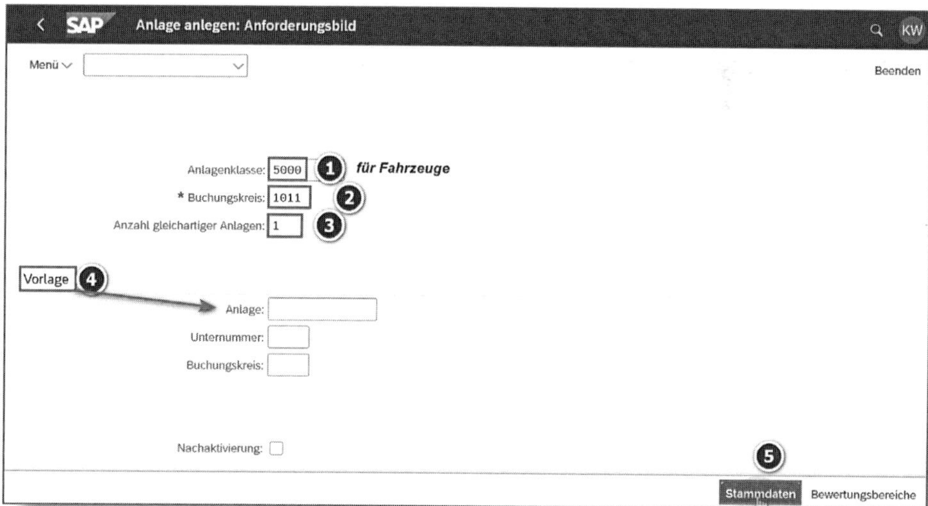

Abbildung 7.6: App »Anlage anlegen«

Sie haben zwei Möglichkeiten, eine neue Anlage zu erfassen: Wenn Sie die ANLAGENKLASSE ❶ eingeben, werden die dort hinterlegten Einstellungen für die neue Anlage verwendet. Die Anlagenklassen sind vorab im Customizing anzulegen. In unserem Beispiel verwenden Sie die Anlagenklasse *5000* für Fahrzeuge. Der BUCHUNGSKREIS ❷ ist idealerweise bereits vorbelegt. Bei ANZAHL GLEICHARTIGER ANLAGEN ❸ steht standardmäßig *1*. Haben Sie beispielsweise drei Notebooks gekauft, können Sie durch die Eingabe von *3* die drei Anlagenstammsätze in einem Arbeitsschritt erstellen.

Sie können aber auch eine bestehende Anlage als VORLAGE ❹ verwenden. Unabhängig davon, für welche Alternative Sie sich entschieden haben, öffnet sich durch Drücken der Schaltfläche STAMMDATEN ❺ ein weiterer Bildschirm, in dem Sie die Detaildaten zur Anlage erfassen.

In unserem Beispiel werde ich nur die wichtigsten Felder ansprechen.

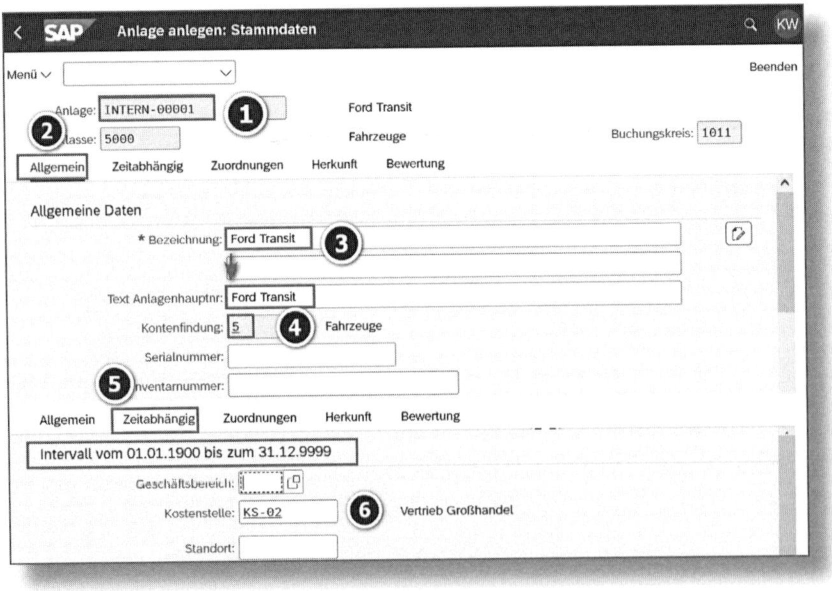

Abbildung 7.7: Anlagenstamm – allgemeine Daten 1

Bei interner Nummernvergabe (siehe Abbildung 7.7) ist im Feld ANLAGE ❶ der Eintrag *INTERN-000001* vorgegeben. Dies ist nur ein vorläufiger Platzhalter. Die tatsächliche Anlagennummer wird erst beim Speichern zugeteilt. Sie beginnen Ihre Eingaben unter dem Reiter ALLGEMEIN ❷. In das Feld BEZEICHNUNG ❸ tragen Sie einen aussagekräftigen Text ein. Ihre Eingaben werden in den TEXT ANLAGENHAUPTNR übertragen. Die KONTENFINDUNG ❹ wird über die Anlagenklasse mit der Anlage verknüpft und kann nicht geändert werden. Über die *Kontenfindung* wird im Customizing hinterlegt, auf welche Konten der Hauptbuchhaltung automatisch gebucht wird. Unter dem Reiter ZEITABHÄNGIG ❺ finden Sie das Feld KOSTENSTELLE ❻. Hier ergänzen Sie die Kostenstelle, der die Anlage zugeordnet werden soll. Dieses Datenfeld ist zeitabhängig. Das bedeutet, dass Sie auch ein neues Intervall (z. B. für die nächsten drei Monate) anlegen und die Anlage für diesen Zeitraum einer anderen Kostenstelle zuordnen können.

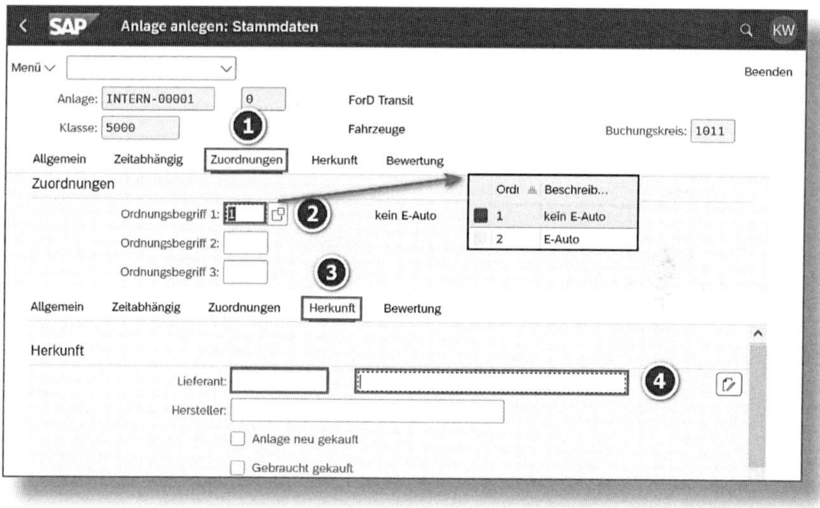

Abbildung 7.8: Anlagenstamm – Allgemeine Daten 2

Wie in Abbildung 7.8 dargestellt, können Sie auf dem nächsten Reiter ZUORDNUNGEN ❶ die Anlage mit einem oder mehreren vorher definierten *Ordnungsbegriffen* verknüpfen. In unserem Beispiel wählen Sie als ORDNUNGSBEGRIFF 1 eine *1* für *kein E-Auto* ❷.

Unter HERKUNFT ❸ können Sie den LIEFERANTEN ❹ der Anlage manuell eintragen oder diesen im Rahmen der Anlagenzugangsbuchung automatisch zuordnen lassen.

Anlegen des Anlagenstamms – Bewertungsteil

Die Anlagenbewertung wird über den Reiter BEWERTUNG aufgerufen (siehe Abbildung 7.9). Unter der Spalte BEWERTUNGSBEREICH ❶ finden Sie alle Bewertungsbereiche des verwendeten Bewertungsplans. In unserem Beispiel sind das die *IFRS* und das *HR (Handelsrecht)*, jeweils in Buchungskreis- und Konzernwährung. Der ABSCHREIBUNGSSCHLÜSSEL ❷ ist *LINS* für lineare Abschreibung. Die NUTZUNGSDAUER ❸ nach IFRS beträgt *4* Jahre und nach Handelsrecht *5* Jahre. Das Datum N-AFA-BEGINN ❹ fehlt hier noch, wird aber automatisch bei der Buchung des Anlagenzugangs gefüllt.

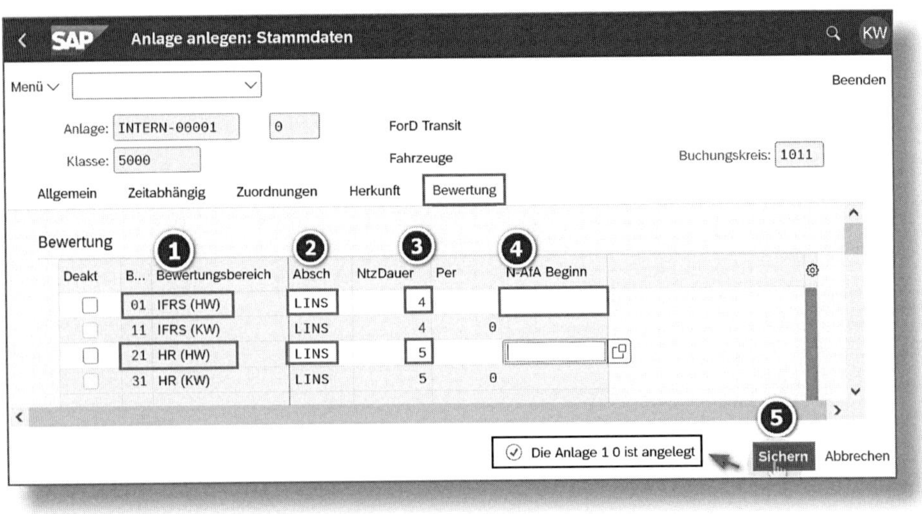

Abbildung 7.9: Anlagenstamm – Bewertungsbereiche

7.3 Anlagenbewegungen

Zu den Anlagenbewegungen gehören die folgenden Prozesse:

- Anlagenzugang durch Kauf
- Umbuchung Anlagen
- Aktivierung Anlagen im Bau
- Anlagenabgang durch Verschrottung
- Anlagenabgang durch Verkauf

Im Rahmen des Jahresabschlusses ist auch ein *Anlagengitter* (auch *Anlagenspiegel* genannt) zu erstellen, das die Entwicklung der Wirtschaftsgüter eines Unternehmens im abgeschlossenen Geschäftsjahr darstellt. Damit die Anlagenbewegungen im Anlagengitter in der richtigen Spalte dargestellt werden, ist bei jeder Buchung im Zusammenhang mit einer Anlage die zutreffende *Anlagenbewegungsart* einzugeben.

Wichtige Anlagenbewegungsarten sind:

- 100 Zugang durch Kauf
- 200 Abgang ohne Erlös
- 210 Abgang mit Erlös
- 250 Abgang Neuzugang ohne Erlös
- 260 Abgang Neuzugang mit Erlös

In Szenario 6 unserer Beispielfirma »Fair Trade Coffee GmbH« buchen wir Anlagenzugänge eines LKWs sowie die zweier Notebooks, die Verschrottung eines Notebooks und den Abschreibungslauf (siehe Abbildung 7.10).

Nr.	Abschnitt	Datum	Geschäftsfall	Konto	Bezeichnung	Soll	Haben
1	7.3.1	05.07.2024	Kauf Ford Transit (ER ANL 24/01) (1a)	16099	Techn.Verr.konto Anlagenzug.	24 000,00 €	
				12600	Vorsteuer	4 560,00 €	
				21100	Kreditor BP-03 | Verbindl. L&L		28 560,00 €
2	7.3.1	05.07.2024	Kauf Ford Transit (ER ANL 24/01) (1b)	16030	Anlage 1 (Ford) | Fuhrpark	24 000,00 €	
				16099	Techn.Verr.konto. Anlagenzug.		24 000,00 €
3		06.07.2024	Kauf 2 Notebooks (ER ANL 24/02) (2a)	16098	Verr.konto Anlagenzugang	2 000,00 €	
				12600	Vorsteuer	38,00 €	
				21100	Kreditor BP-04 | Verbindl. L&L		2 380,00 €
4	7.3.1	07.07.2024	Aktivierung Notebook T440 (ER ANL 24/02) (2b)	16040	Anlage 2 (Notebook) | Computer	1 000,00 €	
				16098	Verrechn.konto Anlagenzugang		1 000,00 €
5	7.3.1	07.07.2024	Aktivierung Notebook T450 (ER ANL 24/02) (2b)	16040	Anlage 3 (Notebook) | Computer	1 000,00 €	
				16098	Verrechn.konto Anlagenzugang		1 000,00 €
6		07.07.2024	Kauf 2 Speichererw. (ER ANL 24/03) (3a)	16098	Anlage 2+3 (Speicher) | Computer	400,00 €	
				12600	Vorsteuer	76,00 €	
				21100	Verrechn.konto Anlagenzugang		476,00 €
7	7.3.1	07.07.2024	Aktivierung 2 Speichererw. (ER ANL 24/04) (3b)	16040	Anlage 2 (Notebook) | Computer	200,00 €	
				16098	Verrechn.konto Anlagenzugang		200,00 €
				16040	Anlage 3 (Notebook) | Computer	200,00 €	
				16098	Verrechn.konto Anlagenzugang		200,00 €
8	7.3.2	07.07.2024	Verschrottung Notebook wegen Beschädigung	71010	Mindererlös Anlagenabgang	1 200,00 €	
				16040	Anlage 3 (Notebook) | Computer		1 200,00 €
9	7.5.1	30.04.2024	Abschreibungslauf 07/2024 IFRS (9a)	64040	Abschreibungen	500,00 €	
				16031	Anlage 1 (Ford) | Fuhrpark		500,00 €
				64040	Abschreibungen	25,00 €	
				16031	Anlage 2 (Notebook) | Computer		25,00 €
10	7.5.1	30.04.2024	Abschreibungslauf 07/2024 HR (9b)	64040	Abschreibungen	500,00 €	
				16031	Anlage 1 (Ford) | Fuhrpark		500,00 €
				64040	Abschreibungen	25,00 €	
				16031	Anlage 2 (Notebook) | Computer		25,00 €

Abbildung 7.10: Szenario 6 – Buchungen in der Anlagenbuchhaltung

7.3.1 Anlagenzugang durch Kauf

Wenn Sie eine Anlage durch einen Kauf erwerben, können Sie diesen Zugang mit der Kreditorenbuchhaltung integriert oder über ein Verrechnungskonto buchen (siehe Abbildung 7.11).

Bei der Buchung *Anlagenzugang integriert mit Kreditor* werden bei der Buchung der Eingangsrechnung ❶ (dargestellt im linken Teil der Abbildung 7.11) in einem Schritt die Anlage im Soll, der Kreditor im Haben und die dahinterliegenden Abstimmkonten im Hauptbuch verbucht.

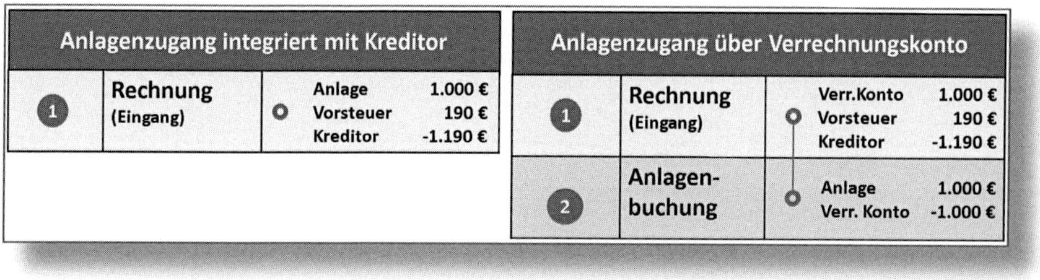

Abbildung 7.11: Anlagenzugang integriert bzw. über Verrechnungskonto

Bei der Buchung *Anlagenzugang nicht integriert über Verrechnungskonto* erfolgt die Verbuchung in zwei Schritten (dargestellt im rechten Teil der Abbildung 7.11): Zunächst werden in der Kreditorenbuchhaltung ❶ ein Verrechnungskonto im Soll und der Kreditor im Haben gebucht. Anschließend erfolgt in der Anlagenbuchhaltung ❷ das Verbuchen der Anlage im Soll und des Verrechnungskontos im Haben. Dadurch wird das Verrechnungskonto wieder auf null saldiert.

Daneben können Sie den Anlagenzugang auch integriert mit dem Einkauf und dem SAP-Modul Materialwirtschaft (MM) abwickeln.

> **Integration zwischen den Modulen**
>
> Optimieren Sie Ihre Prozesse, indem Sie die abteilungs- und modulübergreifenden Integrationsmöglichkeiten von SAP S/4HANA nutzen.

Anlagenzugang integriert mit Kreditor

Um die Anforderungen der parallelen Rechnungslegung besser abbilden zu können, wurde die Buchungslogik der neuen Anlagenbuchhaltung in SAP S/4HANA so geändert, dass die bei einem integrierten Anlagenzugang erfasste Buchung in mehrere Buchungen gesplittet wird (siehe Abbildung 7.12).

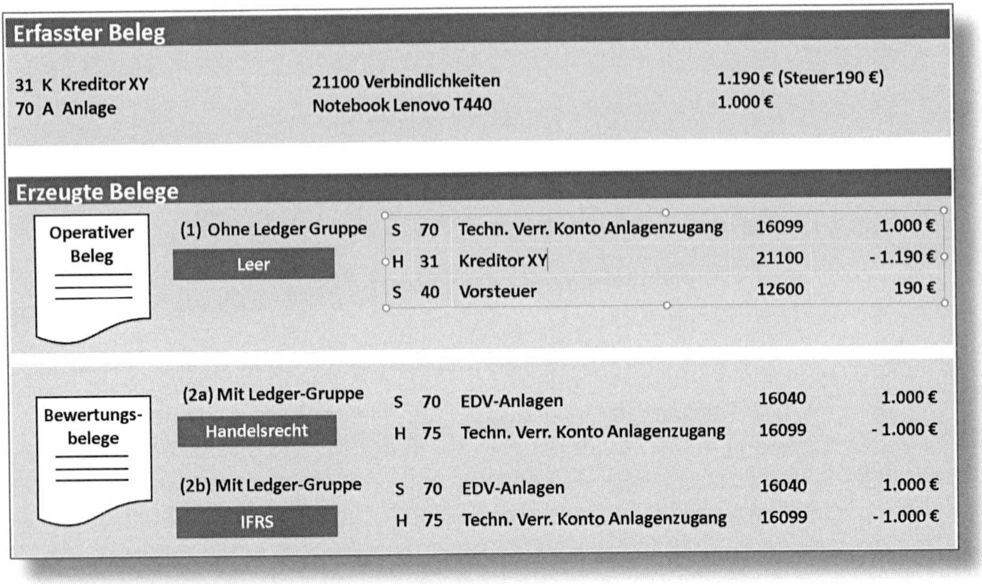

Abbildung 7.12: Buchungen bei integriertem Anlagenzugang

Sie erfassen die Anlage im Soll und den Kreditor im Haben. Das System erzeugt in diesem Fall einen *operativen Beleg* und je Rechnungslegungsvorschrift einen *Bewertungsbeleg*. Wenn wir das Anlagevermögen nach Handelsrecht und IFRS bewerten, erhalten wir also insgesamt drei Belege. Im operativen Beleg, der für Handelsrecht und IFRS gilt, werden im Soll das vom System vordefinierte technische Verrechnungskonto und im Haben der Kreditor und die Vorsteuer gebucht. Wenn die Anlage nach beiden Rechnungslegungsvorschriften mit dem gleichen Wert aktiviert wird, entstehen zwei identische Belege, in denen die Anlage im Soll und das technische Verrechnungskonto im Haben gebucht werden.

Um mit der neuen Anlagenbuchhaltung in SAP S/4HANA einen integrierten Anlagenzugang zu buchen, rufen Sie die App »Zugang buchen (integriert) Ohne Bestellung« auf (Abbildung 7.13).

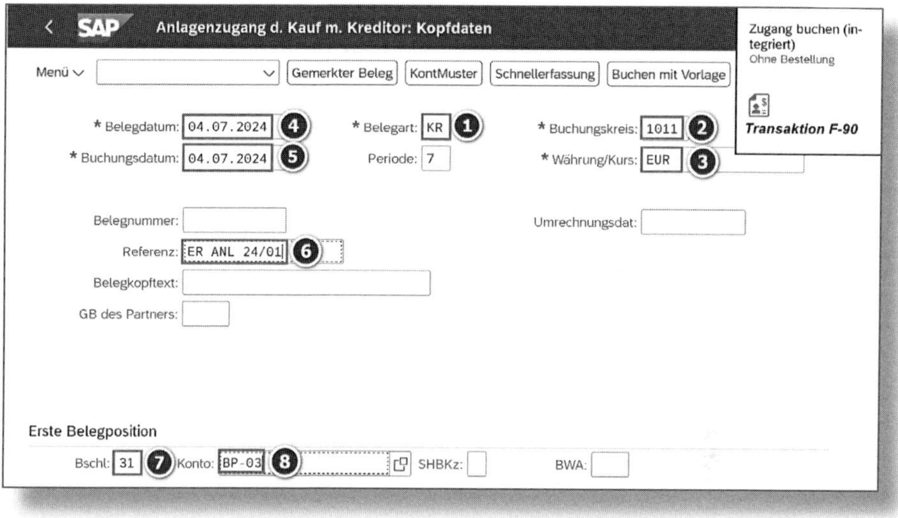

Abbildung 7.13: Anlagenzugang integriert – Kopfdaten

Diese klassische App entspricht der GUI-Transaktion *F-90*. Wie in der Transaktion müssen Sie auch hier pro Belegzeile einen *Buchungsschlüssel* eingeben, mit dem Sie steuern, ob Sie in dieser Belegzeile ein Sachkonto, einen Kreditor, einen Debitor oder eine Anlage im Soll bzw. im Haben bebuchen wollen.

Die wichtigsten Buchungsschlüssel sind:

- 01 Debitor (Soll)
- 11 Debitor (Haben)
- 21 Kreditor (Soll)
- 31 Kreditor (Haben)
- 40 Hauptbuch (Soll)
- 50 Hauptbuch (Haben)
- 70 Anlage (Soll)
- 75 Anlage (Haben)

Für unser Beispiel werden wir mit dem Buchungsschlüssel 70 die Anlage im Soll und mit dem Buchungsschlüssel 31 den Kreditor im Haben bebuchen.

Zunächst erfassen Sie die Daten des Belegkopfes: BELEGART ❶, BUCHUNGSKREIS ❷ und WÄHRUNG ❸ sollten schon vorbelegt sein. Sie ergänzen noch das BELEGDATUM ❹ und das BUCHUNGSDATUM ❺. In das Feld REFERENZ ❻ geben Sie die Rechnungsnummer des Kreditors ein (in unserem Beispiel *ER ANL 24/01* für die Rechnungsnummer 1/2024 des Autohauses Ford Maier). Im unteren Bildschirmbereich tragen Sie den BUCHUNGSSCHLÜSSEL *31* für Kreditoren ❼ und die KONTONUMMER *BP-03* für das Autohaus Ford Maier ❽ ein. Abschließend drücken Sie die `Enter`-Taste.

Es erscheint das Detailbild für die erste Belegposition (siehe Abbildung 7.14).

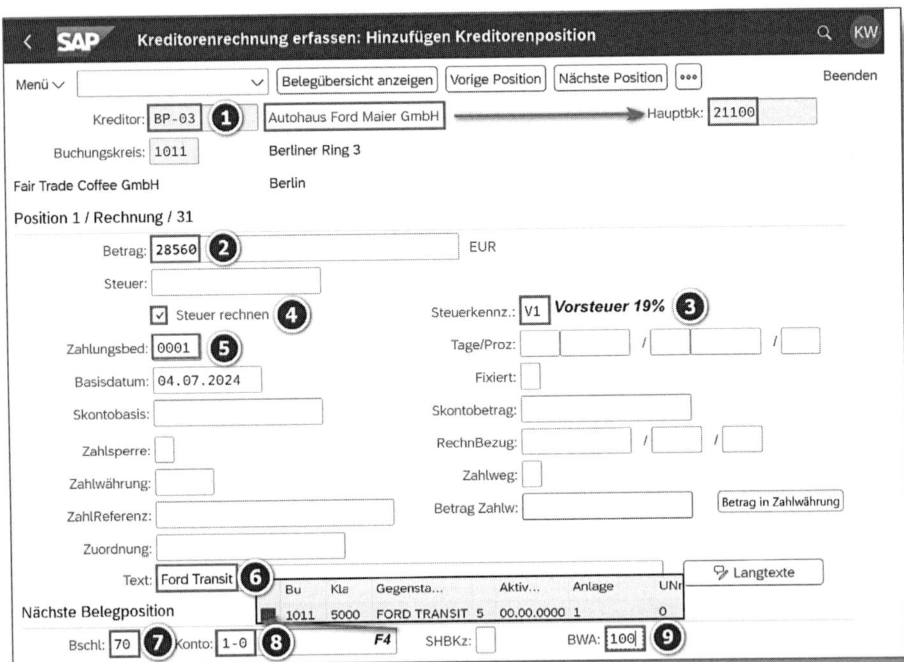

Abbildung 7.14: Anlagenzugang integriert – Kreditorenposition

Im oberen Bildschirmbereich ❶ sehen Sie den eingegebenen Kreditor *BP-03* für das Autohaus Ford Maier GmbH und das verknüpfte Abstimmkonto *21100*. Sie geben dann den BETRAG von *28.590 EUR* ❷ inklusive Steuer sowie das STEUERKENNZ. *V1* ❸ für 19 % Vorsteuer ein und markieren STEUER RECHNEN ❹. Die ZAHLUNGSBEDINGUNG ❺ wird aus dem Kreditorenstamm übernommen, kann aber überschrieben werden. Als TEXT ❻ verwenden Sie eine aussagekräftige Beschreibung (in unserem Beispiel *Ford Transit*).

Um die Anlagennummer in die nächste Belegposition eingeben zu können, ergänzen Sie den Buchungsschlüssel (BSCHL) *70* ❼ für Anlagen, das KONTO *1-0* ❽ für die vorher angelegte Anlagennummer 1 (bei Verwendung von Anlagenunternummern entspräche die Eingabe 1-1 der Unternummer 1 zur Anlage 1) und im Feld BWA *100* ❾ für die Bewegungsart »Anlagenzugang aus Kauf« – drücken Sie wieder die [Enter]-Taste.

[F4]-Taste für Suche nach Anlagennummer

Wenn Sie im Feld KONTONUMMER die [F4]-Taste drücken, werden Ihnen die von Ihnen zuletzt angelegten Anlagennummern angezeigt.

Obwohl die Anlage eingegeben wurde, wird bereits das technische Verrechnungskonto *16099* als HAUPTBUCHKONTO angezeigt ❶ (siehe Abbildung 7.15).

Um Werte aus der ersten Buchungszeile zu übernehmen, geben Sie in das Feld BETRAG ❷ *** und in das Feld TEXT ❹ *+* ein. Dadurch wird der noch fehlende Betrag ergänzt und der Text aus der ersten Position kopiert. Zusätzlich wählen Sie im Feld STEUERKENNZ. ❸ das zutreffende Steuerkennzeichen (in unserem Beispiel *V1* für 19 % Vorsteuer) aus. Abschließend drücken Sie den BUCHEN-Button ❺.

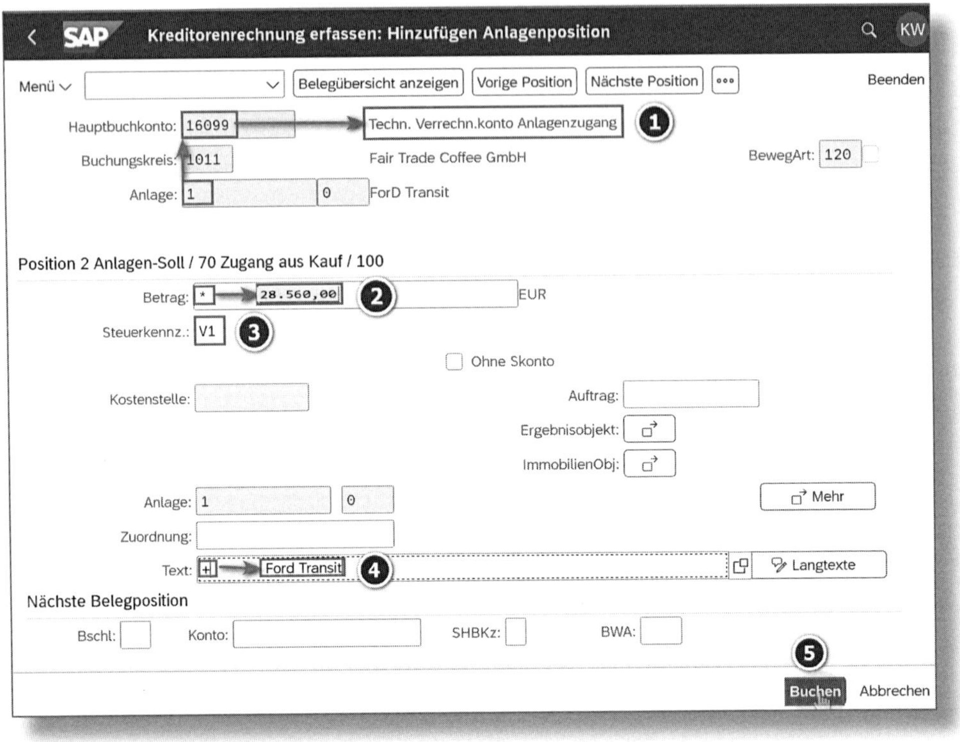

Abbildung 7.15: Anlagenzugang integriert – Anlagenposition

Das System hat automatisch drei Belege erzeugt. Einen operativen Beleg, der den Kreditor betrifft und für beide Rechnungslegungsvorschriften relevant ist, und je einen rechnungslegungsspezifischen Beleg für die Anlage. Die Belege *20008* ❶ und *10012* ❷ in Abbildung 7.16 sind für die Rechnungslegungsvorschrift nach IFRS relevant, während die Belege *20008* ❶ und *70003* ❷, dargestellt in Abbildung 7.17, für die lokale Rechnungslegung (deutsches Handelsrecht) von Belang sind.

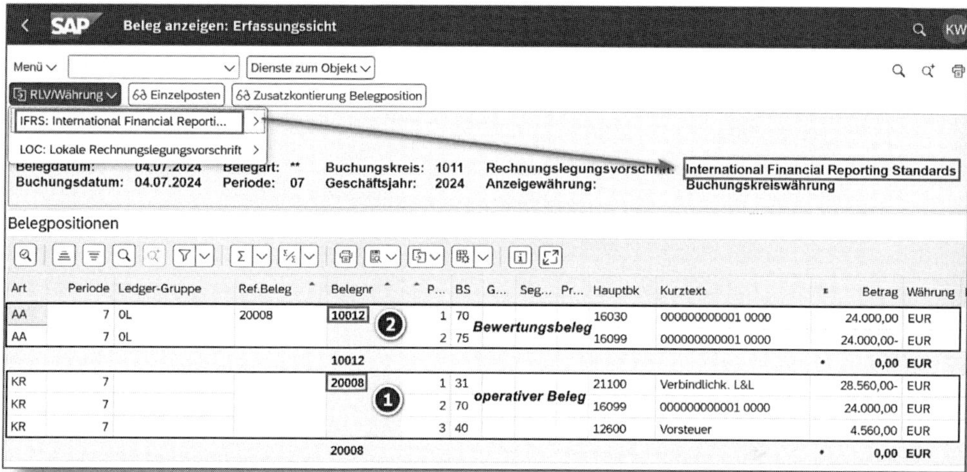

Abbildung 7.16: IFRS – Belege 20008 und 10012

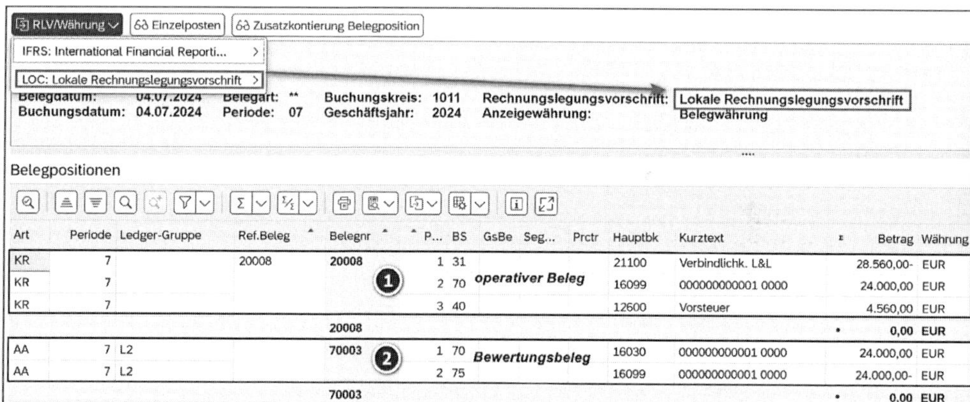

Abbildung 7.17: Handelsrecht – Belege 20008 und 70003

Rufen Sie nach der Zugangsbuchung die App »Anlage anzeigen« (siehe Abbildung 7.18) auf. Geben Sie im Erfassungsbild die Nummer der ANLAGE ❶ ein, und gehen Sie auf die STAMMDATEN ❷.

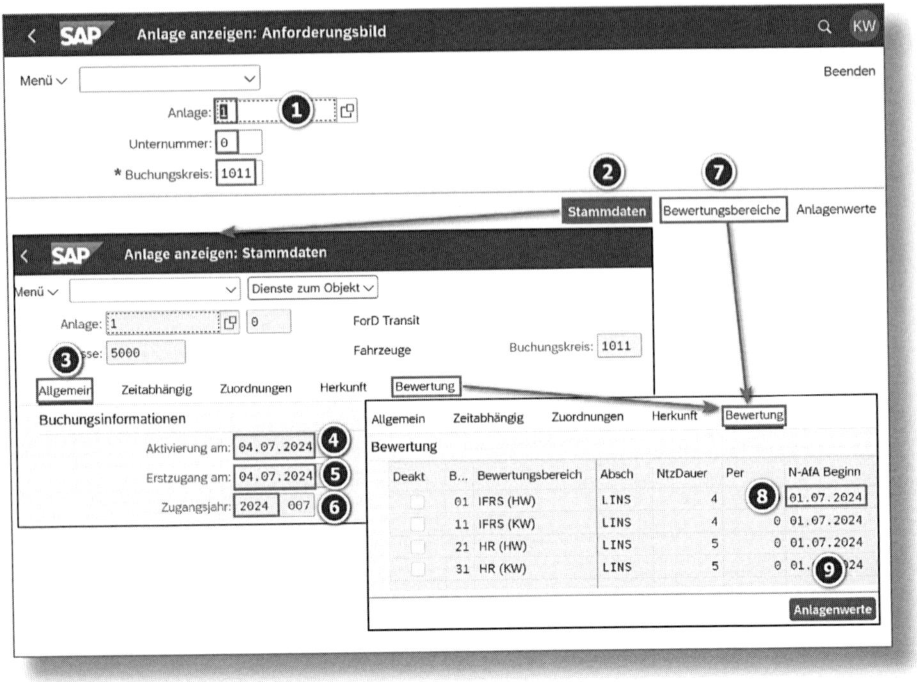

Abbildung 7.18: Anlagenstamm – Aktivierungsdatum und N-AfA-Beginn

Durch die Buchung des Anlagenzugangs werden im Anlagenstammsatz unter ALLGEMEIN ❸ die Zugangsdaten vom *04.07.2024* in die Felder AKTIVIERUNG AM ❹, ERSTZUGANG AM ❺ und ZUGANGSJAHR ❻ übertragen; unter BEWERTUNGSBEREICHE ❼ wird je Bewertungsbereich das Feld N-AFA BEGINN ❽ mit dem Datum des Abschreibungsbeginns (im Beispiel *01.07.2024*) versehen.

Über entsprechende Systemeinstellungen wird gesteuert, wie das Datum des *Abschreibungsbeginns* in Abhängigkeit vom *Aktivierungsdatum* automatisch berechnet wird. In Deutschland startet die Abschreibung in der Regel mit dem Monatsbeginn der Aktivierung. In Österreich hingegen gibt es die *Halbjahresregel*, bei der im Falle einer Aktivierung im ersten Halbjahr der Abschreibungsbeginn auf den 1. Januar und bei einer Aktivierung im zweiten Halbjahr auf den 1. Juli gesetzt wird. Durch Drücken der Taste ANLAGENWERTE ❾ springen Sie in den Asset Explorer (siehe Abschnitt 7.4).

Anlagenzugang nicht integriert über Verrechnungskonto

Beim *nicht integrierten Anlagenzugang* erfolgt zunächst seitens der Kreditorenbuchhaltung die Buchung der Rechnung gegen ein Verrechnungskonto, gegen das in einem zweiten Schritt die Anlagenbuchhaltung den Anlagenzugang bucht. Nach beiden Buchungsvorgängen ist der Saldo des Verrechnungskontos wieder auf null.

Unsere Beispielfirma hat 2 neue Lenovo Notebooks gekauft und die Kreditorenrechnung bereits verbucht. Wir werden daher als zweiten Schritt den Zugang eines Notebooks »nicht integriert« buchen. Dazu rufen Sie die App »Zugang buchen (nicht integriert) mit automatischer Gegenbuchung« auf (siehe Abbildung 7.19).

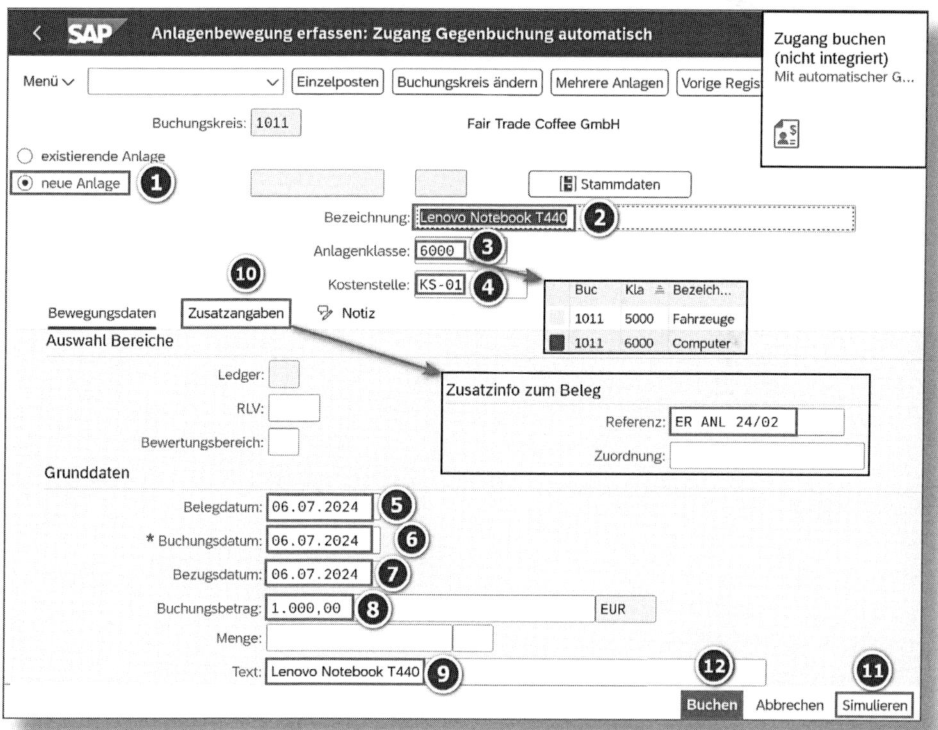

Abbildung 7.19: Anlagenzugang – nicht integriert

Diese klassische App entspricht der GUI-Transaktion *ABZON*.

Sie bietet Ihnen die Möglichkeit, auf eine existierende Anlage zu buchen oder gleichzeitig eine neue Anlage anzulegen. Sie markieren in diesem Beispiel die Schaltfläche NEUE ANLAGE ❶ und geben die BEZEICHNUNG ❷, die ANLAGENKLASSE ❸ sowie die KOSTENSTELLE ❹ ein. In den GRUNDDATEN füllen Sie folgende Felder aus: BELEGDATUM ❺, BUCHUNGSDATUM ❻, BEZUGSDATUM ❼, BUCHUNGSBETRAG ❽ und TEXT ❾. Wenn Sie möchten, können Sie unter ZUSATZANGABEN ❿ weitere Daten wie die Rechnungsnummer in das Feld REFERENZ eingeben. Anschließend drücken Sie auf SIMULIEREN ⓫ oder gleich auf BUCHEN ⓬.

Bei der Verbuchung des nicht integrierten Anlagenzugangs erzeugt das System je Rechnungslegungsvorschrift eine Buchung. In diesem Beispiel wurden die Belege *10014* für IFRS ❶ und *700005* für Handelsrecht ❷ erzeugt (siehe Abbildung 7.20).

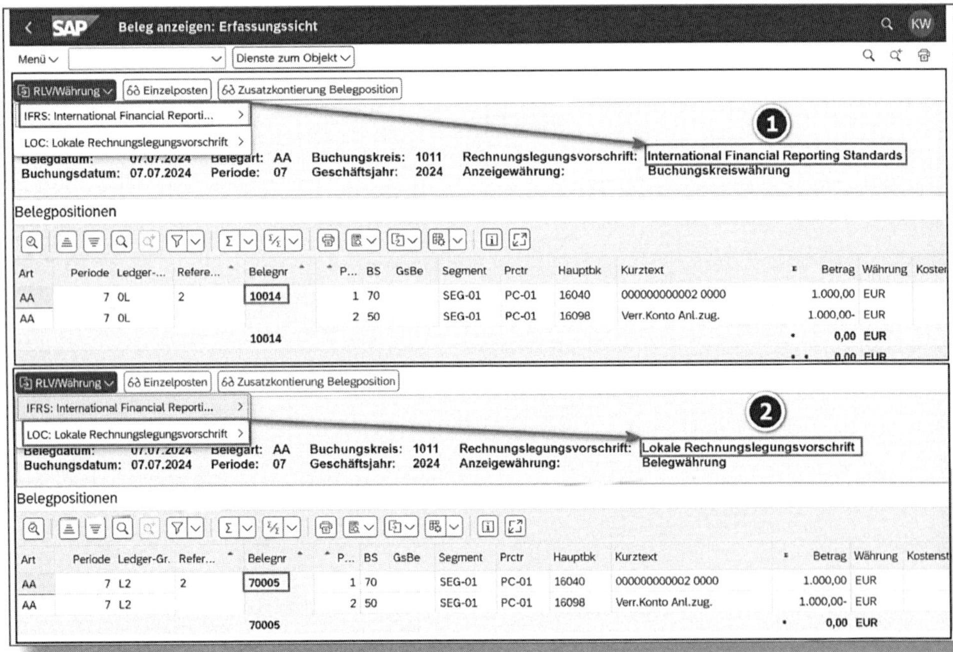

Abbildung 7.20: Buchungsbeleg bei nicht integriertem Anlagenzugang

Die Buchung des Anlagenzugangs für das zweite Notebook erfolgt in gleicher Weise.

Um die Leistungsfähigkeit der beiden Notebooks zu erhöhen, wurden Speichererweiterungen im Wert von je 200 EUR gekauft. Beides können Sie sehr einfach in einer gemeinsamen Buchung erfassen.

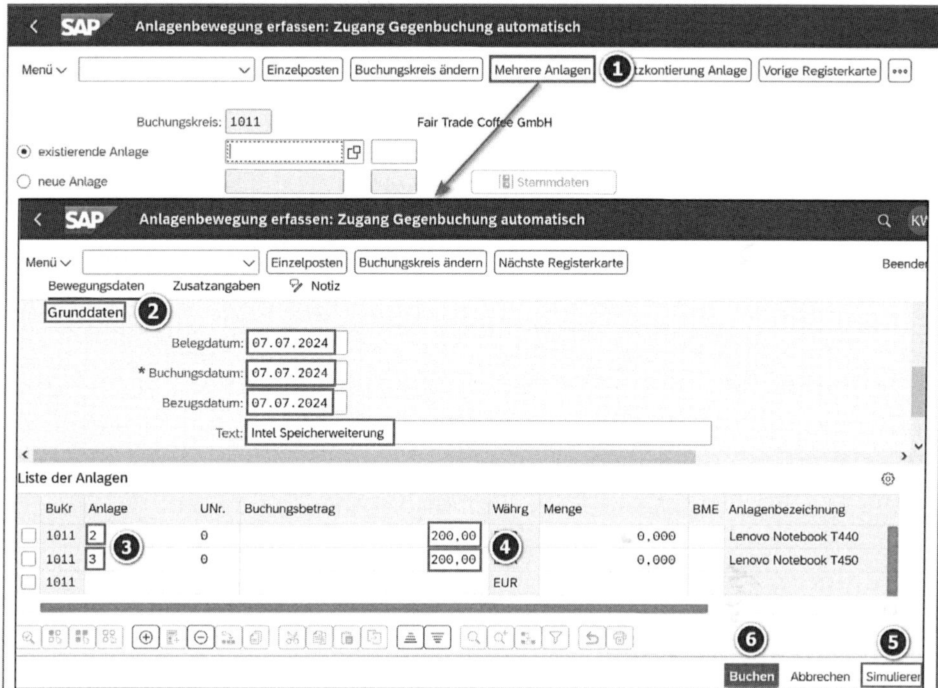

Abbildung 7.21: Anlagenzugang nicht integriert – mehrere Anlagen

Hierfür klicken Sie im Einstiegsbildschirm (siehe Abbildung 7.21) auf die Schaltfläche MEHRERE ANLAGEN ❶. Daraufhin erscheint eine neue Eingabemaske, in der Sie unter GRUNDDATEN ❷ die Felder BELEGDATUM, BUCHUNGSDATUM, BEZUGSDATUM und TEXT eingeben. Unter LISTE DER ANLAGEN ergänzen Sie in der Spalte ANLAGE ❸ die Anlagennummern (in unserem Beispiel die Anlagen *2* und *3*) sowie in der Spalte BUCHUNGSBETRAG ❹ je *200 EUR*. Anschließend können Sie den Beleg SIMULIEREN ❺ oder BUCHEN ❻.

Mittels Belegsimulation wird Ihnen der in Abbildung 7.22 dargestellte Buchungsbeleg angezeigt. Gemäß der IFRS-Rechnungslegungsvorschrift wird auf die Anlage 2 ❶ (Lenovo Notebook T440) und die Anlage 3 ❷ (Lenovo Notebook T450) jeweils ein Betrag von *200 EUR* im Soll gebucht.

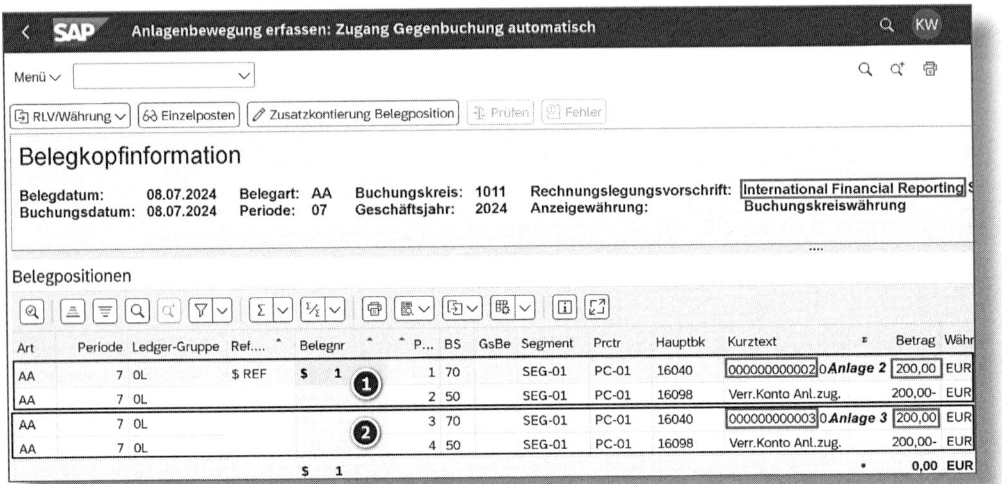

Abbildung 7.22: Simulierter Buchungsbeleg bei Anlagenzugang mehrerer Anlagen

7.3.2 Anlagenabgang durch Verschrottung

Eines der Notebooks (in unserem Beispiel das Lenovo T450) wurde leider durch den fehlerhaften Einbau der Speichererweiterung vollständig beschädigt und muss verschrottet werden.

Um eine Anlage ohne Erlös auszubuchen, rufen Sie die App »Abgang buchen durch Verschrottung« auf (siehe Abbildung 7.23).

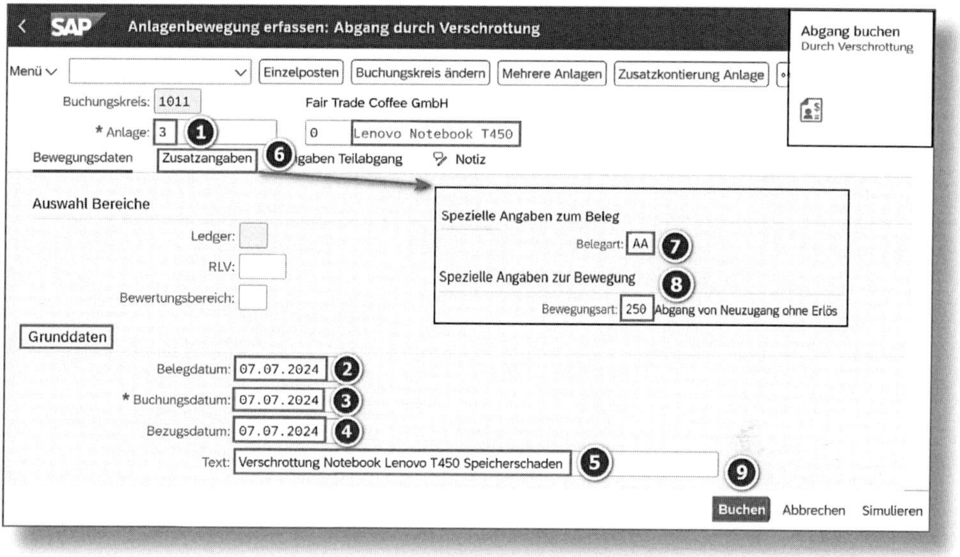

Abbildung 7.23: Anlagenabgang durch Verschrottung

Zunächst geben Sie die ANLAGE ❶ ein, die Sie ausbuchen möchten. In unserem Beispiel geben Sie die Anlagennummer *3* ein und Ihnen wird rechts der *Lenovo Notebook T440* angezeigt. Unter GRUNDDATEN pflegen Sie die Felder BELEGDATUM ❷, BUCHUNGSDATUM ❸, BEZUGSDATUM ❹ und ergänzen einen aussagekräftigen TEXT ❺. Das Bezugsdatum bestimmt den Tag der Deaktivierung und in weiterer Folge das Abschreibungsende. Unter dem Reiter ZUSATZANGABEN ❻ geben Sie die BELEGART ❼ (in unserem Beispiel *AA* für Anlagenbuchhaltung) und die BEWEGUNGSART *250* ❽ für Abgang von Neuzugang ohne Erlös ein. Abschließend drücken Sie den Button BUCHEN ❾.

7.4 Asset Explorer

Der *Asset Explorer* ist ein wichtiges Werkzeug in SAP S/4HANA, um Werte und Buchungen einzelner Anlagen zu analysieren.

Um den Asset Explorer zu verwenden, rufen Sie die App »Anlagenwerte« auf (siehe Abbildung 7.24).

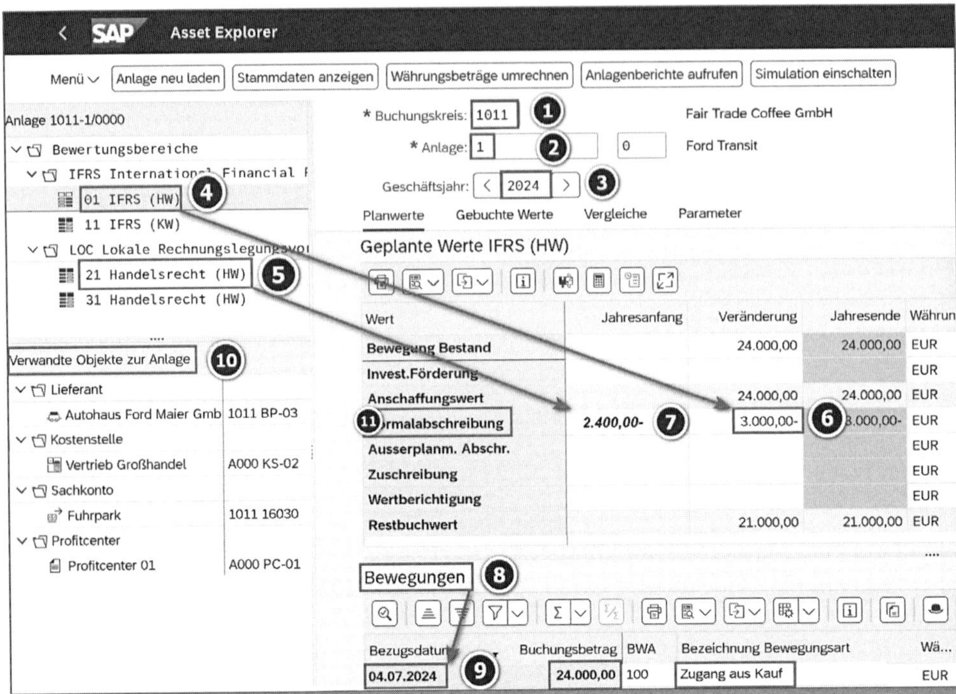

Abbildung 7.24: Asset Explorer

Der Bildschirm ist in mehrere Bereiche gegliedert. Der linke Teil dient der Navigation. Im rechten Teil mittig werden die Anlagenwerte (hier als PLANWERTE) dargestellt, und im oberen Kopfbereich wird die gewünschte Anlage selektiert. Der BUCHUNGSKREIS ❶ kann durch Standardwerte (siehe Abschnitt 2.5.4) und das GESCHÄFTSJAHR ❸ durch das aktuelle vorbelegt sein; beiden sind aber überschreibbar. Sie geben dann die zu analysierende ANLAGE (in unserm Beispiel *1* für den Ford Transit) ein ❷ und wählen anschließend – auf der linken Seite oben – den gewünschten BEWERTUNGSBEREICH aus. Um beispielsweise die berechneten Werte nach IFRS in Ihrer Hauswährung anzuzeigen, wählen Sie den Bewertungsbereich 01 IFRS ❹. Entscheiden Sie sich stattdessen für den Bewertungsbereich 21 HANDELSRECHT ❺, so erhalten Sie die handelsrechtlichen Werte und Buchungen. In unserem Beispiel sehen Sie, dass der *Ford Transit* nach IFRS im Jahr 2024 Anschaffungskosten von *24.000 EUR* und eine NORMALABSCHREIBUNG von

3.000 EUR ❻ aufweist. Nach Handelsrecht würden Sie zwar dieselben Anschaffungskosten, jedoch eine Normalabschreibung von *2.400 EUR* ❼ sehen.

Interessant sind auch die Reiter GEBUCHTE WERTE, VERGLEICH und PARAMETER. Unter GEBUCHTE WERTE erkennen Sie die gebuchten und geplanten Abschreibungen. Unter VERGLEICH können Sie einzelne Bewertungsbereiche vergleichen, und unter PARAMETER die Details zur Abschreibungsberechnung betrachten.

Im unteren Bildschirmbereich werden die zur Anlage gehörenden BEWEGUNGEN ❽ angezeigt: in unserem Beispiel ein Anlagenzugang am *05.07.2024* ❾ über *24.000 EUR*. Durch Doppelklick auf die Zeile können Sie sich den dazugehörigen Beleg anzeigen lassen. Auf der linken Seite finden Sie VERWANDTE OBJEKTE ZUR ANLAGE ❿. Hier sehen Sie den LIEFERANTEN, die KOSTENSTELLE und das SACHKONTO. Durch Doppelklick können Sie den zugehörigen Stammsatz aufrufen.

7.5 Arbeitsliste Anlagenstämme

Mit der App »Arbeitsliste der Anlagenstämme anzeigen« erhalten Sie eine gute Übersicht über Ihre Anlagenstämme (siehe Abbildung 7.25).

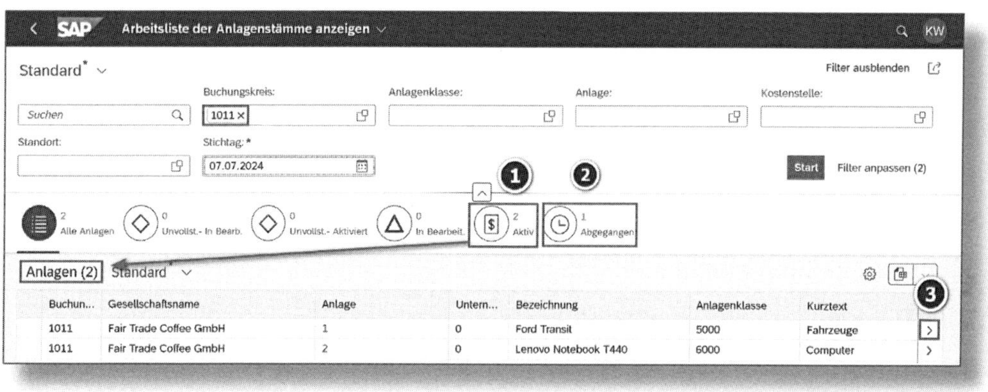

Abbildung 7.25: Anlagenstämme – Arbeitsliste

Nach Auswahl des Buchungskreises gehen Sie zu **Start** und sehen Sie neben dem Symbol AKTIV ❶ die Zahl *2* und im Ergebnisbereich die beiden aktiven Anlagen (*Ford Transit* und *Lenovo Notebook T440*). Durch Drücken auf das Symbol ABGEGANGEN ❷ mit der Zahl *1* erhielten Sie das verschrottete Lenovo Notebook T540 dargestellt. Wenn Sie beim Ford Transit > betätigen, springen Sie in die Detailansicht »Anlagen verwalten« (siehe Abbildung 7.26).

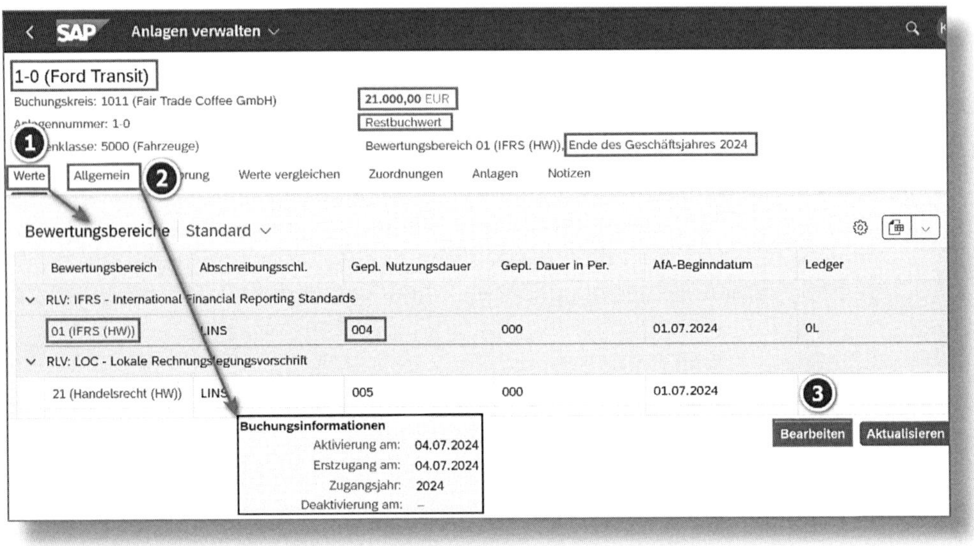

Abbildung 7.26: Anlagen verwalten

Unter WERTE ❶ wird die geplante Nutzungsdauer je Rechnungslegungsvorschrift oder der geplante Restbuchwert zum Jahresende (in unserem Beispiel *21.000 EUR* für den *Ford Transit*) dargestellt. Im Reiter ALLGEMEIN ❷ sehen Sie neben den eingegebenen Stammdaten auch das Aktivierungsdatum. Über BEARBEITEN ❸ können Sie die Stammdaten ändern.

7.6 Periodenabschluss Anlagen

Beim Periodenabschluss für Anlagen müssen Sie zwischen monatlichen und jährlichen Aktivitäten unterscheiden.

7.6.1 Monatlicher Abschreibungsbuchungslauf

Die wichtigste Aufgabe für den Monatsabschluss in der Anlagenbuchhaltung ist die Verbuchung der Abschreibungen.

In SAP S/4HANA werden die Abschreibungen je Anlage und Bewertungsbereich bei jeder Anlagenbewegung neu berechnet und als Planwerte gespeichert. Beim monatlich durchgeführten *Abschreibungsbuchungslauf (AfA-Buchungslauf)* werden im Universal Journal die Abschreibungen pro Anlage auf die im System hinterlegten Abschreibungs- und Wertberichtigungskonten gebucht. Da alle Anlagen jeweils einer Kostenstelle oder einem anderen CO-Objekt zugeordnet sind, sind die Abschreibungen auch im CO-Modul auswertbar. So können Sie für Controllingzwecke neben kalkulatorischen Abschreibungen auch kalkulatorische Zinsen berechnen und buchen.

Im Folgenden führen wir für unsere Beispielfirma einen monatlichen Abschreibungslauf aus, um die Abschreibung nach IFRS und deutschem Handelsrecht zu ermitteln und zu buchen.

Um den Abschreibungsbuchungslauf zu starten, rufen Sie die App »Anlagenbuchhaltung – Jobs einplanen« auf (siehe Abbildung 7.27).

Was bedeutet »Job einplanen«?

In der IT-Sprache versteht man unter »einen Job einplanen«, ein EDV-Programm »im Hintergrund« sofort oder zu einem bestimmten Zeitpunkt einmalig oder periodisch zu starten.

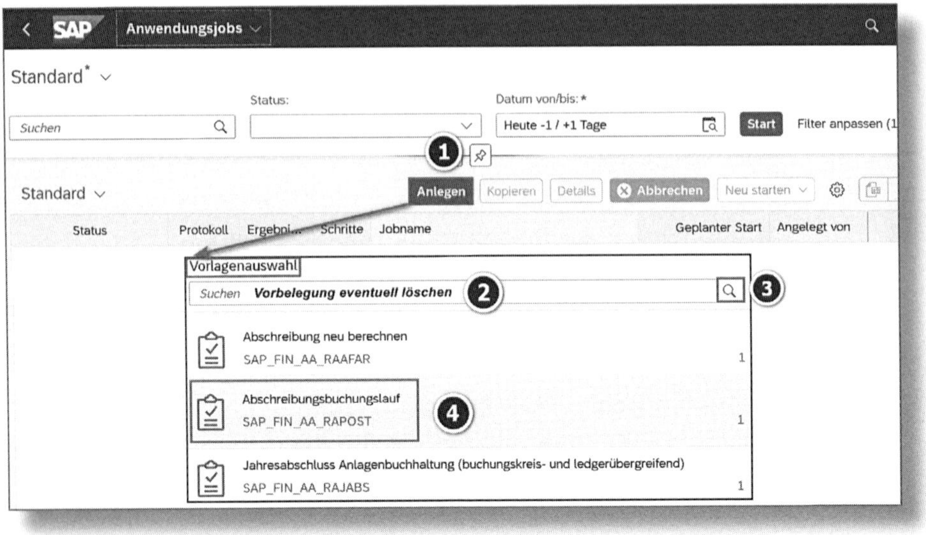

Abbildung 7.27: Job für Abschreibungsbuchungslauf anlegen

Um einen neuen *Anwendungsjob* für die Anlagenbuchhaltung anzulegen, drücken Sie auf ANLEGEN ❶ (siehe Abbildung 7.27). Löschen Sie eine mögliche Vorbelegung ❷, und lassen Sie sich über das Lupensymbol ❸ die drei verfügbaren Wahlmöglichkeiten ABSCHREIBUNG NEU BERECHNEN, ABSCHREIBUNGSBUCHUNGSLAUF und JAHRESABSCHLUSS ANLAGENBUCHHALTUNG anzeigen. Gehen Sie auf die Option ABSCHREIBUNGSBUCHUNGSLAUF ❹.

Nachdem Sie gemäß Abbildung 7.28 unter VORLAGENAUSWAHL ❶ als JOBVORLAGE den *Abschreibungsbuchungslauf* ❷ ausgewählt haben, geben Sie in das Feld JOBNAME beispielsweise *AfA-Lauf 2024/07 Bkrs 1011* ❸ ein. Unter EINPLANUNGSOPTIONEN ❹ markieren Sie SOFORT STARTEN ❺. Als *Wiederholungsmuster* wird Ihnen als Standard EINZELLAUF ❻ angezeigt. Alternativ könnten Sie ein WIEDERHOLUNGSMUSTER DEFINIEREN ❼.

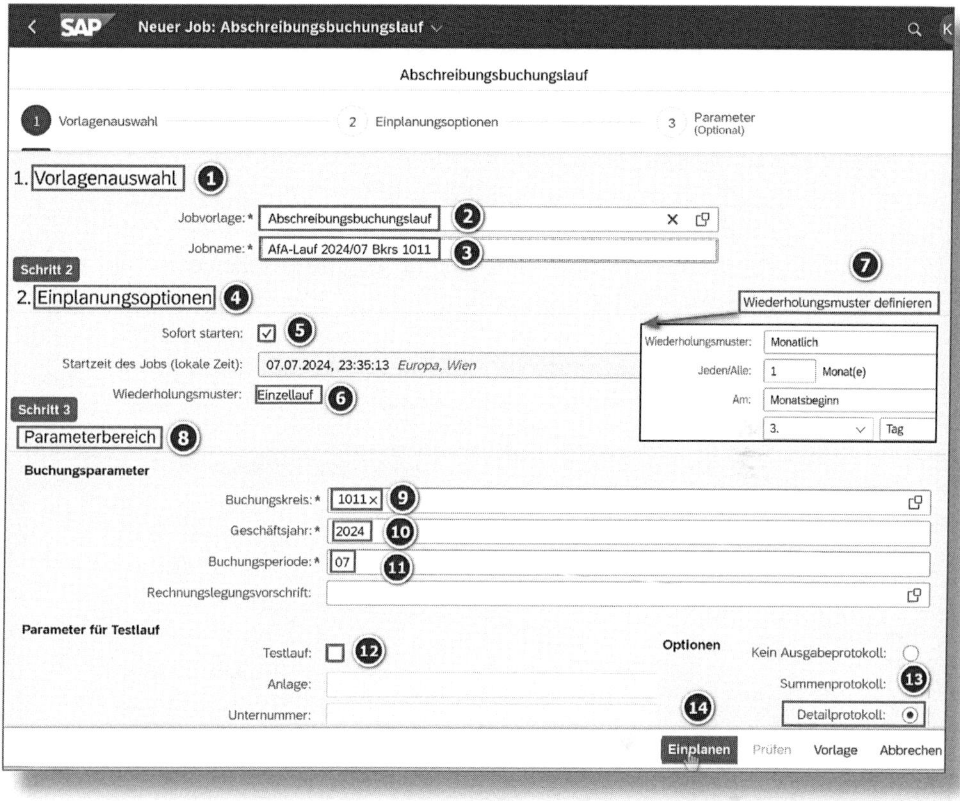

Abbildung 7.28: Job für Abschreibungsbuchungslauf – Details

> **☛ Wiederholungsmuster für den Abschreibungslauf**
>
> Mit dem Wiederholungsmuster können Sie den Abschreibungslauf beispielweise monatlich am dritten Tag nach Monatsbeginn automatisch ausführen lassen.

Unter PARAMETERBEREICH ❽ geben Sie den BUCHUNGSKREIS ❾, das GESCHÄFTSJAHR ❿ sowie die BUCHUNGSPERIODE ⓫ ein. Das Kennzeichen TESTLAUF ⓬ aktivieren Sie nur, wenn Sie nicht gleich einen Echtlauf ausführen wollen.

> **☛ Testlauf Abschreibungsbuchungslauf**
>
> Ich empfehle, immer einen Testlauf durchzuführen, bevor Sie die Abschreibungen buchen, damit Sie das Protokoll auf eventuelle Fehler prüfen können.

Unter Optionen wählen Sie DETAILPROTOKOLL ⓭ und drücken dann die Drucktaste EINPLANEN ⓮.

In der Übersicht (siehe Abbildung 7.29) können Sie sich das Ergebnis Ihres Abschreibungslaufs unter JOBS ansehen.

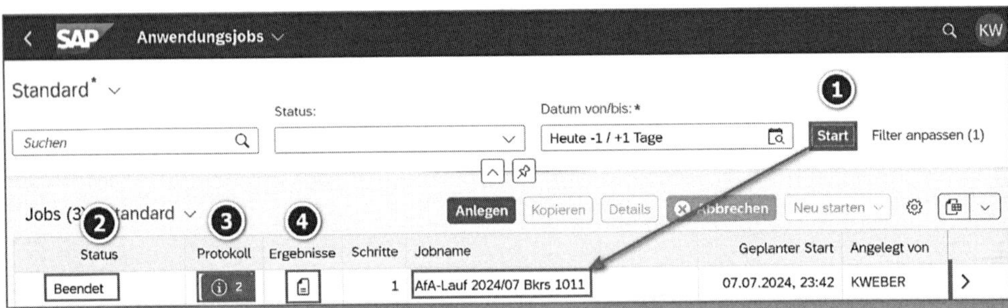

Abbildung 7.29: Anwendungsjobs – Übersicht

Drücken Sie nach einigen Sekunden auf START ❶, um einen Überblick über Ihre Anwendungsjobs zu erhalten; Sie werden sehen, dass der Abschreibungslauf bereits erfolgt ist und sowohl der STATUS ❷ als *Beendet* angezeigt wird als auch ein PROTOKOLL ❸ und ein ERGEBNIS ❹ vorliegen. Wenn Sie auf den Ergebnis-Button klicken, werden die berechneten und dann auch gebuchten Abschreibungen aufgelistet (siehe Abbildung 7.30).

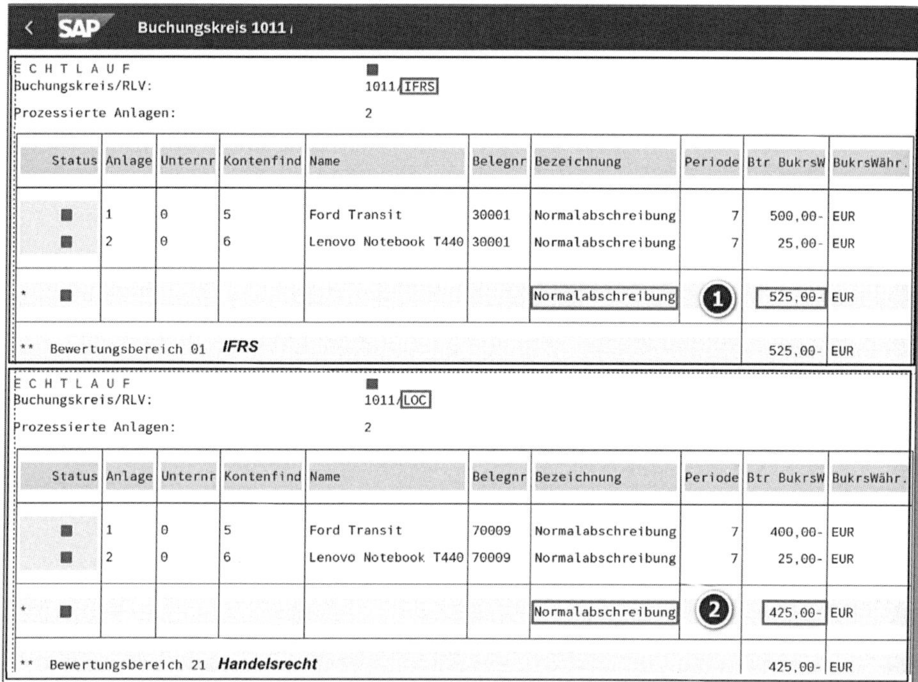

Abbildung 7.30: Ergebnis des Abschreibungslaufs

Nach IFRS ❶ beträgt die monatliche Abschreibung für die zwei Anlagen 525 EUR, nach Handelsrecht ❷ 425 EUR. Diese Differenz in der Abschreibung des Ford Transit ist auf die unterschiedliche Nutzungsdauer bei IFRS und Handelsrecht zurückzuführen.

7.6.2 Jahresabschluss Anlagen

Zum Jahresende sind in der Anlagenbuchhaltung folgende Abschlussarbeiten durchzuführen (siehe Abbildung 7.31).

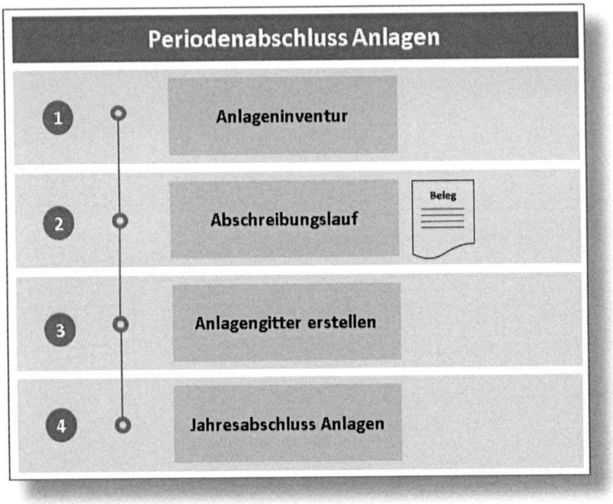

Abbildung 7.31: Periodenabschluss Anlagen

Zunächst widmen Sie sich der *Anlageninventur* ❶. In SAP S/4HANA können Sie sich unterschiedliche Inventurlisten ausdrucken.

> **Setzen des Inventurkennzeichens**
>
> Damit die zu inventarisierenden Anlagen in der Inventurliste erscheinen, müssen Sie im Anlagenstammsatz das Kennzeichen ZUR INVENTUR AUFNEHMEN markieren.

Nachdem Sie die Anlageninventur durchgeführt und die notwendigen Korrekturen vorgenommen haben, müssen Sie nochmals den Abschreibungslauf ❷ (beschrieben im Abschnitt 7.6.1) durchführen. Anschließend können Sie das *Anlagengitter* ❸ (bzw. den *Anlagenspiegel*) erstellen (siehe Abschnitt 7.3). Es zeigt u. a. den Wert der Anlagen zu Beginn und am Ende des Geschäftsjahres sowie alle Zu- und Abgänge in diesem Jahr. Wenn der Jahresabschluss vom Wirtschaftsprüfer genehmigt wurde, sollten Sie das Programm *Jahresabschluss Anlagen* ❹ für das abgeschlossene Geschäftsjahr starten. Hierzu rufen Sie die App »Anlagenbuchhaltungs-Jobs einplanen« auf, wählen die entsprechende Jobvorlage aus und planen den Job ein. Nach dessen erfolgreicher Ausführung können die Anlagenwerte des abgeschlossenen Geschäftsjahres nicht mehr verändert werden.

7.7 Analysemöglichkeiten und Berichte Anlagenbuchhaltung

Die neue Anlagenbuchhaltung von SAP S/4HANA bietet Ihnen eine Vielzahl von Analysemöglichkeiten, von denen ich Ihnen hier nur eine Auswahl zeigen kann. Rufen Sie die verschiedenen Apps einfach mal auf, und prüfen Sie, welche davon für Sie nützlich sind.

Den Asset Explorer habe ich Ihnen bereits in Abschnitt 7.4 vorgestellt. Nachfolgend erläutere ich Ihnen zwei weitere Apps, die der Buchhalter unserer Beispielfirma häufig verwendet und die wahrscheinlich auch Sie gut gebrauchen können: eine, mit der Sie einen guten und schnellen Überblick über Ihr Anlagevermögen bekommen, und eine zweite, mit der Sie Ihre Anlagenbestände nach unterschiedlichen Dimensionen auswerten können.

7.7.1 Übersicht zur Anlagenbuchhaltung

Mit der neu entwickelten App »Übersicht zur Anlagenbuchhaltung« erhalten Sie eine schnelle Übersicht über Ihre Anlagenzugänge, -abgänge und Bestände.

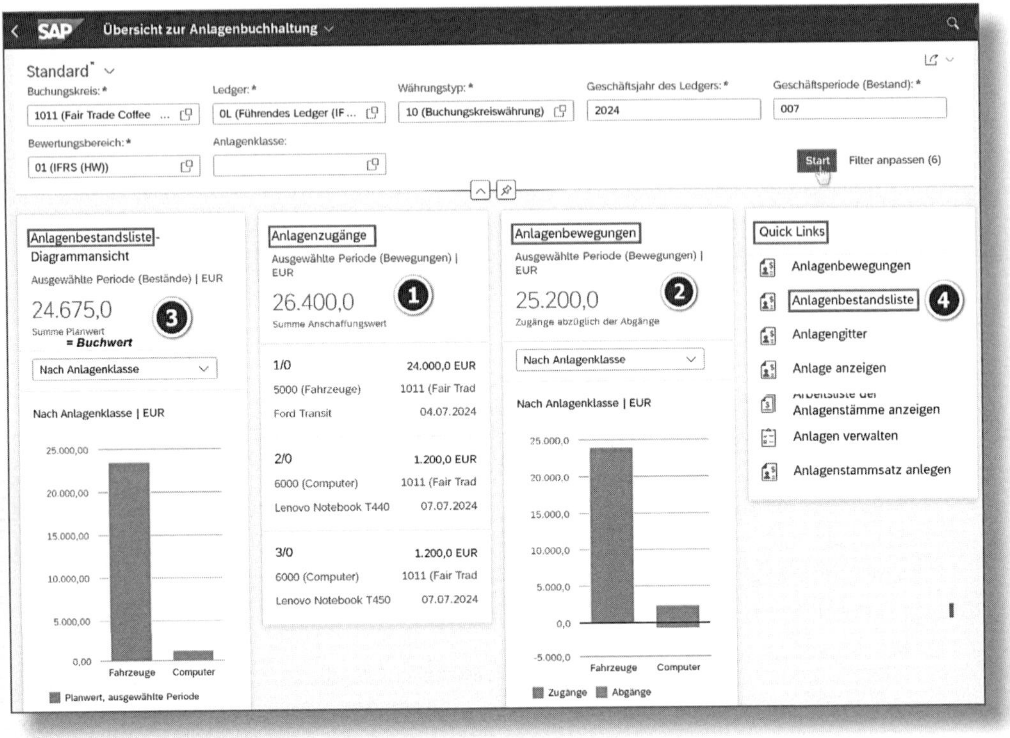

Abbildung 7.32: App »Übersicht zur Anlagenbuchhaltung«

In Abbildung 7.32 sehen Sie, dass die ANLAGENZUGÄNGE *26.400 EUR* ❶ (ein Ford Transit mit 24.000 EUR und zwei Notebooks mit je 1.200 EUR) und die ANLAGENBEWEGUNGEN ❷ unter Abzug des ausgeschiedenen Notebooks *25.200 EUR* betragen. Die ANLAGENBESTANDSLISTE – DIAGRAMMSICHT ❸ (PLANWERT = Buchwert) aller Anlagen zeigt eine Gesamtsumme von *24.675 EUR*. Über QUICK LINKS ❹ können Sie verschiedene Auswertungen (beispielweise die ANLAGENBESTANDSLISTE) direkt aufrufen.

7.7.2 Analyse Anlagenbestand und Anlagengitter

Anlagenbestand

Mit der App »Anlagenbestände« können Sie Ihr Anlagevermögen nach unterschiedlichen Kriterien selektieren und als Anlagenbestand in verschiedenen Dimensionen darstellen (siehe Abbildung 7.33).

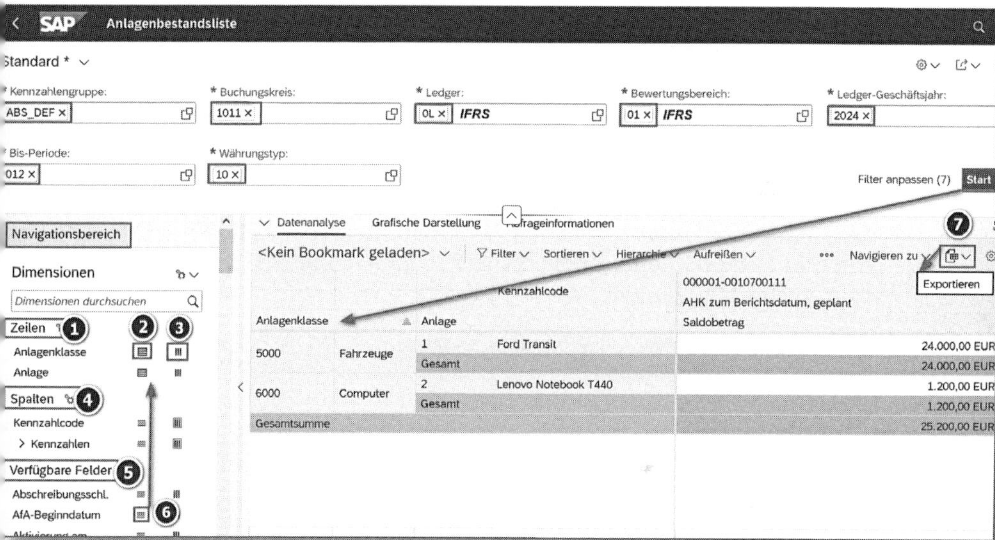

Abbildung 7.33: Anlagenbestandsliste

Zunächst geben Sie Ihre Selektionskriterien ein und drücken dann auf START. Auf der linken Seite sehen Sie unter dem NAVIGATIONSBEREICH die DIMENSIONEN. Darunter sieht man alle Felder, nach denen der Bericht aufgeschlüsselt werden kann. Die aktuell angezeigten Felder werden unter ZEILEN ❶ und SPALTEN ❹ ausgewiesen. Wenn Sie neben der *Anlagenklasse* auf das linke Symbol ❷ drücken, wird die Anlagenklasse aus dem Bericht entfernt, beim Drücken auf das rechte Symbol ❸ wird sie aus der Zeilenansicht in die Spaltenansicht verschoben.

In der dargestellten Ansicht sehen wir, dass unsere beiden Anlagen zusammen einen Anschaffungswert von *25.200 EUR* aufweisen, wovon *24.000 EUR* zur Anlagenklasse *5000 Fahrzeuge* und *1.200 EUR* zur Anlagenklasse *6000 Computer* gehören.

Wollen Sie ein anderes oder zusätzliches Feld (z. B. *AfA-Beginndatum*) in die Zeilen bzw. Spalten übernehmen, so suchen Sie dieses unter VERFÜGBARE FELDER ❺ und betätigen das Zeilensymbol ❻, um es dort darzustellen. Über EXPORTIEREN ❼ können Sie sich das dargestellte Berichtsergebnis nach Excel herunterladen.

Anlagengitter

Für den Jahresabschluss ist auch die Erstellung eines *Anlagengitters* erforderlich. Mit der App »Anlagengitter« können Sie dieses Ihren Anforderungen entsprechend (ähnlich wie bei der Anlagenbestandsliste) erstellen (siehe Abbildung 7.34).

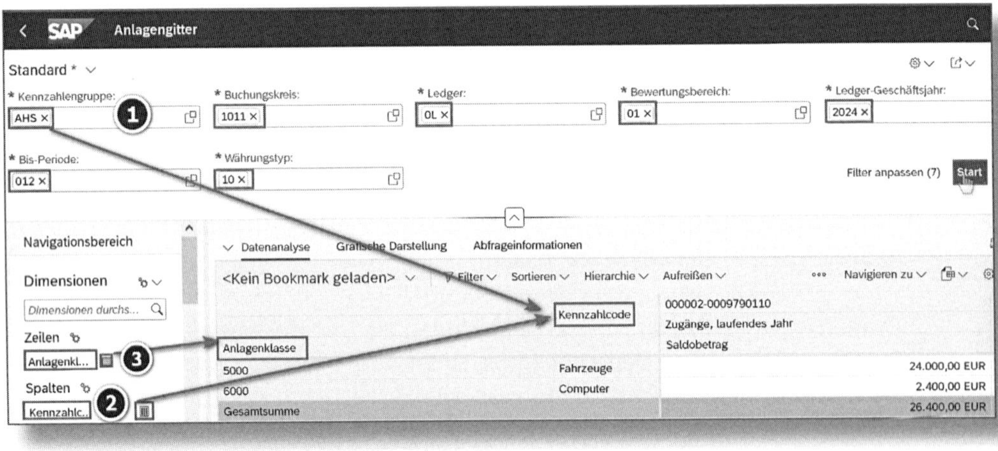

Abbildung 7.34: Anlagengitter

Unter Selektion wählen Sie eine KENNZAHLENGRUPPE ❶ aus. Diese legt fest, welche KENNZAHLEN ❷ in den Spalten des Anlagengitters angezeigt werden. Für die Darstellung in den Zeilen wurde in diesem Beispiel die ANLAGENKLASSE ❸ ausgewählt.

8 Debitorenbuchhaltung

Nach einem Überblick über die Komponente Debitorenbuchhaltung (FI-AR) und den Debitorenstammsatz wenden wir uns nun den typischen Vertriebsprozessen zu. Für die »Fair Trade Coffee GmbH« verkaufen und beliefern wir Kunden mit fair gehandeltem Kaffee, erstellen Rechnungen, erhalten Zahlungen und schauen uns die dazu passenden Prozesse in der Debitorenbuchhaltung an. Zusätzlich werden Sie den Mahnlauf, den Monatsabschluss und die vielfältigen Analysemöglichkeiten in diesem Bereich kennenlernen.

Zur Vertiefung empfehle ich Ihnen unser »Praxishandbuch Debitorenbuchhaltung in SAP S/4HANA (FI-AR)« (Karlheinz Weber/Christine Werschitz, Espresso Tutorials, 2022: *https://es-tu.de/nbuf*).

8.1 Überblick Debitorenbuchhaltung

In der Debitorenbuchhaltung werden alle Geschäftsprozesse abgebildet, die buchhaltungsrelevant sind und die Kunden des Unternehmens betreffen. Die Debitorenbuchhaltung stellt ebenso wie die Kreditorenbuchhaltung eine *Nebenbuchhaltung* zur Hauptbuchhaltung dar.

Da die Debitorenbuchhaltung ähnlich wie die Kreditorenbuchhaltung aufgebaut ist, werde ich in diesem Kapitel bestimmte Aspekte knapper behandeln und mich dafür mehr auf die Unterschiede und Besonderheiten der Debitorenbuchhaltung konzentrieren.

8.2 Debitorenstammsatz

In SAP S/4HANA ist ein Debitor ein Geschäftspartner, dem die Rolle des FI-Debitors bzw. Kunden (Finanzbuchhaltung) zugewiesen wurde.

Das Konzept des Geschäftspartners und des FI-Kreditors kennen Sie schon aus den Kapiteln 4 und 5. Falls Sie beim Lesen direkt in die Debitorenbuchhaltung eingestiegen sind, empfehle ich Ihnen, dorthin zurückzublättern.

In unserem Fallbeispiel hatte die »Fair Trade Coffee GmbH« die Firma Müller GmbH als neuen Geschäftspartner angelegt und ihr die Rollen FI-Kreditor und FI-Debitor zugeordnet (siehe Abschnitt 4.2.1).

Während wir in Kapitel 4 mit der App »BP« ganz generell einen Geschäftspartner angelegt haben, erfolgt dies mit der App »Kundenstamm« (siehe Abbildung 8.1) ausschließlich für Geschäftspartner, die Kunden in Ihrem Unternehmen sind, und zwar aus Vertriebssicht und aus Buchhaltungssicht. Diesem Geschäftspartner weisen Sie die Rolle des SD-Kunden bzw. des FI-Debitors zu. Im gezeigten Beispiel beschränken wir uns auf die Buchhaltungssicht.

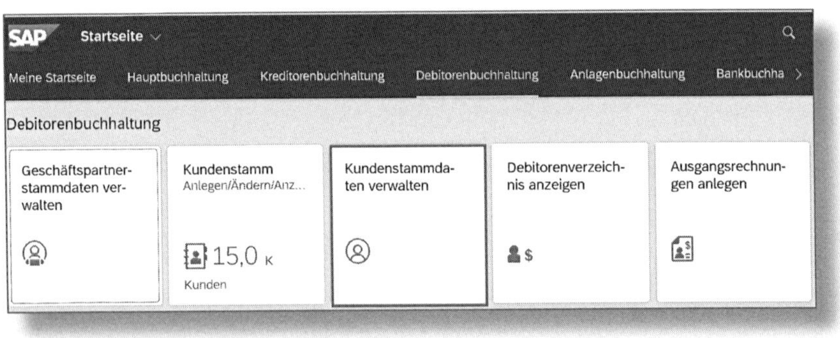

Abbildung 8.1: App »Kundenstamm«

Die App bietet Ihnen auch die Möglichkeit, bestehende Kunden zu bearbeiten. Je nachdem, welche Kunden Sie dazu auswählen möchten, schränken Sie im oberen Bildschirmbereich die Auswahl nach bestimmten Selektionskriterien ein (siehe Abbildung 8.2).

Im dargestellten Beispiel habe ich die Anzeige auf alle Geschäftspartner eingeschränkt, die »BP« ❶ in der Geschäftspartnernummer enthalten. Drücken Sie jetzt auf den Button START ❷, werden die bereits angelegten GESCHÄFTSPARTNER ❸ *BP-01* und *BP-02* angezeigt. Für einen weiteren Kunden klicken Sie auf die Schaltfläche ANLEGEN ❹ und wählen ORGANISATION aus.

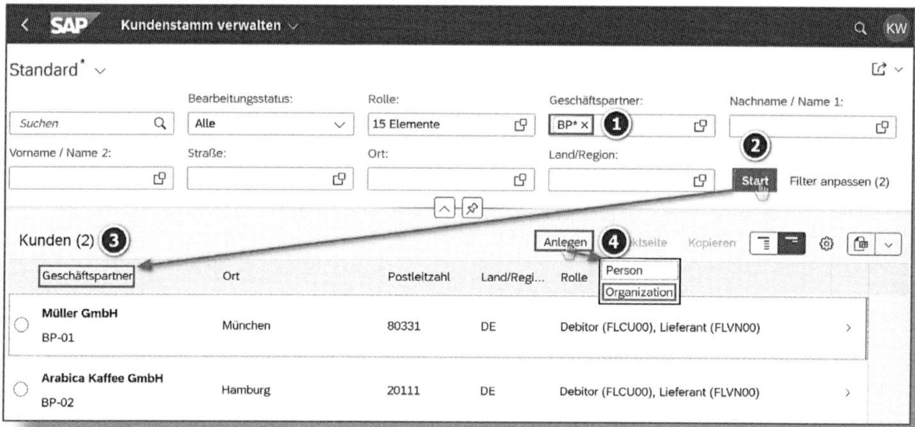

Abbildung 8.2: App »Kundenstamm anlegen«

Es erscheint ein Pop-up (siehe Abbildung 8.3), in das Sie wichtige allgemeine Daten sowie Daten des Vertriebs und der Buchhaltung zum Kunden eingeben können.

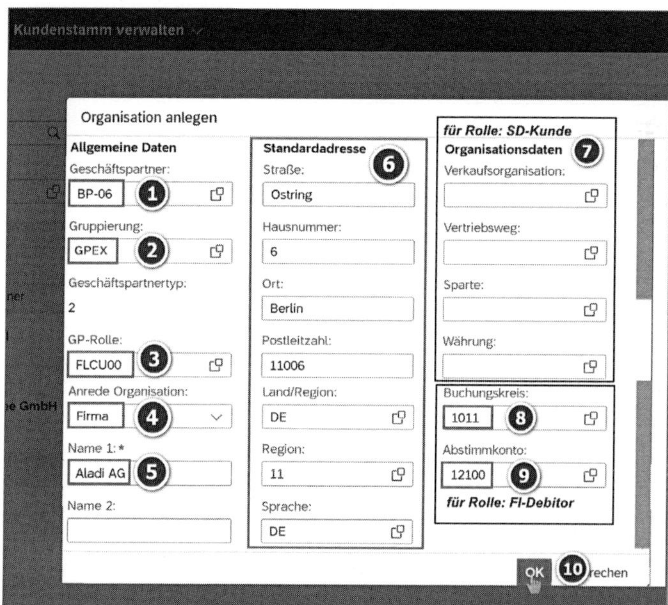

Abbildung 8.3: Anlage Kundenstamm

In unserem Beispiel geben wir im Feld GESCHÄFTSPARTNER *BP-06* ❶ ein und wählen die GRUPPIERUNG ❷ *GPEX* (für externe alphanumerische Nummer) aus. Bei interner Nummernvergabe müssten Sie das Feld GESCHÄFTSPARTNER frei lassen. Weil wir den Geschäftspartner als neuen Kunden anlegen wollen, wählen wir die GP-ROLLE ❸ *FLCU00* für FI-Debitor aus. Anschließend erfassen wir noch die ANREDE ORGANISATION ❹, den NAMEN ❺ und die zur ADRESSE ❻ gehörigen Felder. Für die Anlage der Rolle *SD-Kunde* müssten Sie außerdem die dazugehörigen ORGANISATIONSDATEN ❼ pflegen. Da wir nur die Rolle des FI-Debitors ausprägen wollen, geben wir den BUCHUNGSKREIS ❽ und das ABSTIMMKONTO ❾ ein und drücken auf OK ❿.

Im nächsten Eingabebildschirm können Sie beispielsweise unter ALLGEMEINE INFORMATIONEN ❶ die RECHTSFORM ❷ oder unter ADRESSE ❸ ein POSTFACH ergänzen (siehe Abbildung 8.4).

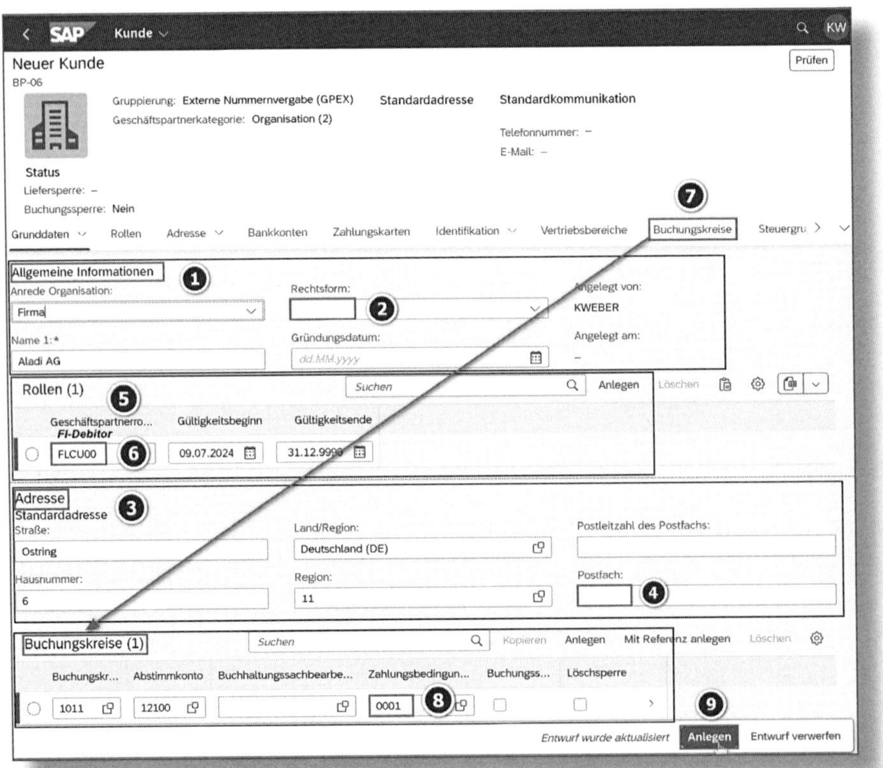

Abbildung 8.4: Kundenstamm – Details

Unter Rollen ❺ sehen wir die bereits zugewiesene Geschäftspartnerrolle *FLCU00* (für FI-Debitor) ❻. Um die noch fehlenden buchungskreisspezifischen Daten zu ergänzen, klicken Sie oben in der Menüzeile auf Buchungskreise ❼. Der Buchungskreis und das Abstimmkonto sind schon vorbelegt. Sie ergänzen noch die Zahlungsbedingung *0001* für sofort fällig ❽. Unter Details können Sie weitere Daten wie das Mahnverfahren ergänzen.

Über die App »Debitorenverzeichnis anzeigen« können Sie sich die bisher angelegten Debitoren darstellen lassen. Dazu tragen Sie den gewünschten Buchungskreis ❶ ein (es sei denn, dieser ist bereits voreingestellt) und drücken auf den Button Start ❷. Sie sehen daraufhin unter ❸ die drei angelegten Debitoren und stellen fest, dass beim Debitor *BP-01 Müller GmbH* das Feld ZahlBeding. Finanzen ❹ leer ist und Sie die richtige Zahlungsbedingung noch ergänzen müssen.

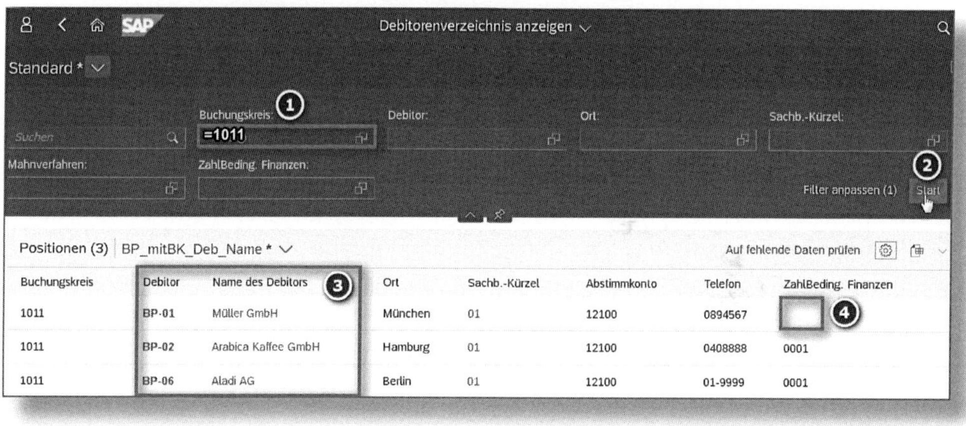

Abbildung 8.5: Debitorenverzeichnis

Zur Erweiterung unseres Fallbeispiels (siehe Abschnitt 8.3) um einen internationalen Vertriebsprozess, habe ich zusätzlich die *Migrosso AG* als Kunden aus der Schweiz mit der Debitorennummer *BP-07* angelegt.

8.3 Order-to-Cash – Vertriebsprozess

Der Prozess *Order-to-Cash* (auch O2C-Prozess bzw. Vertriebsprozess genannt) umfasst alle Geschäftsvorgänge, die sich mit dem Verkauf von Waren und Dienstleistungen bis hin zu deren Bezahlung beschäftigen. In SAP S/4HANA besteht eine enge Verzahnung zwischen den Modulen SD (Vertrieb), MM (Materialwirtschaft), FI (Finanzbuchhaltung) und CO (Controlling). So bietet der Kundenstamm eine Buchhaltungs- und Vertriebssicht, oder die Lieferung im Vertrieb ist verknüpft mit einem Warenausgang in MM und einer im Universal Journal dargestellten Buchung für das FI und CO.

Order to Cash bzw. der Vertriebsprozess besteht aus den in Abbildung 8.6 etwas vereinfacht dargestellten Prozessschritten.

		SD	FI
1	**Auftrag**	Kundenauftrag: *Menge* 50 kg Verkaufspreis 40 € Betrag 2.000 €	×
2	**Lieferung**	Warenausgang: *Menge* 50 kg Einstandspreis 30 €	FI-Beleg: Verbrauch HW 1.500 € Bestand HW - 1.500 €
3	**Rechnung** (Ausgang)	Fakturabeleg: *Menge* 50 kg Verkaufspreis 40 € Betrag 2.000 €	FI-Beleg: Debitor 2.140 € Umsatzerlöse - 2.000 € Mehrwertsteuer - 140 €
4	**Zahlung** (Eingang)	×	FI-Beleg: Bank 2.140 € Debitor - 2.140 €

Abbildung 8.6: Prozess »Order-to-Cash«

Lassen Sie mich diesen Prozess anhand unserer Beispielfirma erklären. Einer unserer Kunden bestellt 50 Kilogramm Arabica Spezial Kaffee zu 40 EUR pro Kilogramm. In den nächsten Schritten liefern wir die Ware (Einstandswert von 30 EUR pro Kilogramm) an den Kunden und erstellen die dazugehörige Rechnung. Die Zahlung des Kunden schließt den Prozess ab.

Ich werde mich im Folgenden auf die Verknüpfung zwischen den Modulen SD und FI konzentrieren und noch kurz auf die Integration mit dem Controlling eingehen. Die ersten drei Schritte werden im SD-Modul ausgeführt – mit Auswirkungen auf FI in den Schritten 2 und 3, der letzte Schritt im FI-Modul.

❶ Bei der Anlage eines Kundenauftrags wird nur ein SD-Beleg erzeugt.

❷ Bei der Lieferung wird ein Lieferschein erstellt und mit dem damit verbundenen Warenausgang automatisch auch ein FI-Beleg, indem der Wareneinsatz auf dem Konto VERBRAUCH HW (Handeswaren) gebucht wird.

❸ Beim Speichern der Ausgangsrechnung erfolgt deren Überleitung in die Buchhaltung – der Bruttobetrag wird dabei auf dem Debitor, der Nettobetrag auf dem Konto UMSATZERLÖSE und die Steuer auf dem Konto MEHRWERTSTEUER gebucht. Um eine stufenweise Deckungsbeitragsrechnung im Controlling zeigen zu können, werden die Buchung des Warenausgangs und der Rechnung auch in die Ergebnisrechnung des Moduls CO übernommen.

❹ Der Zahlungseingang wird (nur) in der Buchhaltung verbucht. Beim Buchen des Bankkontoauszugs wird das Bankkonto im Soll und der Debitor im Haben bebucht, gleichzeitig wird der offene Posten ausgeglichen.

Ich werde auf die zweifellos sehr wichtige Integration zwischen den Modulen aber nicht weiter eingehen.

In unserer Beispielfirma »Fair Trade Coffee GmbH« werden wir sowohl den Warenausgang als auch den Rechnungseingang direkt in der Finanzbuchhaltung buchen. Bei beiden Buchungen müssen wir jedoch ein CO-Kontierungsobjekt eingeben. Die Kostenstelle ist dafür nicht das richtige Objekt, da Erlöse nicht auf Kostenstellen gebucht werden sollen und auch nicht gebucht werden können. Da die Buchung auf Ergebnisobjekte für unser einfaches Szenario zu komplex wäre, buchen wir auf einen erlösführenden Innenauftrag.

Im Szenario 7 unserer Beispielfirma »Fair Trade Coffee GmbH« buchen wir Ausgangsrechnungen in Euro und Fremdwährung, eine Gutschrift sowie eine Voll- und Teilzahlung und führen einen Kontoausgleich durch (siehe Abbildung 8.7).

Nr.	Abschnitt	Datum	Geschäftsfall	Konto	Bezeichnung	Soll	Haben
1	8.3.1	10.07.2024	Wareneinsatz Kaffee Spezial	51600	Verbrauch Handelswaren	1 000,00 €	
				13600	Bestand Handelswaren		1 000,00 €
2	8.3.2	10.07.2024	Rechnung Kaffee Spezial (AR 24/01)	12100	Debitor BP-06 | Forderung L&L	2 140,00 €	
				41010	Umsatzerlöse 7%		2 000,00 €
				22000	Umsatzsteuer		140,00 €
3	8.3.2	11.07.2024	Rechnung Kaffee Standard (AR 24/02)	12100	BP-07 | Forderung L&L (24.000 CHF)	20 000,00 €	
				13600	Umsatzerlöse 0% (24.000 CHF)		20 000,00 €
4	8.3.4	12.07.2024	Mahnung Debitor BP-06 (AR 24/01)		Mahnung über 2.140,00 €		
5	8.3.5	13.07.2024	Zahlungseingang Vollzahlung (DB 24/03)	11030	Deutsche Bank	2 140,00 €	
				12100	Debitor BP-06 | Forderung L&L		2 140,00 €
6		13.07.2024	Rechnung Kaffee Standard (AR 24/03)	12100	Debitor BP-01 | Forderung L&L	1.070 €	
				41010	Umsatzerlöse 7%		1 000,00 €
				22000	Umsatzsteuer		70,00 €
7	8.3.5	14.07.2024	Zahlungseingang Teilzahlung (DB 24/04)	11030	Deutsche Bank	856,00 €	
				12100	Debitor BP-01 | Forderung L&L		856,00 €
8	8.3.6	14.07.2024	Gutschrift Kaffee Standard (GS AR 24/03)	12100	Debitor BP-01 | Forderung L&L		214,00 €
				41010	Umsatzerlöse 7%	200,00 €	
				22000	Umsatzsteuer	14,00 €	
9	8.3.7	14.07.2024	Ausgleich offene Posten BP-01 über 1.070,00 €		Rechnung, Gutschrift, Teilzahlung		
10		15.07.2024	Wareneinsatz Kaffee Standard	51600	Verbrauch Handelswaren	8 000,00 €	
				21200	Sonstige Verbindlichkeiten		8 000,00 €

Abbildung 8.7: Szenario 7 – Buchungen in der Debitorenbuchhaltung

8.3.1 Lieferung und Warenausgang

Die Verbuchung des Warenausgangs ist eine normale Sachkontenbuchung, wie bereits in Abschnitt 3.2.2 besprochen.

Sie rufen die App »Hauptbuchbelege buchen« auf (siehe Abbildung 8.8) und füllen die Felder des Belegkopfes ❶ aus.

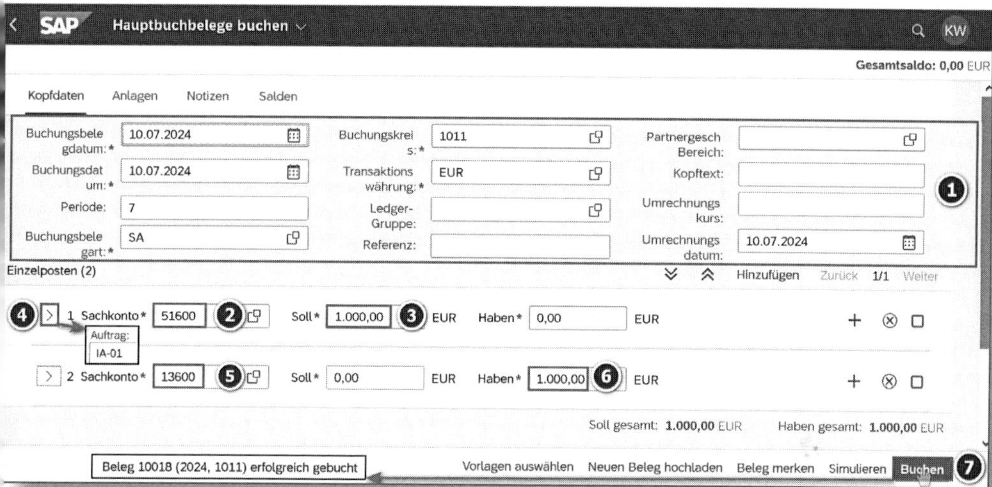

Abbildung 8.8: Buchung Warenausgang

Für die Position *1* geben Sie das SACHKONTO für den Materialverbrauch ❷ (in unserem Beispiel *51600*) und den entsprechenden Betrag im SOLL ❸ ein. Da das Konto eine Kostenart ist, müssen Sie ein CO-Kontierungsobjekt angeben. In diesem Fall wollen Sie auf einen Innenauftrag buchen. Dazu klicken Sie auf das > -Symbol ❹ und ergänzen in dem erweiterten Bereich bei AUFTRAG die gewünschte Innenauftragsnummer. Sie können hier auch noch weitere Angaben machen, wie z. B. einen Belegtext ergänzen.

Für die zweite Position *2* geben Sie das Materialbestandskonto (in unserem Beispiel 13600) ❺ als Gegenkonto sowie den Betrag im HABEN ❻ ein und drücken dann auf BUCHEN ❼. Das System zeigt darauf die Meldung »Beleg erfolgreich gebucht«. Der gebuchte FI-Beleg für den Warenausgang ist in Abbildung 8.9 dargestellt.

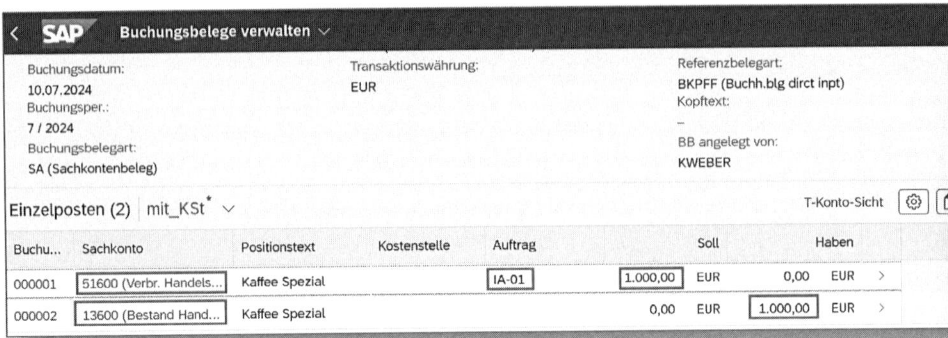

Abbildung 8.9: FI-Beleg für Warenausgang

8.3.2 Buchen Ausgangsrechnung (Debitorenrechnung)

Die Verbuchung einer Ausgangsrechnung erfolgt analog zum Verbuchen der Eingangsrechnung, die ich in Abschnitt 5.3.1 genau erklärt habe (siehe vor allem die Erklärungen zur Abbildung 5.12).

Ausgangsrechnung in Hauswährung (EUR)

Rufen Sie dazu die App »Ausgangsrechnungen erfassen« auf (siehe Abbildung 8.10).

Wählen Sie unter ❶ den VORGANG *R Rechnung* oder *G Gutschrift*, um den entsprechenden Vorgang zu buchen. Unter GRUNDDATEN geben Sie den DEBITOR ❷ ein. Daraufhin werden dessen Name, die Adresse und eine eventuell hinterlegte Bankverbindung im rechten Bereich des Bildschirms angezeigt. Tragen Sie nun das RECHNUNGSDATUM ❸ und das BUCHUNGSDATUM ❹ ein. Das Feld REFERENZ ❺ befüllen Sie mit der Rechnungsnummer (in unserem Beispiel *AR 24/01* für die erste Ausgangsrechnung im Jahr 2024). Das Feld BELEGART ❻ ist vorbelegt mit *DR* für Debitorenrechnung. Als Nächstes ergänzen Sie den Bruttobetrag ❼. Wenn Sie das Feld STEUER RECHNEN ❽ nicht schon vorbelegt haben, kreuzen Sie es an, wählen das geeignete STEUERKENNZEICHEN ❾ (in unserem Fall *A2* für *7 % Ausgangssteuer*) und geben einen aussagekräftigen TEXT ❿ ein.

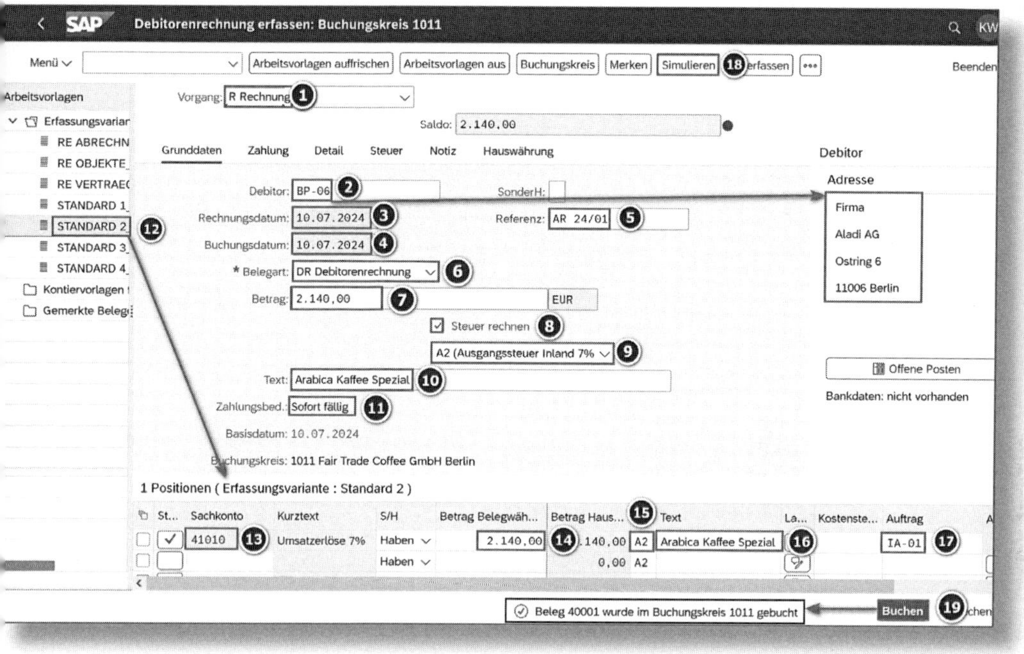

Abbildung 8.10: App »Ausgangsrechnung anlegen«

Die ZAHLUNGSBEDINGUNG ⓫ wird aus dem Debitorenstammsatz übernommen. Wollen Sie diese ändern, klicken Sie auf den Reiter ZAHLUNG und wählen die gewünschte Zahlungsbedingung aus, oder geben Sie die Zahlungsfrist(en) manuell ein. Für die optimale Eingabe der Belegzeilen verwenden Sie als ERFASSUNGSVARIANTE *Standard_2* ⓬. Basierend auf dieser Erfassungsvariante sind zuletzt noch folgende Felder auszufüllen: SACHKONTO ⓭, S/H, BETRAG ⓮, BELEGWÄHRUNG, STEUERKENNZEICHEN ⓯, TEXT ⓰ und AUFTRAG ⓱. Das Kennzeichen S/H sollte bereits mit H (Haben) und das Steuerkennzeichen mit dem Wert aus ❾ vorbelegt sein. Den Betrag können Sie mit »*« und den Text mit »+« übernehmen. Haben Sie alles eingegeben, können Sie den Beleg SIMULIEREN ⓲ oder wie in diesem Beispiel gleich auf BUCHEN ⓳ drücken.

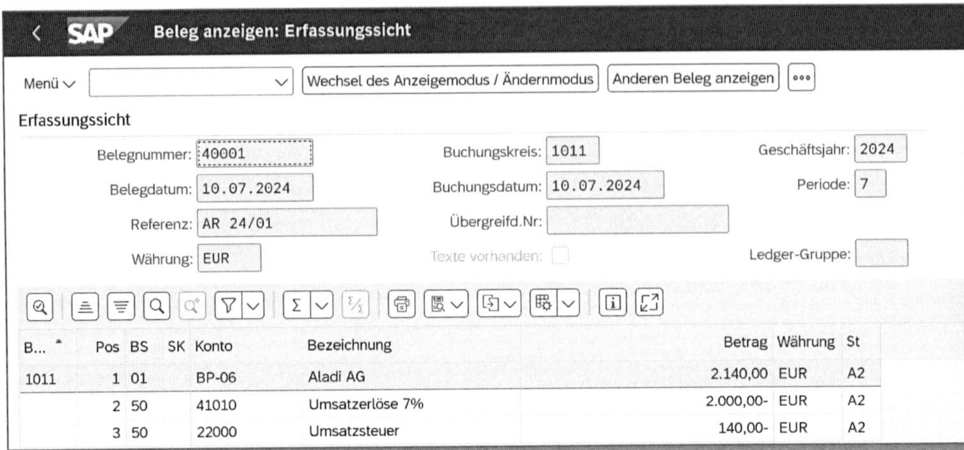

Abbildung 8.11: FI-Beleg für Ausgangsrechnung

Der gebuchte Beleg (siehe Abbildung 8.11) zeigt den Debitor BP-06 im Soll und die Umsatzerlöse sowie die Umsatzsteuer im Haben.

Ausgangsrechnung in Fremdwährung (CHF)

In unserem Fallbeispiel haben wir einen Großauftrag von unserem Schweizer Kunden, der Migrosso AG, über 20.000 CHF erhalten, den wir fakturiert haben und in derselben App jetzt in Fremdwährung buchen müssen (siehe Abbildung 8.12).

Dazu geben Sie unter GRUNDDATEN ❶ die DEBITORENNUMMER ❷ *BP-07* ein. Die Adresse und das Land SCHWEIZ werden rechts angezeigt. Als Währung ❸ wählen Sie *CHF*. Da es sich um ein steuerfreies Exportgeschäft handelt, klicken Sie ferner den Steuerschlüssel *A0* (Ausgangssteuer 0 %) ❹ an. Da diesmal 3 % statt 2 % Skonto gewährt werden, klicken Sie auf den Reiter ZAHLUNG ❺ und schreiben in das für den Skonto vorgesehen Feld *3,000*. Im Feld ZAHLUNGSBED. ❻ wird dann *14 Tage 3 %, 30 Tage netto* angezeigt. Um die Umrechnungsinformationen einzugeben, drücken Sie auf den Reiter HAUSWÄHRUNG ❼.

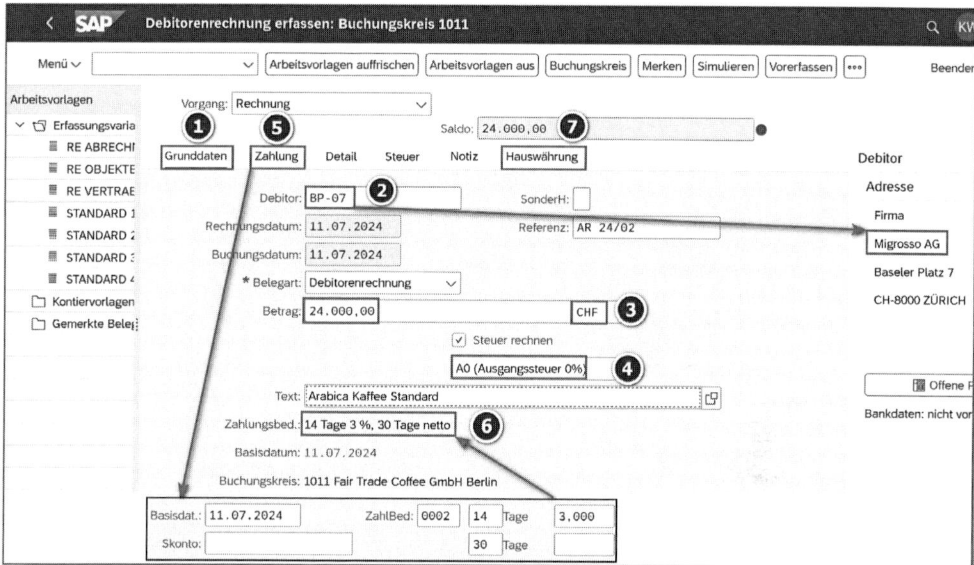

Abbildung 8.12: Aufgangsrechnung in Fremdwährung CHF

Hier erscheint als Vorschlagswert der aus der Kurstabelle im Feld UMRECHNUNGSKURS hinterlegte Kurs (siehe Abbildung 8.13). Diese Tabelle wird meistens täglich automatisch mittels Job über eine Schnittstelle befüllt. Möchten Sie Ihren Beleg jedoch mit einem anderen Umrechnungskurs buchen, können Sie den vorgeschlagenen Kurs einfach überschreiben. Bei den Umrechnungskursen unterscheidet man zwischen Mengennotierung und Preisnotierung. Bei der *Mengennotierung* wird der Fremdwährungsbetrag mit dem Kurs multipliziert, bei der *Preisnotierung* durch den Kurs dividiert. In unserem Beispiel geben Sie als Kurs */1,20000* ein ❶. Dadurch werden die *24.000 CHF* durch 1,2 dividiert und so ein Betrag von *20.000 EUR* errechnet, der auch in die Felder BETRAG HAUSWÄHR ❷ und BETRAG KONZWÄHR ❸ übertragen wird.

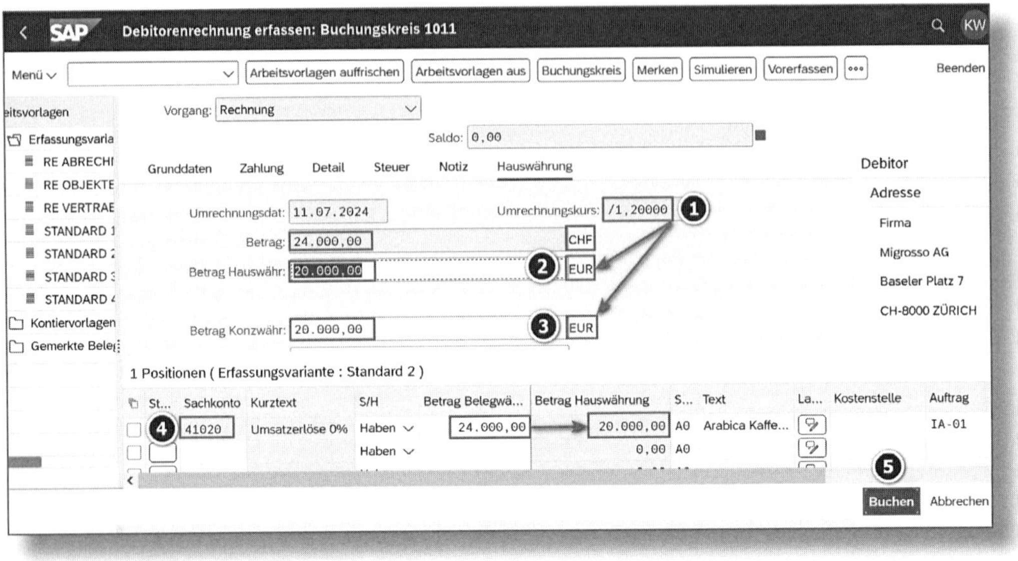

Abbildung 8.13: Ausgangsrechnung mit Währungsdetails und Sachkontenposition

Anschließend geben Sie noch unter ❹ die Sachkontenpositionen mit SACHKONTO, BETRAG BELEGWÄHRUNG, STEUERKENNZEICHEN, TEXT und AUFTRAG ein und drücken dann die Taste BUCHEN ❺.

8.3.3 Debitorenposten bearbeiten

Nun wollen wir uns im Rahmen unseres Fallbeispiels die in der Debitorenbuchhaltung gebuchten Rechnungen ansehen, die sich dann ggf. weiter bearbeiten lassen.

Sie können beispielsweise einen oder mehrere Posten markieren und mit einer Mahnsperre versehen, die offenen Posten nach Excel herunterladen oder eine Korrespondenz anlegen und den Kunden eine Offene-Posten-Auswertung mailen.

Zu diesem Zweck verwenden wir die Fiori-App »Debitorenposten bearbeiten«. Nach dem Aufrufen (siehe Abbildung 8.14) müssen Sie zunächst Ihre SELEKTIONSKRITERIEN ❶ eingeben und dann die Drucktaste START ❷ drücken. Daraufhin werden die selektierten POSTEN mit den Informationen angezeigt, die der ausgewählten Anzeigevariante entsprechen. Sie sehen hier die zuvor in Hauswährung gebuchte Ausgangsrechnung *24/01* über *2.140 EUR* sowie die in Fremdwährung gebuchte Ausgangsrechnung *24/02* über *24.000 CHF* bzw. *20.000 EUR*. Um den zur *AR 24/01* gehörenden Beleg anzuzeigen, führen Sie einen Doppelklick auf die in Blau dargestellte BUCHUNGSBELEGNUMMER ❸ (in unserem Beispiel *40001*) aus. Dieser offene Posten hat mit dem *10.07.2024* ❹ ein bereits in der Vergangenheit liegendes NETTOFÄLLIGDATUM. Er wird in der Übersicht mit einem roten Symbol für die NETTOFÄLLIGKEIT dargestellt und beim nächsten Mahnlauf zur Mahnung vorgeschlagen. Möchten Sie dies unterbinden, müssen Sie den Posten markieren ❺ und über die gleichlautende Drucktaste FÜR MAHNUNG SPERREN ❻. Der zweite offene Posten für die *AR 24/03* zeigt ein grünes Symbol für die NETTOFÄLLIGKEIT, da diese mit dem *10.08.2024* ❼ erst in der Zukunft liegt.

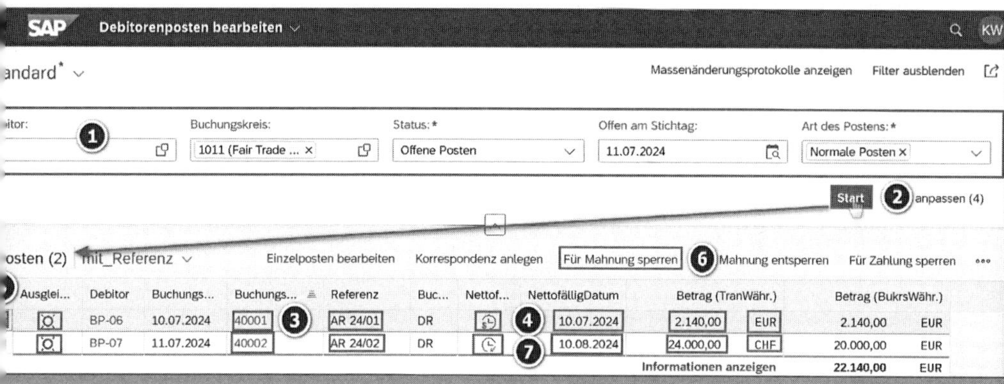

Abbildung 8.14: App »Debitorenposten bearbeiten«

8.3.4 Mahnung

Natürlich passiert es, dass nicht alle Kunden ihre fälligen Rechnungen fristgerecht begleichen. Daher kommt der Debitorenbuchhaltung die wichtige Aufgabe zu, die überfälligen Posten bei diesen Kunden anzumahnen. SAP S/4HANA bietet Ihnen Werkzeuge, den Prozess *Mahnung* mithilfe der Anwendung *Mahnlauf* zu automatisieren.

Die Schritte eines Mahnlaufs sind in Abbildung 8.15 dargestellt.

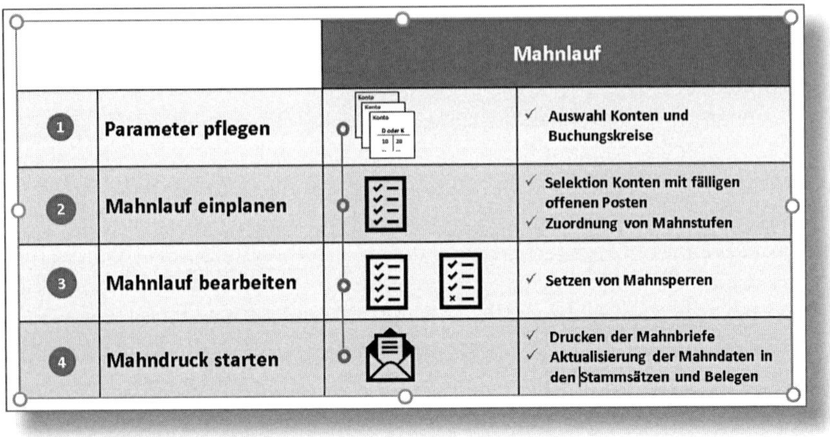

Abbildung 8.15: Schritte im Mahnlauf

❶ Zunächst legen Sie den Mahnlauf an und selektieren in den Parametern den Buchungskreis und die gewünschten Debitoren.

❷ Als Nächstes planen Sie den Mahnvorschlag ein. Daraufhin selektiert das System die überfälligen Posten und ordnet diesen eine Mahnstufe zu.

❸ Sie können den Mahnvorschlag noch bearbeiten und ggf. Mahnsperren setzen.

❹ Der letzte Schritt ist der Mahndruck. Damit werden Mahnbriefe gedruckt bzw. per E-Mail versandt und die Mahnstufe zum einen beim Debitor und zum anderen bei dem gemahnten Posten eingetragen.

Auch in unserer Beispielfirma zahlen nicht alle Kunden fristgerecht. Daher wollen wir diese Kunden an ihre Zahlungsverpflichtung erinnern und ihnen einen Mahnbrief schicken.

Für die Abwicklung des Mahnlaufs sind zwei Apps verfügbar. Da jedoch die neu entwickelte Fiori-App »Meine Mahnvorschläge« zum Zeitpunkt des Erstellens dieses Buches nicht zufriedenstellend funktionierte, werde ich Ihnen die Funktionen des Mahnlaufs mit der klassischen App »Mahnungen anlegen« (SAP-GUI-Transaktion *F150*) zeigen (siehe Abbildung 8.16).

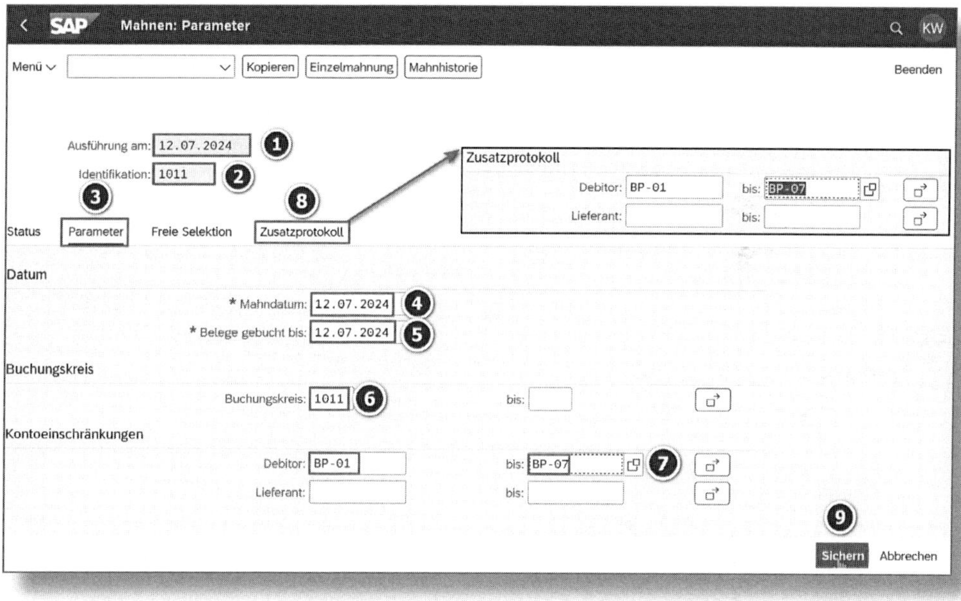

Abbildung 8.16: Mahnlauf anlegen und Parameter pflegen

Jeder Mahnlauf erhält durch die Zuordnung des Datums der Ausführung und einer Identifikation einen eindeutigen Schlüssel. In unserem Beispiel wählen Sie im Feld AUSFÜHRUNG AM ❶ das aktuelle Datum und als IDENTIFIKATION ❷ den Buchungskreis *1011*. Anschließend pflegen Sie die PARAMETER ❸. Sie geben nochmals das aktuelle Datum in die Felder MAHNDATUM ❹ und BELEGE GEBUCHT BIS ❺ ein. Darunter ergänzen Sie Ihren BUCHUNGSKREIS ❻ und in den Feldern DEBITOR sowie BIS ❼ ein Intervall der zu mahnenden Debitoren. In der Regel sollten Sie ein Intervall eingeben, das alle Debitoren (z. B. 1 bis ZZZZZ) umfasst. Wenn Sie wollen, können Sie ein Zusatzprotokoll erzeugen, anhand dessen Sie genau nachvollziehen können, warum ein

Debitor gemahnt wurde oder warum nicht. Geben Sie dazu unter ZUSATZPROTOKOLL ❽ nochmals das gleiche Debitorenintervall ein, und drücken Sie anschließend auf SICHERN ❾.

Nun wechseln Sie auf den Reiter STATUS (siehe ❶ in Abbildung 8.17) und planen über die entsprechende Drucktaste ❷ den Mahnlauf ein. Markieren Sie START SOFORT ❸ und drücken Sie unten erneut auf EINPLANEN ❹. Über die Drucktaste AUFFRISCHEN ❺ wird der Status aktualisiert.

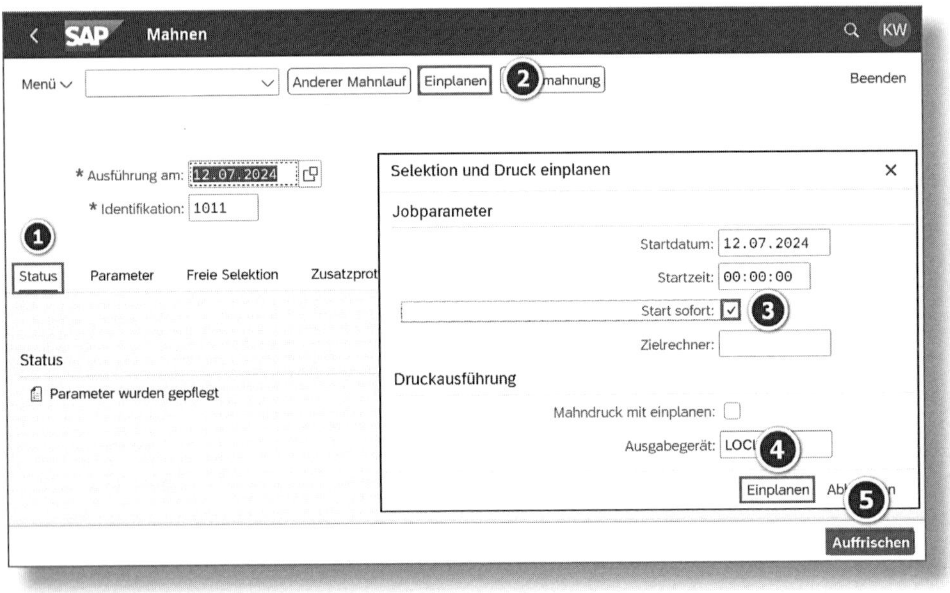

Abbildung 8.17: Mahnlauf einplanen

Je nach Datenmenge sollte der Mahnlauf nach einigen Sekunden bzw. Minuten beendet sein und im unteren Bildschirmbereich sollten die Meldungen MAHNSELEKTION IST FERTIG und 1 MAHNUNGEN ERZEUGT, DAVON 1 ZU VERSENDEN ❶ erscheinen (siehe Abbildung 8.18). Sie können sich nun ein PROTOKOLL ❷ anzeigen lassen, die Ergebnisse des Mahnlaufs über ÄNDERN ❸ noch bearbeiten oder gleich einen PROBEDRUCK ❹ bzw. den MAHNDRUCK ❺ starten.

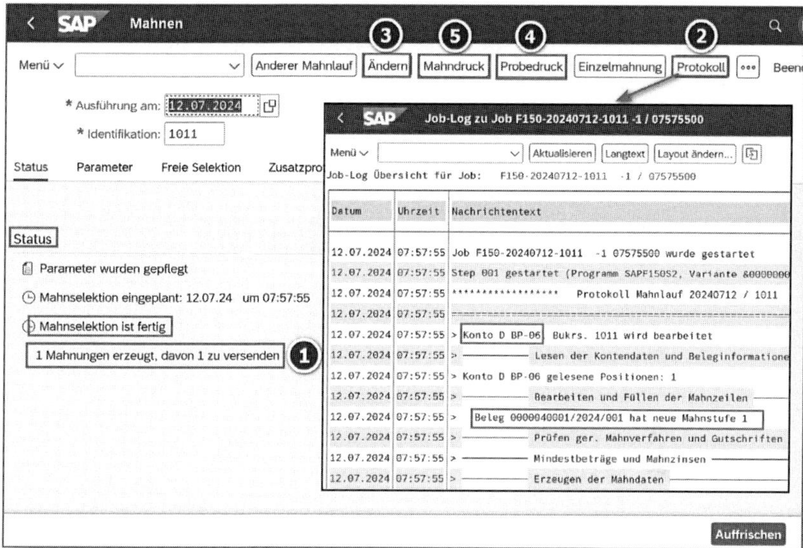

Abbildung 8.18: Mahnlauf bearbeiten und Mahndruck

Wenn Sie den Mahnvorschlag über ÄNDERN aufrufen (siehe Abbildung 8.18), sehen Sie, dass der Kunde *BP-06* gemahnt wird (siehe Abbildung 8.19). Grund dafür ist eine Rechnung (Beleg *40001*) über *2.140 EUR*, die zum Zeitpunkt der Mahnung *2* Tage ❶ überfällig ist und der Posten damit der Mahnstufe *1* ❷ zugeordnet wird. Über MAHNUNG ÄNDERN können Sie eine Mahnsperre setzen oder die Mahnstufe anpassen.

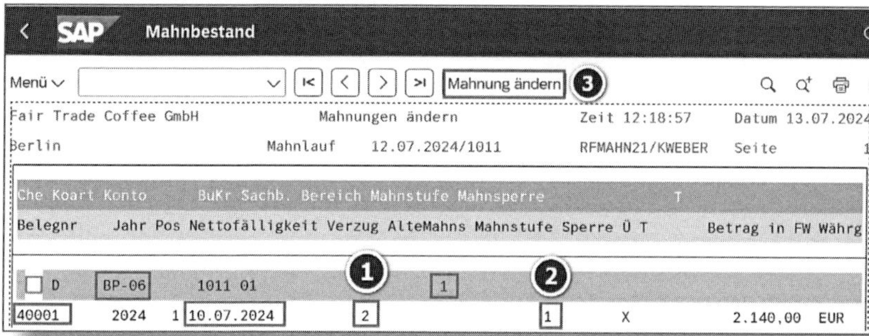

Abbildung 8.19: Mahnbestand bearbeiten

Beim Probedruck bzw. Druck wird der in Abbildung 8.20 dargestellte Brief mit der 1. MAHNUNG ❶ erzeugt. In dem sehr höflich gehaltenen Schreiben wird der Kunde darauf aufmerksam gemacht, dass der Betrag von 2.140 EUR schon am 10.07.2024 fällig war und er somit im Verzug ist.

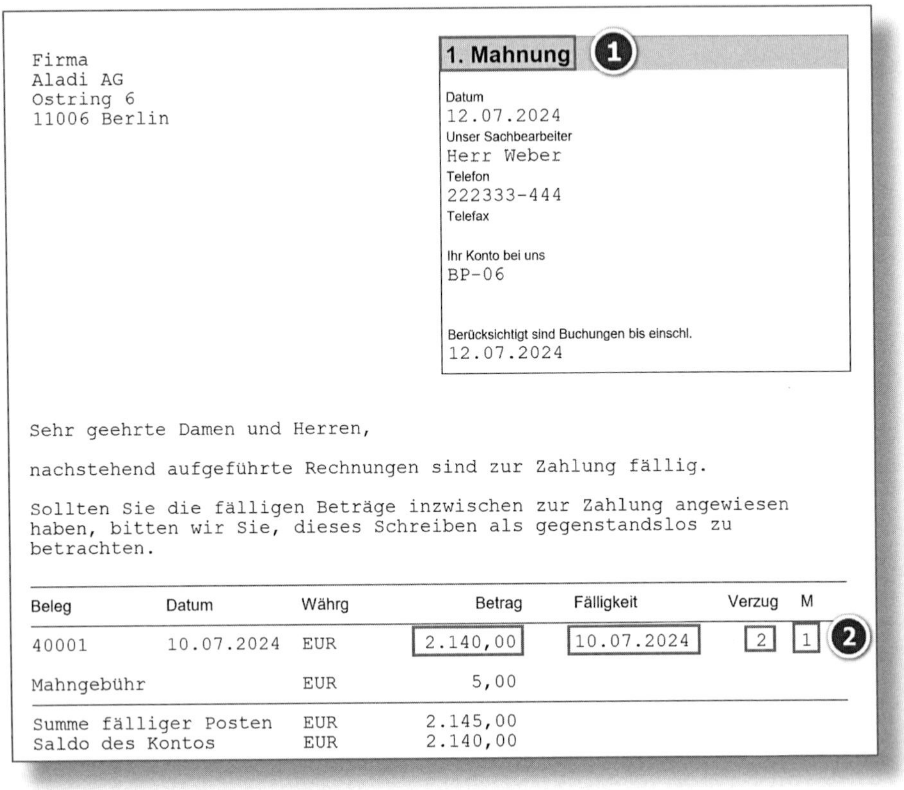

Firma
Aladi AG
Ostring 6
11006 Berlin

1. Mahnung ❶

Datum
12.07.2024
Unser Sachbearbeiter
Herr Weber
Telefon
222333-444
Telefax

Ihr Konto bei uns
BP-06

Berücksichtigt sind Buchungen bis einschl.
12.07.2024

Sehr geehrte Damen und Herren,

nachstehend aufgeführte Rechnungen sind zur Zahlung fällig.

Sollten Sie die fälligen Beträge inzwischen zur Zahlung angewiesen haben, bitten wir Sie, dieses Schreiben als gegenstandslos zu betrachten.

Beleg	Datum	Währg	Betrag	Fälligkeit	Verzug	M
40001	10.07.2024	EUR	2.140,00	10.07.2024	2	1 ❷
Mahngebühr		EUR	5,00			
Summe fälliger Posten		EUR	2.145,00			
Saldo des Kontos		EUR	2.140,00			

Abbildung 8.20: Erste Mahnung

Sofern im Debitorenstamm eine E-Mail-Adresse hinterlegt ist, können Sie in den Systemeinstellungen vorgeben, dass das Mahnschreiben per E-Mail versandt werden soll.

8.3.5 Buchen Zahlungseingang

Auf dem Bankkontoauszug unserer Hausbank sind (neben verschiedenen anderen Positionen/ausgehenden Zahlungen für unsere Lieferanten) auch eingehende Zahlungen von unseren Kunden ausgewiesen, die noch zu verbuchen sind. In SAP S/4HANA kann der Kontoauszug manuell oder automatisch verbucht werden.

Für unsere Beispielfirma werden wir den Kontoauszug manuell buchen.

> **☛ Nutzen Sie den Elektronischen Kontoauszug**
>
> SAP bietet Ihnen die Anwendung *Elektronischer Kontoauszug* (siehe Abschnitt 6.1), mit der Sie die Bankbuchhaltung weitgehend automatisieren können.
>
> Das »Praxishandbuch Kontoauszug in SAP S/4HANA« (Claus Wild, Espresso Tutorials 2023: *https://es-tu.de/DsaV*) enthält ausführliche Informationen zu dieser Anwendung.

Beim Zahlungseingang unterscheiden wir die in Abbildung 8.21 dargestellten Fälle:

❶ In der Regel wird der Kunde den gesamten Rechnungsbetrag überweisen. In diesem Fall werden der Bankeingang im Soll sowie der Debitor im Haben gebucht und der jetzt bezahlte offene Posten wird ausgeglichen. Zieht der Kunde einen ihm gewährten Skonto ab, werden der Nettobetrag auf dem Konto »Kundenskonti« und zusätzlich die darauf berechnete Mehrwertsteuer als Mehrwertsteuerkorrektur im Soll gebucht.

Es kann jedoch auch sein, dass der Kunde nicht den gesamten Rechnungsbetrag bezahlt und eine Zahlungsdifferenz entsteht.

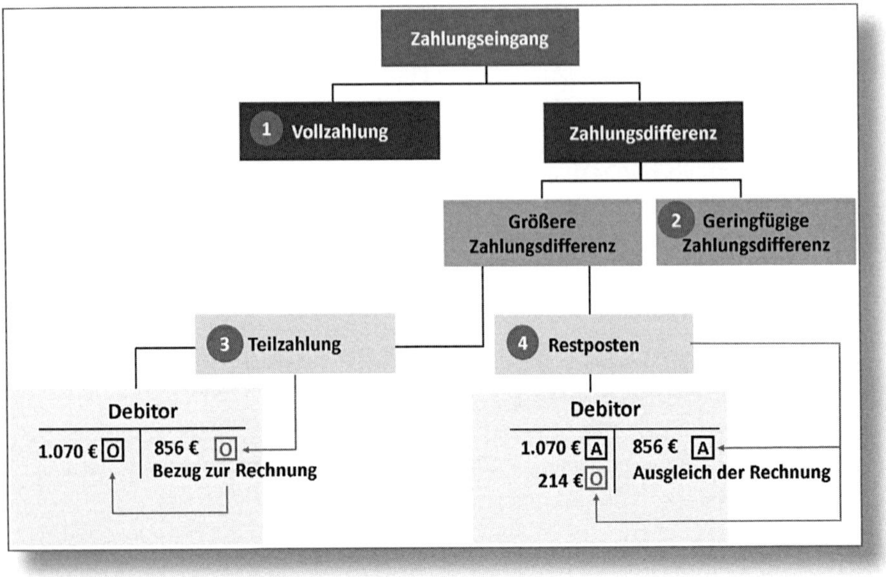

Abbildung 8.21: Zahlungseingang

❷ Handelt es sich nur um eine geringfügige Differenz, kann in den Systemeinstellungen festgelegt werden, dass diese Abweichung automatisch ausgebucht wird.

Ist die Differenz größer, haben Sie zwei Optionen, diesen Vorgang zu buchen:

❸ als *Teilzahlung* – auf den offenen Posten der Rechnung wird zwar Bezug genommen, es bleiben aber die ursprüngliche Rechnung wie auch die Teilzahlung als offene Posten bestehen;

❹ als *Restposten* – für die Differenz wird ein Restposten mit Bezug zur Rechnung im Soll gebucht; zusätzlich wird der volle Rechnungsbetrag im Haben gebucht und mit der ursprünglichen Rechnung ausgeglichen.

Vollzahlung buchen

In unserem Fallbeispiel bezahlt der Kunde mit der Geschäftspartnernummer BP-06 den vollen Rechnungsbetrag. Da wir unseren Kontoauszug manuell buchen, rufen wir die App »Zahlungseingang buchen« auf (siehe Abbildung 8.22).

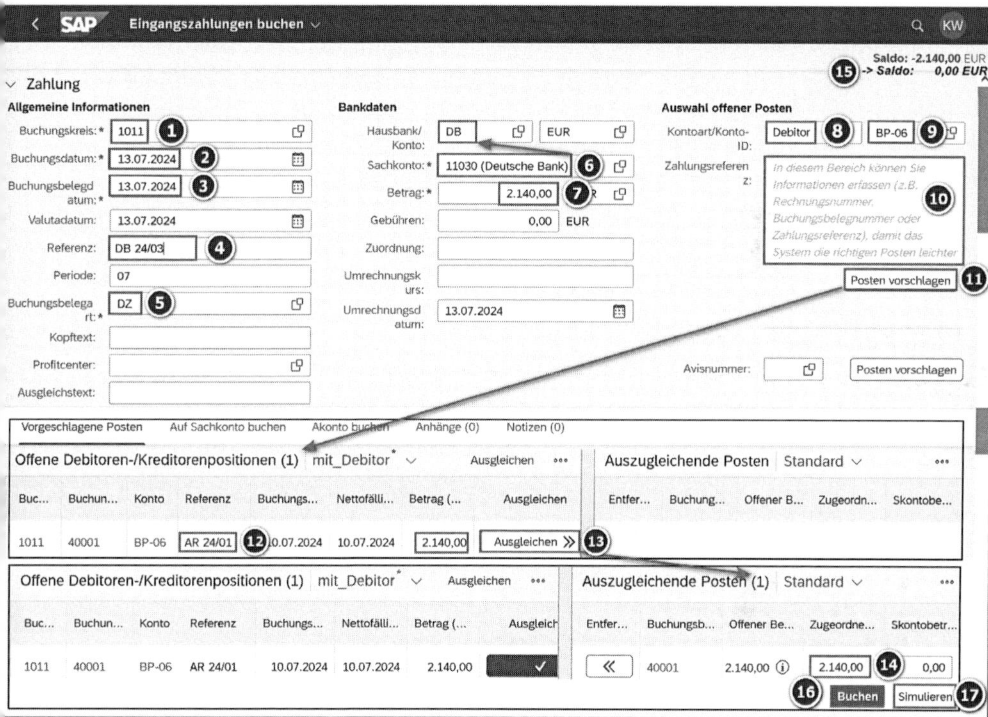

Abbildung 8.22: App »Zahlungseingang« – Vollzahlung

Im Eingabebildschirm sind der Buchungskreis ❶ und die Buchungsbelegart ❺ schon vorbelegt. Sie geben das BUCHUNGSDATUM ❷, das BUCHUNGSBELEGDATUM ❸ und als REFERENZ ❹ die Kontoauszugsnummer (in unserem Beispiel *DB 24/03*) für den Kontoauszug 03 der Deutschen Bank im Jahr 2024 ein. In das Feld SACHKONTO ❻ tragen Sie *11030* für die Deutsche Bank und den BETRAG ❼ (in unserem Beispiel 2.140 EUR) ein. Unter AUSWAHL OFFENER POSTEN ❽ ergänzen Sie im Feld KONTOART/KONTO-ID ❾ *Debitor* und die gewünschte Debitorennummer (in unserem Beispiel *BP-06*). Unter ZAHLUNGSREFERENZ ❿ sind weitere Selektionskriterien möglich. Anschließend drücken Sie die Schaltfläche POSTEN VORSCHLAGEN ⓫, es werden nun alle selektierten offenen Posten auf der linken Seite angezeigt. Sie wählen den gewünschten Posten (in unserem Beispiel die Rechnung *AR 24/01)* ⓬ aus und drücken auf die Schaltfläche AUSGLEICHEN ⓭. Hierdurch wird der Posten auch auf der rechten Seite angezeigt. In der Spalte ZUGEORDNET ⓮ wird er als offener Betrag vorgeschlagen und der Saldo auf 0,00 EUR ⓯ geändert. Diesen Vorschlagswert könnten Sie auch überschreiben. In unserem Beispiel gibt es keine Differenz, und Sie können den Beleg sofort BUCHEN ⓰ oder zunächst SIMULIEREN ⓱.

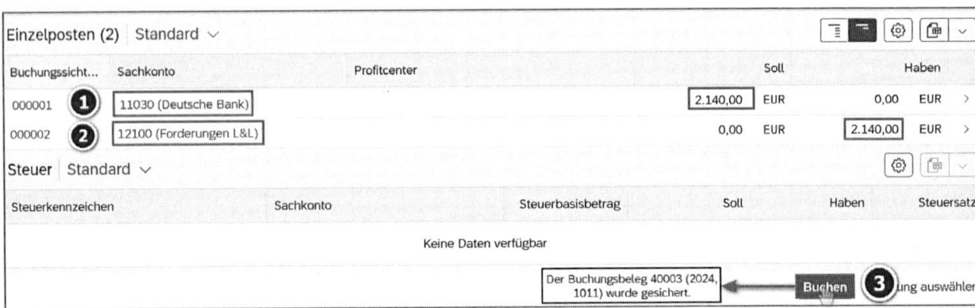

Abbildung 8.23: Zahlungseingang – ohne Skonto

Der in Abbildung 8.23 simulierte Beleg zeigt den Betrag von 2.140 EUR auf dem Konto *Deutsche Bank* ❶ im SOLL und den Debitor bzw. das Abstimmkonto *Forderungen L&L* ❷ im HABEN. Zum Speichern drücken Sie BUCHEN ❸.

Zahlungseingang mit Skonto

Nicht buchen, aber zeigen möchte ich Ihnen die Simulation eines Zahlungseingangs mit Skonto (siehe Abbildung 8.24).

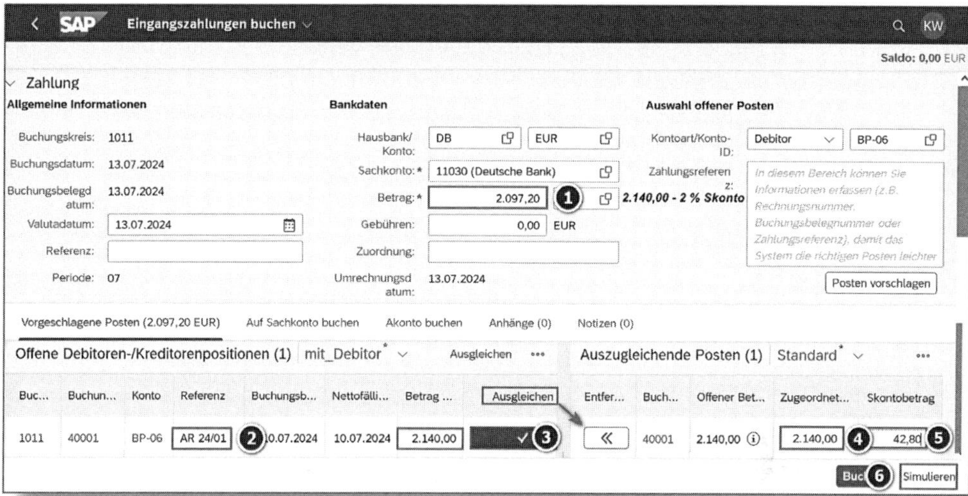

Abbildung 8.24: Zahlungseingang – Vollzahlung mit Skonto

In das Feld BETRAG ❶ geben Sie den um 2 % Skonto reduzierten Rechnungsbetrag von *2.097,20 EUR* ein. Sie wählen die bezahlte Rechnung *AR 24/01* ❷ mit dem BETRAG ❷ von *2.140 EUR*, und nach Anklicken der Taste AUSGLEICHEN ❸ werden unter ZUGEORDNETER BETRAG *2.140 EUR* ❹ sowie unter SKONTO ❺ *42,80 EUR* ausgewiesen.

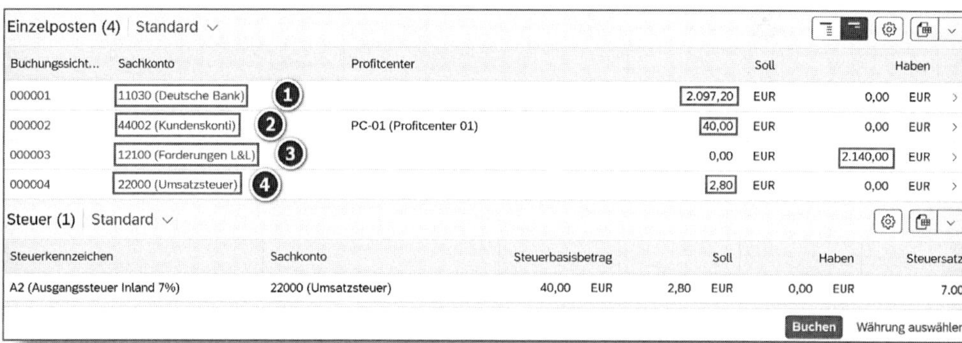

Abbildung 8.25: Zahlungseingang – Vollzahlung mit Skonto, simulierter Beleg

Der simulierte Beleg (siehe Abbildung 8.25) zeigt im SOLL, auf dem Konto *Deutsche Bank* ❶, den Zahlungseingang von *2.097,20 EUR*, auf dem Konto *Kundenskonti* ❷ *40 EUR* (2 % Skonto), auf dem Konto *Umsatzsteuer* ❹ *2,80 EUR* und im HABEN auf dem Konto *Forderungen L&L* ❸ *2.140 EUR*.

Teilzahlung buchen

Bei der Verbuchung des Kontoauszugs mussten wir feststellen, dass uns der Kunde Müller GmbH (Geschäftspartner BP-01) nur 80 Prozent der Rechnung AR 24/03 über 1.070 EUR bezahlt hat. Daher wollen wir zu einer Rechnung über 1.070 EUR eine Teilzahlung von 856 EUR buchen (siehe Abbildung 8.26). Hierzu geben wir in das Feld BETRAG ❶ *856 EUR* ein und drücken auf POSTEN VORSCHLAGEN ❷. Es wird ein offener Posten mit dem RECHNUNGSBETRAG ❸ von *1.070 EUR* angezeigt, den wir mittels AUSGLEICHEN ❹ übernehmen. In das Feld ZUGEORDNETE Beträge ❺ geben wir *856 EUR* ein und drücken dann die Taste BUCHEN ❻.

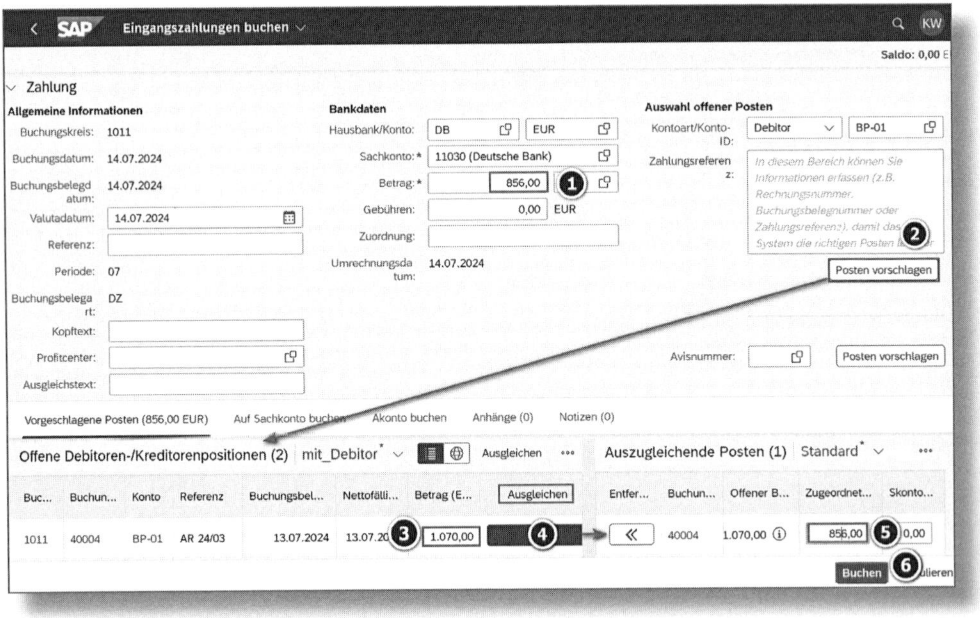

Abbildung 8.26: Zahlungseingang – Buchung Teilzahlung

Der simulierte Beleg ist in Abbildung 8.27 dargestellt und zeigt die Buchung auf dem Konto der *Deutschen Bank* im Soll sowie die Buchung auf dem Debitor und dem dahinterliegenden Abstimmkonto *Forderungen L&L* im Haben.

Einzelposten (2) mit_Debitor

Buchungssicht...	Debitor	Sachkonto	Soll		Haben	
000001		11030 (Deutsche Bank)	856,00	EUR	0,00	EUR
000002	BP-01 (Müller GmbH)	12100 (Forderungen L&L)	0,00	EUR	856,00	EUR

Abbildung 8.27: Beleg Debitorenteilzahlung

8.3.6 Debitorengutschrift buchen

Nehmen wir in unserem Beispiel an, dass der Grund für die Minderzahlung des Kunden eine verspätete Lieferung war und der Vertrieb dafür eine Gutschrift von 216 EUR erstellt hat.

Da die Verbuchung der Debitorengutschrift im Prinzip wie die Debitorenrechnung abläuft, möchte ich nur auf die Unterschiede eingehen. Sie rufen die App »Ausgangsrechnung anlegen« auf (siehe Abbildung 8.28).

Nachdem Sie den VORGANG von Rechnung auf *G Gutschrift* ❶ umgestellt haben, passt sich die BELEGART automatisch auf *DG Debitorengutschrift* ❺ und das Kennzeichen S/H auf *Haben* ❼ an. Beziehen Sie sich in der REFERENZ ❷ auf die Rechnung *AR 24/03* bzw., wenn die Rechnung über Rechnung über das Modul SD erstellt wurde, nach Auswahl des Reiters ZAHLUNG ❸ im Feld RECHNBEZUG ❹ auf die Vertriebsbelegnummer. Geben Sie den BETRAG ❻ der Gutschrift inklusive Mehrwertsteuer (in unserem Beispiel *214* EUR ein), und drücken Sie auf BUCHEN ❽.

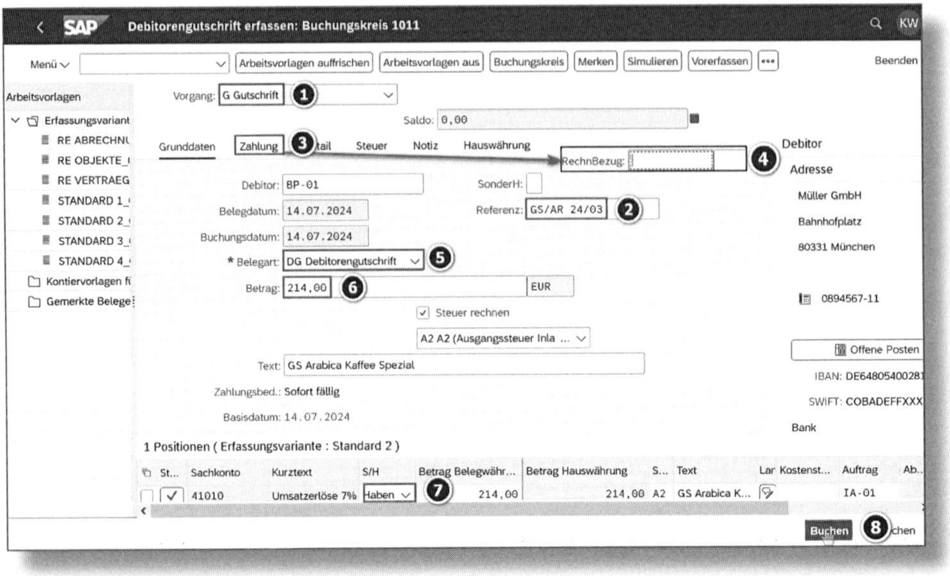

Abbildung 8.28: Debitorengutschrift buchen

In Abbildung 8.29 sehen Sie den gebuchten Gutschriftsbeleg.

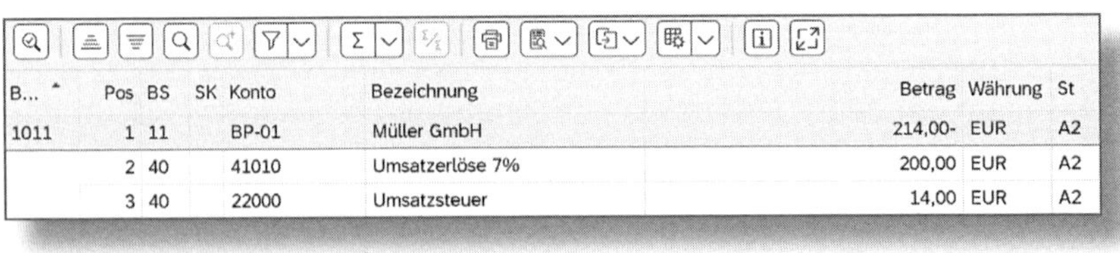

B...	Pos	BS	SK	Konto	Bezeichnung	Betrag	Währung	St
1011	1	11		BP-01	Müller GmbH	214,00-	EUR	A2
	2	40		41010	Umsatzerlöse 7%	200,00	EUR	A2
	3	40		22000	Umsatzsteuer	14,00	EUR	A2

Abbildung 8.29: Gutschriftsbeleg

8.3.7 Ausgleich offener Posten

In unserer Beispielfirma haben wir auf einem Debitorenkonto eine Rechnung über 1.070 EUR, eine Teilzahlung über 856 EUR und eine Gutschrift über 214 EUR gebucht. Diese offenen Posten können wir ausgleichen.

Dazu rufen Sie die App »Eingangszahlungen ausgleichen« auf (siehe Abbildung 8.30).

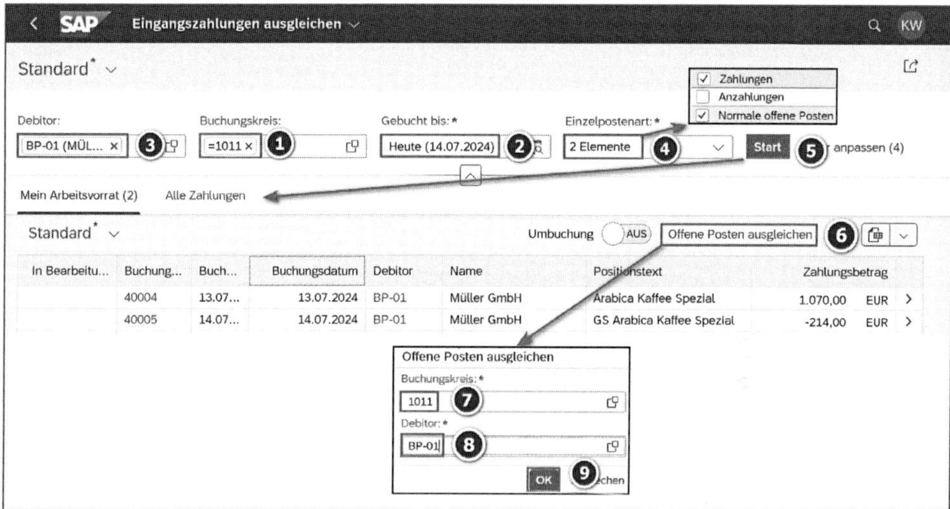

Abbildung 8.30: App »Eingangszahlungen ausgleichen«

Der BUCHUNGSKREIS ❶ und das Feld GEBUCHT BIS ❷ sind schon vorbelegt. Geben Sie zusätzlich den DEBITOR ❸ ein; wählen Sie die gewünschte EINZELPOSTENART ❹ aus, und drücken Sie dann den START-Button ❺. Daraufhin werden die selektierten offenen Posten ausgewiesen. Da aufgrund eines Systemfehlers die Teilzahlung nicht ausgewiesen wurde, betätigen wir die Schaltfläche OFFENE POSTEN AUSGLEICHEN ❻ und geben im sich öffnenden Pop-up den BUCHUNGSKREIS ❼ sowie den DEBITOR ❽ ein und drücken OK ❾.

Im darauffolgenden Bildschirm (siehe Abbildung 8.31) wählen Sie für die Rechnung *AR 24/03* über *1.070 EUR* ❶, die Gutschrift *GS/AR 24/03* über *214 EUR* ❷ und die Zahlung *DB 24/04* über *856 EUR* ❸ jeweils die Drucktaste AUSGLEICHEN aus. Dadurch werden die drei Positionen in den Bereich AUSZUGLEICHENDE POSTEN ❹ kopiert. Drücken Sie BUCHEN ❺. Dadurch wird ein Ausgleichsbeleg erzeugt, wobei die Ausgleichsbelegnummer in beiden ausgeglichenen Belegen gespeichert wird.

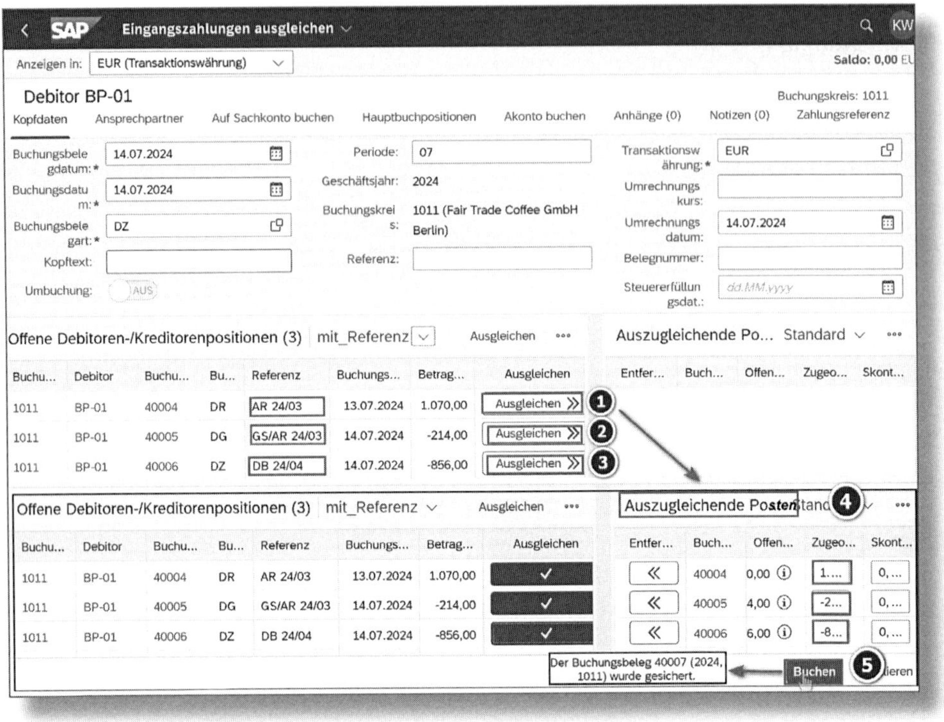

Abbildung 8.31: Ausgleichen – Auswahl offener Posten

Rufen Sie anschließend nochmals die App »Debitorenposten« auf, um sich alle Buchungen dieses Jahres anzusehen (siehe Abbildung 8.32).

Wählen Sie unter STATUS *Alle Posten* ❶, und drücken Sie **Start** ❷. Ich habe mir im Vorfeld eine Anzeigevariante MIT_AUSGLEICH angelegt, um die Ausgleichsvorgänge überprüfen zu können. Die offenen Posten des Debitors BP-01 ❸ wurden in der letzten Übung manuell mit dem Beleg *40006* ausgeglichen. Der offenen Posten des Debitors BP-06 wurde mit dem Zahlungsbeleg 40003 ausgeglichen ❹. Offen ist noch die Rechnung AR24/02 des Debitors BP-07 ❺.

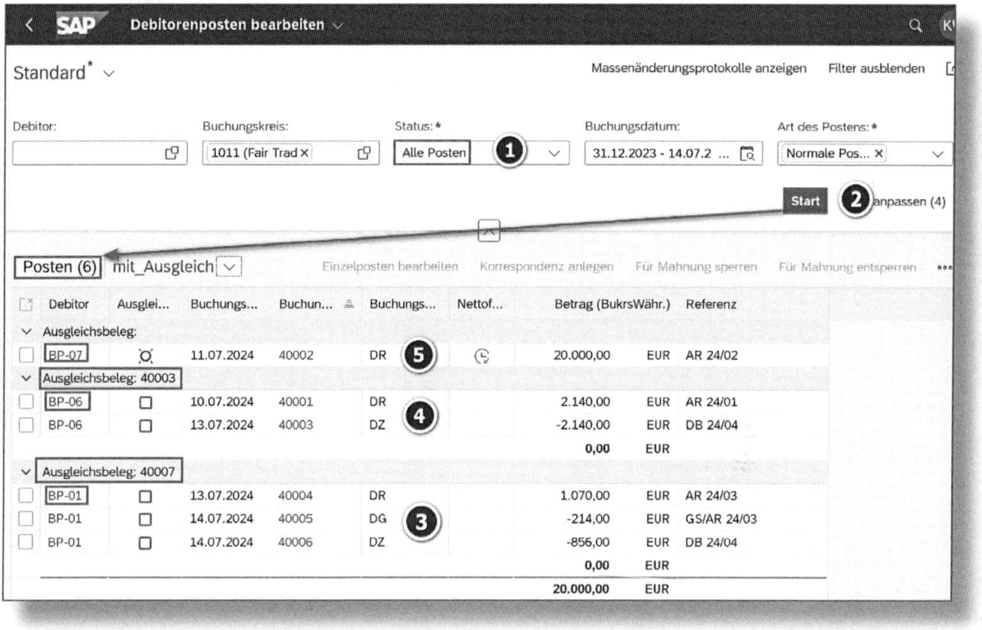

Abbildung 8.32: Debitorenposten bearbeiten – alle Posten

8.4 Periodenabschluss Debitoren

Auch in der Debitorenbuchhaltung sind am Ende eines Monats, Quartals oder Jahres Abschlussarbeiten durchzuführen. Der »Periodenabschluss Debitoren« ist dem »Periodenabschluss Kreditoren« (siehe Abschnitt 5.4) sehr ähnlich (siehe Abbildung 8.33).

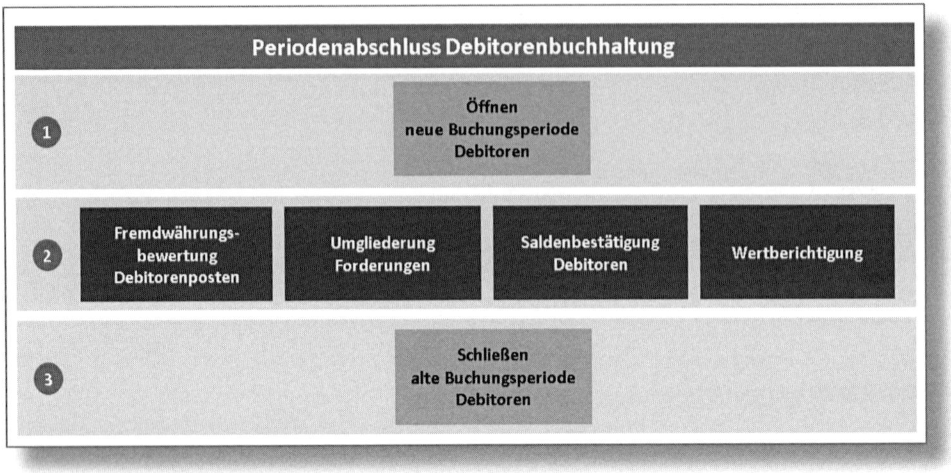

Abbildung 8.33: Periodenabschluss Debitoren

Zunächst muss die neue Buchungsperiode geöffnet werden ❶. Dann erfolgen die operativen Abschlussarbeiten in der Debitorenbuchhaltung ❷:

- Eine *Fremdwährungsbewertung* ist dann durchzuführen, wenn es offene Forderungen in Fremdwährung(en) gibt.
- Verschiedene Rechnungslegungsvorschriften erfordern eine *Umgliederung*, in der Lieferforderungen nach Restlaufzeit unterteilt und Debitoren mit einem Habensaldo unter dem Konto »Kreditorische Debitoren« auszuweisen sind.
- Wirtschaftsprüfer verlangen im Rahmen der Jahresabschlussprüfung häufig, dass *Saldenbestätigungen* an alle oder ausgewählte Debitoren geschickt werden.
- Bei Bedarf ist auch eine *Wertberichtung für zweifelhafte Forderungen* vorzunehmen. In SAP S/4HANA wird zwischen einer *Einzelwertberichtigung*, einer *pauschalierten Einzelwertberichtigung* und einer *pauschalen Wertberichtigung* unterschieden.

Sind alle Abschlussaktivitäten erledigt, wird die alte *Buchungsperiode geschlossen* ❸.

Nur kurz erwähnen möchte ich an dieser Stelle das *Fremdwährungsbewertungsprogramm*. Mit diesem Programm können Sie offene Posten der Debitoren, Kreditoren und Sachkonten sowie der Sachkontensalden in Fremdwährung bewerten.

Alle Fremdwährungsbewertungen in einem Programmlauf

Legen Sie sich eine Variante mit entsprechenden Selektionskriterien an, mit der Sie die Bewertung sowohl für das Hauptbuch als auch für die Nebenbücher in einem Programmlauf durchführen können.

In unserer Fallstudie hat sich der CHF-Kurs zum Periodenende stark verändert. Sie interessieren sich für die ergebnismäßigen Auswirkungen dieser Kursänderungen anhand der offenen Posten und führen daher einen Testlauf zur Fremdwährungsbewertung durch.

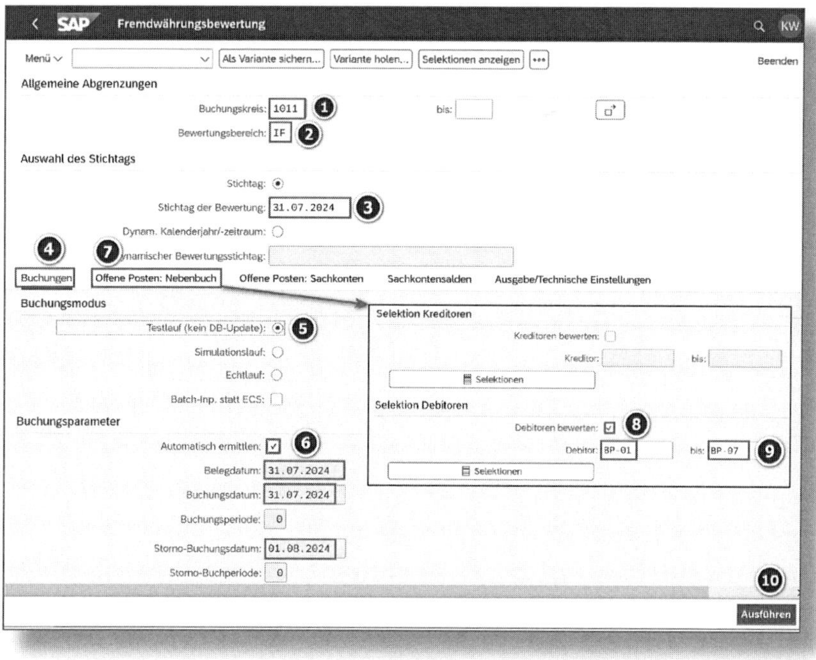

Abbildung 8.34: Fremdwährungsbewertung – Testlauf

Rufen Sie dazu die App »Fremdwährungsbewertung durchführen« auf. Im Eingabebild (siehe Abbildung 8.34) tragen Sie Ihren BUCHUNGSKREIS ❶, den gewünschten BEWERTUNGSBEREICH ❷ und als STICHTAG DER BEWERTUNG ❸ den letzten Tag des abgeschlossenen Monats ein. Der Bewertungsbereich ist mit der Bewertungsmethode und der Rechnungslegungsvorschrift verknüpft und bestimmt, wie die Bewertung erfolgt und in welches Ledger die Ergebnisse verbucht werden sollen. In unserem Beispiel steht *IF* für »immer bewerten nach IFRS«. Unter dem Reiter BUCHUNGEN ❹ legen Sie den Modus und die Parameter zur Buchung fest. Im Buchungsmodus können Sie zwischen TESTLAUF, SIMULATIONSLAUF und ECHTLAUF wählen. Sie wählen Testlauf ❺. Wenn Sie im Bereich BUCHUNGSPARAMETER ❻ AUTOMATISCH ERMITTELN aktivieren, werden das BELEGDATUM und das BUCHUNGSDATUM mit dem Stichtag der Bewertung gefüllt und das STORNO-BUCHUNGSDATUM mit dem ersten Tag des Folgemonats. Unter dem Reiter OFFENE POSTEN: NEBENBUCH ❼ und der SELEKTION DEBITOREN setzen Sie einen Haken bei DEBITOREN BEWERTEN ❽ und geben das Intervall der gewünschten (in der Regel alle) Debitoren ❾ an. Anschließend drücken Sie die Drucktaste AUSFÜHREN ❿.

Hau...	Konto	Belegnr	Pos	Betrag in FW	Wä...	Betrag Bu.Währ	Bu....	Umbe...	SK	Kurs	Art	Alte D...	Neue Differenz
12100	BP-07	40002	1	24.000,00	CHF	20.000,00	EUR	/1,25... ❶		/1,20... ❷		0,00 →	❸ 800,00-
12100			•	24.000,00	CHF •	20.000,00	EUR					• 0,00 •	800,00-

Abbildung 8.35: Ergebnis Fremdwährungsbewertung

Im Protokoll (siehe Abbildung 8.35) sehen Sie das Ergebnis des Bewertungslaufs. Ist der KURS am Stichtag nicht mehr *1,25* ❶, sondern *1,20* ❷, ergibt sich eine Bewertungsdifferenz von *800 EUR* ❸.

9 Periodenabschluss Hauptbuch

Im letzten Kapitel schließt sich der Kreis der Prozesse in der Finanzbuchhaltung und damit auch unseres Demobeispiels der »Fair Trade Coffee GmbH«. Es beginnt mit einem Überblick über den Periodenabschluss in der Hauptbuchhaltung. Für unsere Beispielfirma schließen wir die alten und öffnen die neuen Buchungsperioden und erstellen die Umsatzsteuervoranmeldung. Krönender Abschluss ist dann die fertige Bilanz bzw. GuV (Gewinn- und Verlustrechnung). Wird uns hier ein Gewinn ausgewiesen, können wir hoffnungsvoll auf die nächsten Perioden blicken.

Zur Vertiefung empfehle ich Ihnen unser »Praxishandbuch Periodenabschluss in SAP S/4HANA Finance (FI)« (Karlheinz Weber/Christine Werschitz, Espresso Tutorials, 2023: *https://es-tu.de/uXsR*).

9.1 Überblick Periodenabschluss Hauptbuch

Ist das Monats-, Quartals- oder Jahresende erreicht, ist auch in der Hauptbuchhaltung der Periodenabschluss durchzuführen. Einen vereinfachten Überblick über die dafür notwendigen Aktivitäten erhalten Sie in Abbildung 9.1:

❶ Zunächst öffnen Sie die neue Buchungsperiode.

❷ Einmal jährlich ist der *Saldovortrag* durchzuführen. Im Unterschied zu SAP ERP gibt es in SAP S/4HANA und dem Universal Journal nur noch ein Saldovortragsprogramm und eine App »Saldovortrag durchführen«. Das Saldovortragsprogramm überträgt Bestandskonten auf sich selbst und Erfolgskonten auf ein in den Systemeinstellungen hinterlegtes Saldovortragskonto.

❸ Zu den betriebswirtschaftlichen Abschlussarbeiten gehören u. a. die

- *Fremdwährungsbewertung* – die in Fremdwährung im Hauptbuch geführten offenen Posten und Salden (z. B. Bankkonten in Fremdwährung) werden neu bewertet;

- *Abgrenzung* – die Aufwendungen und Erträge werden den Perioden zugeordnet, die sie wirtschaftlich betreffen. Abgrenzungsbuchungen können Sie manuell vornehmen oder über die sogenannte *Accrual Engine* automatisieren;
- *Pflege des WE/RE-Kontos* – über die App »WE/RE-Verrechnung umbuchen« werden *Lieferungen ohne Rechnungen* und *Rechnungen ohne Lieferungen* auf die entsprechenden Konten umgebucht.

❹ Wenn alle Buchungen für die abgeschlossene Periode im System gebucht worden sind und das Ergebnis nicht mehr verändert werden soll, ist die alte Periode zu schließen.

❺ Anschließend sind noch Aufgaben des *Meldewesens* (wie die Umsatzsteuervoranmeldung oder die zusammenfassende Meldung) zu erfüllen und sonstige Berichte anzufertigen.

❻ Da die Erstellung der Bilanz sowie der GuV das Hauptziel der Finanzbuchhaltung ist, führe ich diese als letzten Schritt des Periodenabschlusses gesondert an.

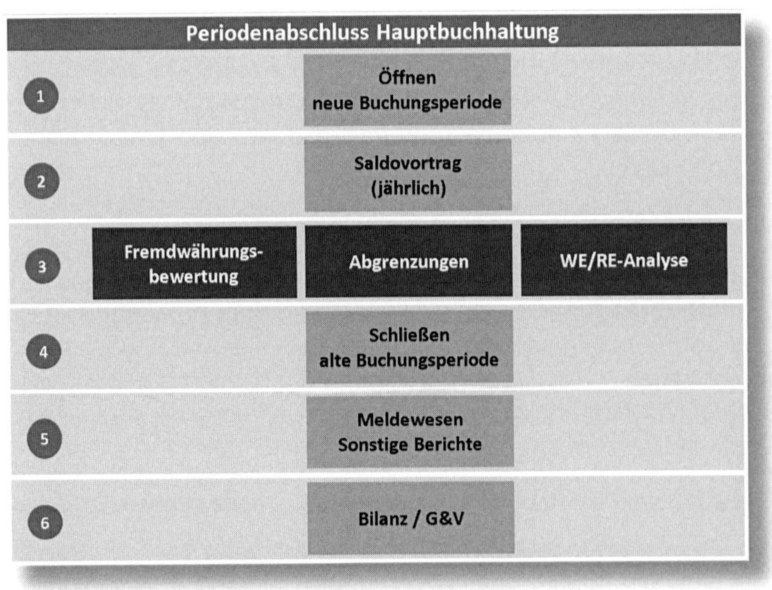

Abbildung 9.1: Periodenabschluss Hauptbuch

Für die Automatisierung der Abschlussaktivitäten im Rechnungswesen hat die SAP im Laufe der Zeit verschiedene Werkzeuge entwickelt:

- Schedule Manager
- Closing Cockpit
- Financial Closing Cockpit

Mit jedem dieser Werkzeuge können Sie die Aktivitäten des Monats- und Jahresabschlusses komfortabel planen, durchführen und überwachen. Das neueste und leistungsfähigste Werkzeug ist das Financial Closing Cockpit.

Ich kann im Rahmen dieses Buches nicht im Einzelnen auf die genannten Werkzeuge eingehen.

Wenn Sie mehr über diese Produkte erfahren möchten, erhalten Sie nähere Informationen beispielsweise unter dem folgenden Link: *https://www.sap.com/products/financial-management/closing-cockpit.html*.

☛ Automatisierung des Periodenabschlusses

Nutzen Sie die Werkzeuge, die Ihnen S/4HANA bietet, um die Abschlussaktivitäten zu automatisieren und den Periodenabschluss zu beschleunigen.

Von den zahlreichen Schritten im Zusammenhang mit den Abschlussarbeiten im Hauptbuch möchte ich auf das Verwalten von Buchungsperioden, auf die Umsatzsteuervoranmeldung und auf die Bilanz/GuV genauer eingehen.

Im Szenario 8 »Periodenabschluss Hauptbuch« unserer Beispielfirma »Fair Trade Coffee GmbH« werden wir keine zusätzlichen Buchungen vornehmen, sondern uns primär auf die Erstellung der Bilanz/GuV konzentrieren.

9.2 Buchungsperioden verwalten

Das Öffnen und Schließen von Buchungsperioden erfolgt über die *Buchungsperiodenvariante*. Diese wird in den Systemeinstellungen angelegt und dann einem oder mehreren Buchungskreisen zugeordnet.

In unserem Fallbeispiel wird die dezentrale Steuerung eingesetzt, bei der die deutsche und die amerikanische Firma die Buchungsperioden jeweils selbstständig öffnen und schließen. Daher habe ich die Varianten 1011 und 1710 angelegt und diese mit dem jeweiligen Buchungskreis verknüpft.

In einer Buchungsperiodenvariante gibt es drei Intervalle: Das erste Intervall ist primär für die Sonderperioden 13 bis 16, das zweite umfasst die normalen Buchungsperioden und das dritte Intervall ist für CO-Buchungen, die in SAP S/4HANA auch einen FI-Beleg erzeugen. Die Einstellungen für das Öffnen und Schließen von Perioden können getrennt nach Sachkonten und Abstimmkonten für Anlagen, Debitoren, Kreditoren und Materialien erfolgen. Zusätzlich wird über das +-Symbol der Belegkopf geprüft.

Um Buchungsperioden zu öffnen oder zu schließen, rufen Sie die App »Buchungsperioden verwalten« auf (siehe Abbildung 9.2).

Geben Sie die gewünschte BUCHUNGSPERIODENVARIANTE ❶ (in unserem Beispiel *1011*) ein, und drücken Sie den Button START ❷. Wenn Sie die neue Buchungsperiode für alle Buchungen öffnen wollen, setzen Sie einen Haken für alle Einträge ❸. In der Übersicht sehen Sie, dass für den Belegkopf (Symbol +) ❹ derzeit die Normalbuchungsperiode und Korrekturbuchungsperiode von *007/2024–007/2024* ❺ geöffnet sind. Um nun auch die Buchungsperiode 08/2024 zu öffnen, verwenden Sie BUCHUNGSPERIODEN EINSTELLEN ❻ und geben unter NORMALPERIODEN ❼ in die Felder VON *2024 007* ❽ und BIS *2024 008* ❾ ein. Wiederholen Sie die Eingaben für die KORREKTURPERIODEN ❿. Nachdem Sie OK ⓫ gedrückt haben, wird als neues Intervall *007.2024–008.2024* ⓬ angezeigt. Dies ermöglicht Ihnen, in die Monate Juli und August 2024 zu buchen.

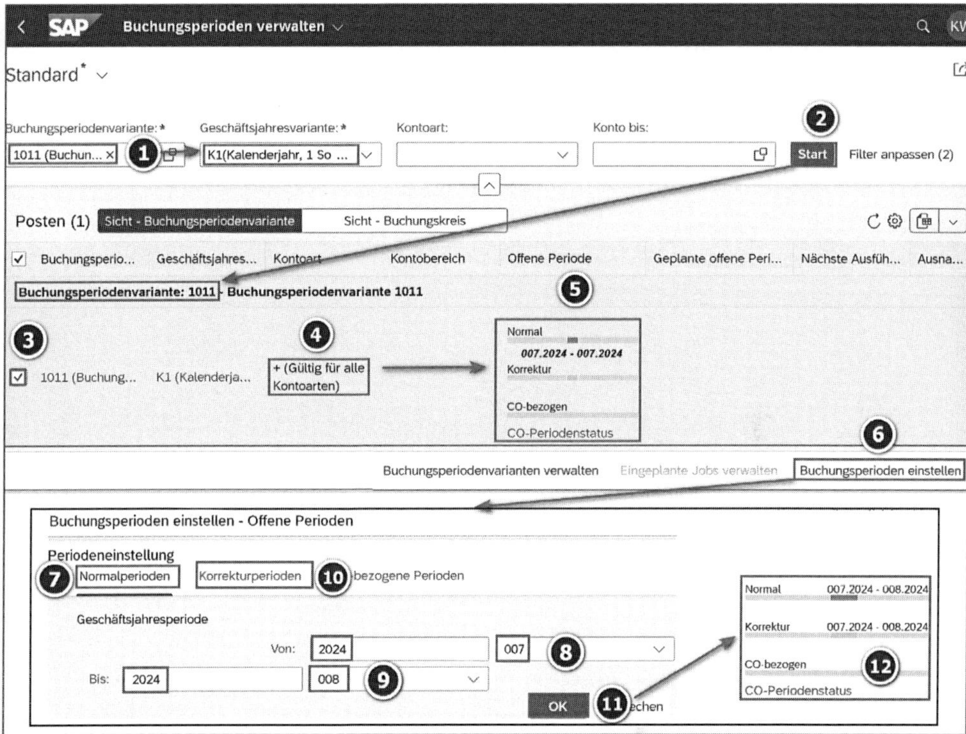

Abbildung 9.2: App »Buchungsperioden verwalten«

9.3 Umsatzsteuervoranmeldung

Entsprechend den jeweiligen Bestimmungen des Umsatzsteuergesetzes in Deutschland, Österreich und der Schweiz sind in der Regel je Steuerkennzeichen die entsprechenden Umsatzsteuer- und Vorsteuerbeträge sowie deren Berechnungsbasis zu ermitteln und an die Finanzbehörde zu melden. SAP S/4HANA bietet Ihnen Funktionen an, um mit diesen Zahlen nicht nur eine Auswertung für die *Umsatzsteuervoranmeldung* zu erstellen, sondern zugleich ein Formular zu bedrucken oder eine Datei (beispielsweise im XML-Format) zu erzeugen und diese in einem zweiten Schritt an die Finanzbehörde zu übertragen.

Zudem können Sie mit diesem Programm die Vorsteuer und Umsatzsteuer auf ein Konto »Finanzamt Zahllast« umbuchen.

In unserem Beispiel werden wir uns auf die Erstellung der Umsatzsteuervoranmeldung als Auswertung beschränken. Dazu rufen Sie die App »Umsatzsteuervoranmeldung anlegen« auf (siehe Abbildung 9.3).

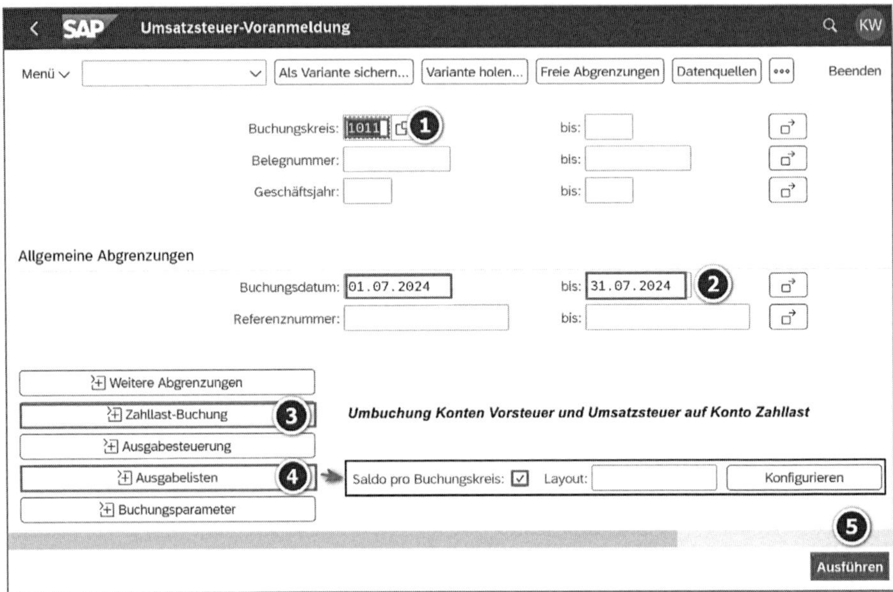

Abbildung 9.3: App »Umsatzsteuervoranmeldung«

Geben Sie den gewünschten BUCHUNGSKREIS ❶ (in unserem Beispiel *1011*) ein und als BUCHUNGSDATUM ❷ ein Intervall vom ersten bis zum letzten Tag des Monats, für den die Umsatzsteuererklärung erstellt werden soll (in unserem Beispiel *01.07.2024* bis *31.07.2024*). Wenn Sie eine automatische Zahllast-Buchung (also eine Umbuchung der Salden vom Vorsteuer- und Umsatzsteuer-Konto auf das Zahllast-Konto) ausführen wollen, füllen Sie auch die Rubrik ZAHLLAST-BUCHUNG ❸ aus. Unter AUSGABELISTEN ❹ können Sie einstellen, ob Sie EINZELPOSTEN, SUMMEN und/oder SALDEN (hier SALDEN PRO BUCHUNGSKREIS) ausgeben und ein spezifisches Layout verwenden wollen. Abschließend drücken Sie die Drucktaste AUSFÜHREN ❺.

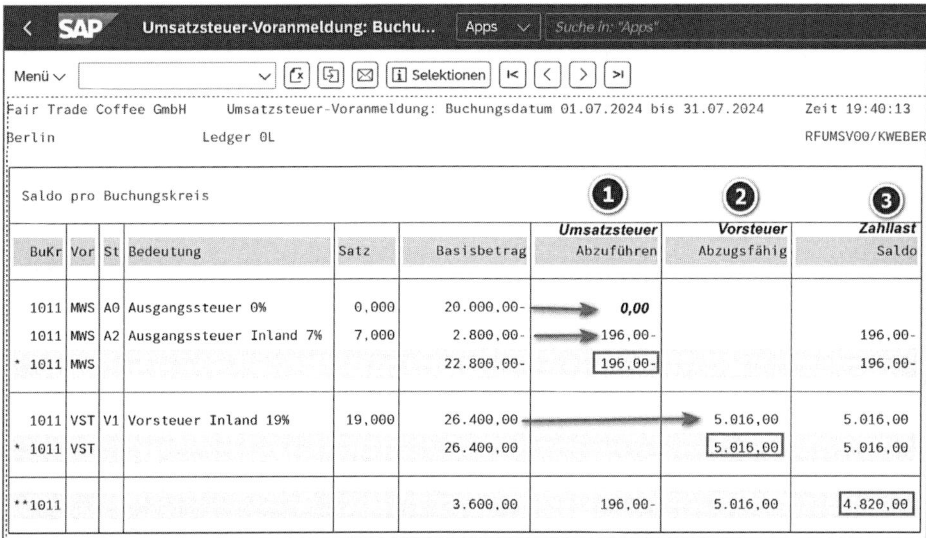

Umsatzsteuer-Voranmeldung: Buchu...

Fair Trade Coffee GmbH Umsatzsteuer-Voranmeldung: Buchungsdatum 01.07.2024 bis 31.07.2024 Zeit 19:40:13

Berlin Ledger 0L RFUMSV00/KWEBER

Saldo pro Buchungskreis

BuKr	Vor	St	Bedeutung	Satz	Basisbetrag	❶ Umsatzsteuer Abzuführen	❷ Vorsteuer Abzugsfähig	❸ Zahllast Saldo
1011	MWS	A0	Ausgangssteuer 0%	0,000	20.000,00-	0,00		
1011	MWS	A2	Ausgangssteuer Inland 7%	7,000	2.800,00-	196,00-		196,00-
* 1011	MWS				22.800,00-	196,00-		196,00-
1011	VST	V1	Vorsteuer Inland 19%	19,000	26.400,00		5.016,00	5.016,00
* 1011	VST				26.400,00		5.016,00	5.016,00
**1011					3.600,00	196,00-	5.016,00	4.820,00

Abbildung 9.4: Ergebnis Umsatzsteuervoranmeldung

Der Auswertungsabschnitt SALDO PRO BUCHUNGSKREIS zeigt in der Spalte ABZUFÜHREN ❶ nur einen Umsatzsteuerbetrag von *196 EUR*, da ein Großteil der Umsätze steuerfreie Exportumsätze sind (siehe Abbildung 9.4). Wegen der hohen Ausgaben werden in der Spalte ABZUGSFÄHIG ❷ eine Vorsteuer von *5.406 EUR* und daher in der Spalte SALDO ❸ ein Zahllast-Guthaben von *4.820 EUR* ausgewiesen.

9.4 Bilanz/Gewinn- und Verlustrechnung

Der krönende Abschluss in der Finanzbuchhaltung (nicht nur für unsere Beispielfirma »Fair Trade Coffee GmbH«) ist die Erstellung einer *Bilanz/Gewinn- und Verlustrechnung*. Dazu rufen Sie die App »Bilanz/GuV anzeigen« auf.

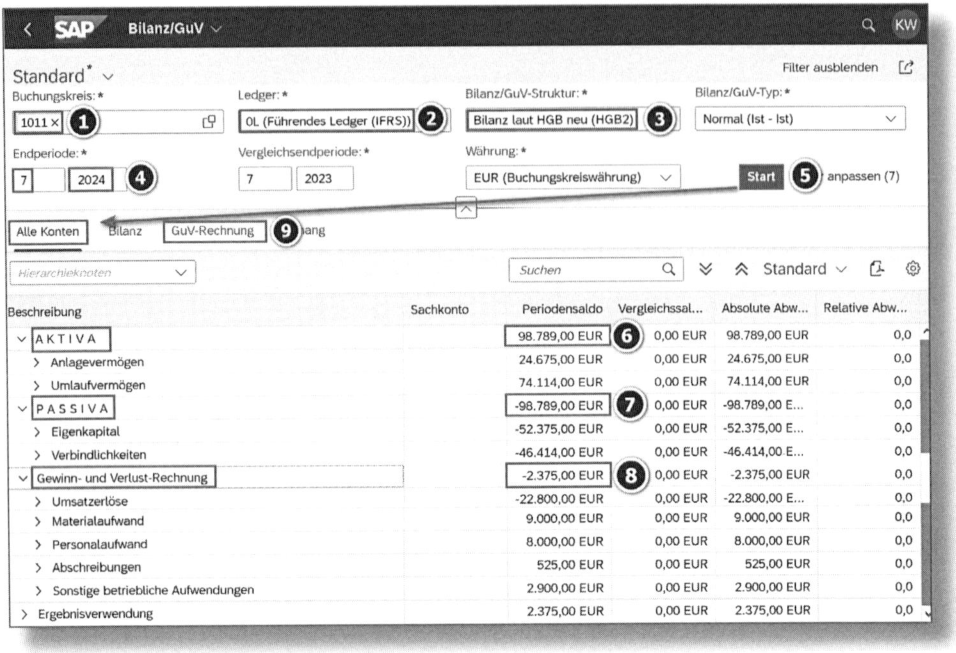

Abbildung 9.5: App »Bilanz/GuV«

Im Auswahlbildschirm (siehe Abbildung 9.5) geben Sie zunächst Ihre Selektionskriterien ein und drücken dann den Button START ❺. BUCHUNGSKREIS ❶, LEDGER ❷, BILANZ/GUV-STRUKTUR ❸ und ENDPERIODE ❹ können vorbelegt sein und bei Bedarf überschrieben werden. Die Bilanz-/GuV-Struktur (siehe Abschnitt 3.1.2) zeigt die Gliederung der Bilanz sowie der Gewinn- und Verlustrechnung.

In unserem Beispiel sehen wir, dass die Summe für AKTIVA ❻ und PASSIVA ❼ jeweils *98.789 EUR* beträgt und sich in der Gewinn- und Verlust-Rechnung ❽ ein Ergebnis von *2.375 EUR* ergibt. Beachten Sie, dass Erträge mit einem Minusvorzeichen und Aufwendungen mit einem Plus gebucht sowie dargestellt werden und daher ein Betrag von −2.375 EUR bedeutet, dass die Firma einen Gewinn erwirtschaftet hat. Klicken wir auf GUV-RECHNUNG ❾, um die GuV genauer analysieren zu können (siehe Abbildung 9.6).

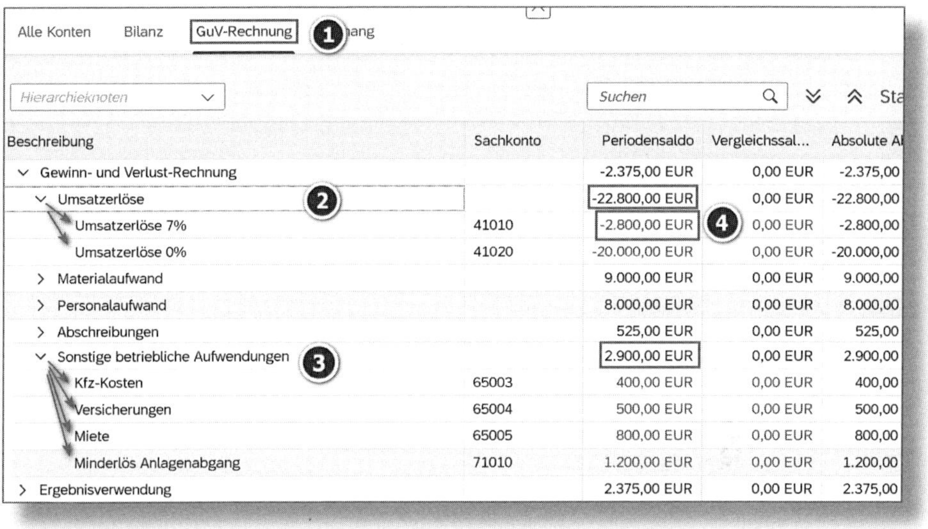

Beschreibung	Sachkonto	Periodensaldo	Vergleichssal...	Absolute A
Gewinn- und Verlust-Rechnung		-2.375,00 EUR	0,00 EUR	-2.375,00
Umsatzerlöse		-22.800,00 EUR	0,00 EUR	-22.800,00
Umsatzerlöse 7%	41010	-2.800,00 EUR	0,00 EUR	-2.800,00
Umsatzerlöse 0%	41020	-20.000,00 EUR	0,00 EUR	-20.000,00
Materialaufwand		9.000,00 EUR	0,00 EUR	9.000,00
Personalaufwand		8.000,00 EUR	0,00 EUR	8.000,00
Abschreibungen		525,00 EUR	0,00 EUR	525,00
Sonstige betriebliche Aufwendungen		2.900,00 EUR	0,00 EUR	2.900,00
Kfz-Kosten	65003	400,00 EUR	0,00 EUR	400,00
Versicherungen	65004	500,00 EUR	0,00 EUR	500,00
Miete	65005	800,00 EUR	0,00 EUR	800,00
Minderlös Anlagenabgang	71010	1.200,00 EUR	0,00 EUR	1.200,00
Ergebnisverwendung		2.375,00 EUR	0,00 EUR	2.375,00

Abbildung 9.6: Gewinn- und Verlustrechnung

Wir sehen in der GuV-Rechnung ❶ das Ergebnis von *–2.375 EUR*. Wenn wir auf das Symbol [>] klicken, zeigt die nächste Ebene UMSATZERLÖSE ❷ über *22.800 EUR*. Das [>]-Symbol wandelt sich nach dem Anklicken und dem damit verbundenen Aufriss in ein [⌄]-Symbol um. Gehen Sie nun auf das [>]-Symbol vor ERLÖSE, so sehen Sie in den nächsten Ebenen die einzelnen Konten ❹: für das Konto 41010 UMSATZERLÖSE 7 % einen Betrag von *2.800 EUR* und für das Konto 41020 UMSATZERLÖSE 0 % einen Betrag von *20.000 EUR*. Ebenso können wir erkennen, dass sich die *2.900 EUR* für SONSTIGE BETRIEBLICHE AUFWENDUNGEN ❸ in die Konten KFZ-KOSTEN, VERSICHERUNGEN, MIETE und MINDERERLÖS ANLAGENABGANG aufgliedern lassen.

Wir können mit unserer Beispielfirma zufrieden sein. Wir haben im Zeitraum von Januar bis Juli 2024 einen Gewinn von 2.375 EUR und eine Umsatzrendite von über 10 Prozent erzielt. Da die Auftragslage ausgezeichnet ist, gehen wir davon aus, das Ergebnis im zweiten Halbjahr noch steigern zu können.

> **Aufruf der Bilanz/GuV direkt aus Excel**
>
> Mein letzter, aber wichtiger Tipp für Sie: Verwenden Sie SAP Analysis for MS Office und beispielsweise die Query »GuV – Istdaten« mit den technischen Namen /ERP/SFIN_V01_Q2901 bzw. 2CCFIPROFLOSSQ2901, um die Bilanz/GuV direkt aus Excel aufzurufen und diese nach unterschiedlichen Dimensionen zu analysieren (siehe dazu auch Abschnitt 2.7.2).

Wie Sie eine Query aufrufen können, finden Sie in Abschnitt 2.7.2 beschrieben. Das Ergebnis der Bilanz/GuV mit einem Aufriss nach Kostenstellen sehen Sie in Abbildung 9.7.

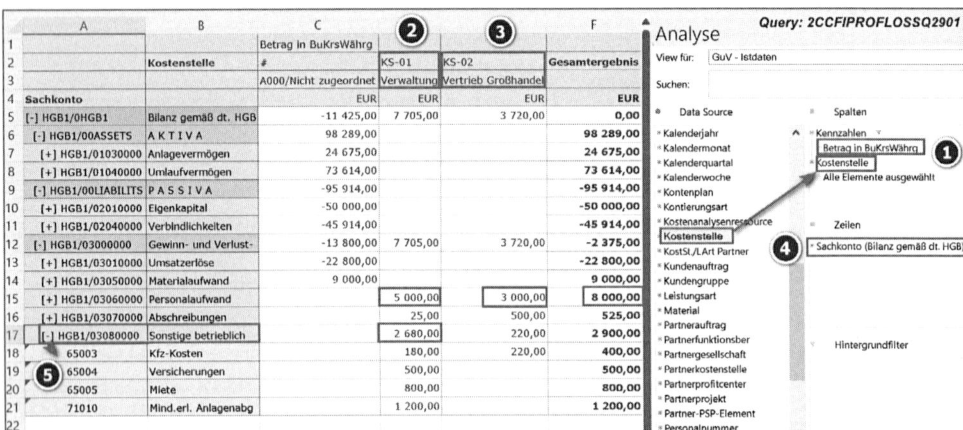

Abbildung 9.7: Bilanz/GuV mit SAP Analysis

In der Spalte C wird der BETRAG IN BUKRSWÄHRG (Buchungskreiswährung) dargestellt. Indem Sie rechts das Feld KOSTENSTELLE in den Bereich der Spalten ziehen ❶, wird der gesamte Personalaufwand von *8.000 EUR* nach Kostenstellen getrennt ausgewiesen: die *Kostenstelle KS-01 Verwaltung* ❷ mit einem Betrag von *5.000 EUR* und die *Kostenstelle KS02 – Vertrieb Großhandel* ❸ in Höhe von *3.000 EUR*. In den Zeilen werden die SACHKONTEN (BILANZ GEMÄSS DT. HGB) ❹ abgebildet. Mit Klick auf Bilanzposition *HGB1/0308000 – Sonstige betrieblich*

❺ werden Ihnen die dazugehörigen Sachkonten inklusive der jeweiligen Beträge angezeigt. Für unser Beispiel können Sie erkennen, dass sich die sonstigen betrieblichen Aufwendungen von *2.900 EUR aus Kfz-Kosten, Versicherungen, Miete und Mind.erl. Anlagenabg* zusammensetzen.

10 Fazit/Ausblick

Danke, dass ich Sie mithilfe dieses Buches durch eine für Sie neue bzw. veränderte Welt des Finanzwesens in SAP S/4HANA führen und begleiten durfte.

Ich hoffe, dass Ihnen das durchgängige Fallbeispiel der »Fair Trade Coffee GmbH« (von der Gründung bis zum Jahresabschluss) geholfen hat, die Prozesse in der Haupt- und Nebenbuchhaltung in SAP S/4HANA besser zu verstehen.

Nutzen Sie die neuen Möglichkeiten, die Ihnen SAP S/4HANA bietet – sei es das im Universal Journal zusammengewachsene externe und interne Rechnungswesen, seien es die neuen Analysemöglichkeiten »Embedded Analytics«, die gewandelte Benutzeroberfläche SAP Fiori 3.0 und die vielen neu entwickelten und verbesserten Apps –, um Ihre Geschäftsprozesse im Finanzwesen zu optimieren und effektiver zu gestalten.

11 Übersicht der verwendeten Apps

Nachfolgende Tabelle zeigt Ihnen eine Übersicht der im Buch vorgestellten Apps in alphabetischer Abfolge.

Name der Fiori-App	App-ID	GUI-Transaktion
Abgang buchen durch Verschrottung		ABAVN
Anlage ändern		AS02
Anlage anlegen		AS01
Anlage anzeigen		AS03
Anlagenbestände	F1617	
Anlagenbewegungen	F1614	
Anlagenbuchhaltungs-Jobs einplanen	F1914	
Anlagengitter	F1615	
Anlagenwerte		AW01N
Arbeitsliste der Anlagenbestände	F1592	
Ausgangsrechnung anlegen		FB70
Ausgangszahlung buchen	F1612	
Automatische Zahlungen verwalten	F0770	
Banken verwalten	F1574	
Bankkonten verwalten	F1366A	
Belegfluss anzeigen	F3665	
Bilanz/GuV	F0708	
Bilanz/GuV-Struktur ändern		FSE2
Bilanz/GuV-Struktur anzeigen		FSE3
Bilanz/GuV-Struktur definieren		OB58
Buchungsbeleganalyse	F0956	
Buchungsbelege anzeigen in T-Konto-Sicht	F3664	
Buchungsbelege verwalten	F0717	
Buchungsperioden verwalten	F2293	
Dauerbuchungsbelege verwalten	F1598	
Debitorenposten bearbeiten	F0711	

Name der Fiori-App	App-ID	GUI-Transaktion
Eingangsrechnung anlegen		FB60
Eingangszahlungen ausgleichen	F0773	
Einzelposten im Hauptbuch anzeigen	F2217	
Einzelpostenerfassung anzeigen	F2218	
Fremdwährungsbewertung durchführen		FAGL_FCV
Geschäftspartner pflegen		BP
Geschäftspartnerstammdaten verwalten	F3163	
Globale Hierarchien verwalten	F2918	
Hauptbuchbelege buchen	F0718	
Hauptbuchbelege buchen	F0718	
Hauptbuchbelege hochladen	F2548	
Kreditorenliste anzeigen	F1861	
Kreditorenposten bearbeiten	F0712	
Kundenstammdaten verwalten	F0850A	
Lieferantenrechnung anlegen	F0859	
Lieferantenstammdaten verwalten	F1053A	
Mahnungen anlegen		F150
Prüfungsjournal	F0997	
Sachkontensalden anzeigen	F0707A	
Sachkontenstammdaten verwalten	F0731A	
Sachkonto anzeigen		FS00
Saldovortrag durchführen	F1596	
SAP Easy Access		S000
Summen- und Saldenliste	F0996	
Übersicht zur Anlagenbuchhaltung	F3096	
Umsatzsteuervoranmeldung anlegen		S_ALR_87012357
Vergleich der Summen- und Saldenliste	W0097	
WE/RE-Verrechnung umbuchen		F.19
Zahlungseingang buchen	F1345	F-28
Zahlungsträger verwalten	F1868	
Zahlungsvorschläge überarbeiten	F0771	
Zugang buchen (integriert)		F-90
Zugang buchen (nicht integriert)		ABZOL

A Der Autor

Karlheinz Weber hat in Graz (Österreich) Betriebswirtschaft und Wirtschaftspädagogik studiert und war zunächst einige Jahre bei einem Industrieunternehmen als Leiter des Controllings tätig.

Seit 1994 ist er SAP-Berater und -Trainer für die Bereiche Finanzwesen und Controlling. In dieser Zeit konnte er zahlreiche SAP-Projekte für Unternehmen in unterschiedlichen Branchen und Ländern mit ihren jeweils eigenen Anforderungen erfolgreich umsetzen und dadurch Know-how auch über die angesprochenen SAP-Bereiche hinaus erwerben.

Als SAP-Trainer hat er dieses Know-how bis heute in mehr als 500 SAP-Schulungen an mehrere tausend Teilnehmer kompetent und praxisorientiert weitergegeben.

Dabei ist es ihm stets wichtig, die betriebswirtschaftliche Sicht mit der IT-Sicht zu verbinden und damit einen zusätzlichen Mehrwert für Unternehmen und seine Schulungsteilnehmer zu erreichen.

Seit 2015 beschäftigt sich Karlheinz Weber intensiv mit SAP S/4HANA und wird aufgrund seiner Expertise häufig zu Schulungen und Vorträgen zum Thema Accounting in SAP S/4HANA eingeladen.

Dieses Wissen möchte er gerne in diesem Buch mit seinen Lesern teilen.

B Index

C

D

E

F

L

M

N

O

P

R

S

C Disclaimer

Die in diesem Werk wiedergegebenen Gebrauchsnamen, Handelsnamen, Warenbezeichnungen usw. können auch ohne besondere Kennzeichnung Marken sein und als solche den gesetzlichen Bestimmungen unterliegen. Sämtliche in diesem Werk abgedruckten Bildschirmabzüge unterliegen dem Urheberrecht der SAP SE, Dietmar-Hopp-Allee 16, 69190 Walldorf.

In dieser Publikation wird auf Produkte der SAP SE Bezug genommen. SAP®, ABAP®, ExpenseIt®, Joule, OpenSAP®, SAP ActiveAttention®, SAP® Adaptive Server® Enterprise, SAP® Advantage Database Server®, SAP® AppGyver®, SAP Ariba®, SAP Business ByDesign®, SAP® Business Explorer®, SAP® Bex, SAP® BusinessObjects, SAP® BusinessObjects Explorer®, SAP® BusinessObjects Web Intelligence®, SAP Business One®, SAP Business Workflow®, SAP BW/4HANA®, SAP Concur®, SAP® Crystal Reports®, SAP EarlyWatch®, SAP® Emarsys®, SAP Fieldglass®, SAP Fiori®, SAP Garden®, SAP® Global Trade Services (SAP® GTS®), SAP HANA®, SAP® Jam, SAP Lumira®, SAP MaxAttention®, SAP® MaxDB®, SAP NetWeaver®, SAP® PartnerEdge®, SAP® Sapphire®, SAP® PowerBuilder®, SAP® PowerDesigner®, SAP® R/3®, SAP® Replication Server®, SAP® Roambi®, SAP S/4HANA®, SAP S/4HANA® Cloud, SAP Signavio®, SAP® SQL Anywhere®, SAP Strategic Enterprise Management® (SAP® SEM®), SAP SuccessFactors®, SAP Vora®, Taulia®, The Best Run SAP®, TripIt® und weitere im Text erwähnte SAP-Produkte und -Dienstleistungen sowie die entsprechenden Logos sind Marken oder eingetragene Marken der SAP SE in Deutschland und anderen Ländern. Die Angaben im Text sind unverbindlich und dienen lediglich zu Informationszwecken. Produkte können länderspezifische Unterschiede aufweisen.

Der SAP-Konzern übernimmt keinerlei Haftung oder Garantie für Fehler oder Unvollständigkeiten in dieser Publikation. Der SAP-Konzern steht lediglich für SAP-Produkte und -Dienstleistungen nach der Maßgabe ein, die in der Vereinbarung über die jeweiligen Produkte und Dienstleistungen ausdrücklich geregelt ist. Aus den in dieser Publikation enthaltenen Informationen ergibt sich keine weiterführende Haftung.

Weitere Bücher von Espresso Tutorials

Karlheinz Weber, Christine Werschitz:

Praxishandbuch Periodenabschluss in SAP S/4HANA® Finance (FI)

- Abschluss im Nebenbuch: Material, Anlage, Debitor/Kreditor
- Abschluss und Analysen im Hauptbuch: Abgrenzung, Bilanz/GuV etc.
- Details und Tipps zu den relevanten Fiori-Apps
- Vermittlung anhand eines durchgängigen Praxisbeispiels

https://es-tu.de/uXsR

Ingo Licha:

Rechnungsprüfung mit SAP® ERP (MM) – 2. Auflage

- Methoden der SAP-Rechnungsprüfung
- Rechnungserfassung mit der Transaktion MIRO
- Rechnungssperren, Freigabe und Vorabzahlungen
- 2. Auflage erweitert um themenspezifische Videos

https://es-tu.de/KutiUR

Claus Wild, Kristina Krämer:

Praxishandbuch Kontoauszug in SAP S/4HANA®

- Zahlungsverkehr und Bankenkommunikation mit SAP in der Übersicht
- Nachbearbeitung von Kontoauszügen im SAP-Standard in der Praxis
- Import und Verarbeitung von Kontoauszügen in SAP S/4HANA
- Praxisorientiertes Customizing für den Elektronischen Kontoauszug

https://es-tu.de/DsaV

Dragan Jovic:

Schnelleinstieg in das Immobilienmanagement mit SAP S/4HANA® (RE-FX)

- Vertrags- und Objektmanagement, Rechnungswesen
- Customizing und Integration mit anderen SAP-Modulen
- Kaufmännische und technische Prozesse
- Leasingverträge nach IFRS16

https://es-tu.de/DXMpK7

Karlheinz Weber, Christine Frühwirth:

Praxishandbuch Kreditorenbuchhaltung in SAP S/4HANA®

- Purchase-to-Pay: von der Bestellung bis zur Zahlung
- Periodenabschluss und Analysemöglichkeiten im Kreditorenbereich
- Details und Tipps zu den relevanten Fiori-Apps
- Vermittlung anhand eines durchgängigen Praxisbeispiels

https://es-tu.de/tDFn

Karlheinz Weber, Christine Werschitz:

Praxishandbuch Debitorenbuchhaltung in SAP S/4HANA® (FI-AR)

- Order-to-Cash: vom Kundenauftrag bis zum Zahlungseingang
- Periodenabschluss und Analysemöglichkeiten im Debitorenbereich
- Details und Tipps zu den relevanten Fiori-Apps
- Vermittlung anhand eines durchgängigen Praxisbeispiels

https://es-tu.de/nbuf